Jennifer Frank-Schagerl, Elisabeth Rumpl

Die 50 besten kooperativen Online-Übungen für lebendige Teamentwicklung

Methodensammlung für Teambuildings im digitalen Raum

managerSeminare Verlags GmbH – Edition Training aktuell

Jennifer Frank-Schagerl, Elisabeth Rumpl
Die 50 besten kooperativen Online-Übungen für lebendige Teamentwicklung
Methodensammlung für Teambuildings im digitalen Raum

Endenicher Str. 41, D-53115 Bonn
Tel: 0228-977910, Fax: 0228-9779199
info@managerseminare.de
www.managerseminare.de/shop

Printed in Germany

ISBN 978-3-949611-09-4

Herausgeber der Edition Training aktuell:
Ralf Muskatewitz, Jürgen Graf, Nicole Bußmann

Lektorat: Ralf Muskatewitz
Cover: Depositphotos_531260480
Druck: Druckkontor Emden, Emden

Klimaneutral
Druckprodukt
ClimatePartner.com/14153-2102-1001

Inhaltsverzeichnis

Übungen mit Hilfsmitteln, die alle Teilnehmenden zu Hause haben

Übungen, die technische Hilfsmittel und Online-Tools nutzen

Übungen mit Hilfsmitteln, die man zuschicken muss

Reflexionsmethoden und Gruppeneinteilung

Download-Ressourcen zum Buch

Ressourcen, also Texterweiterungen oder Arbeitshilfen, werden im Buch durch nebenstehendes Symbol gekennzeichnet. Den Link zu den Downloads finden Sie in der Umschlagklappe.

- zu Seite 25: Vertiefende Inhalte zum Thema Gruppendynamik im virtuellen Raum
- zu Seite 30-33: Erweiterte Übersichtsmatrix
- zu Seite 37 (Gewinnt, so viel ihr könnt!): Gewinnplan und Spieltabelle
- zu Seite 45 (Das perfekte Team): Liste mit Erfolgsfaktoren
- zu Seite 49 (NASA goes 2022): Liste der unbeschädigten Dinge
- zu Seite 151 (ABC auf 1-2-3 LOS!): ABC-Liste
- zu Seite 165 (Voll ins Schwarze): Abb. Zielscheibe
- zu Seite 173 (PowerPoint Run): Vorlage für Parcours
- zu Seite 179 (Kulturrallye digital): Anpassbares Regelblatt
- zu Seite 197 (ABAB): Vorlage für Tabelle und Lösungsschema
- zu Seite 215 (Der Gerüchtebild-Klassiker online): Vorlage Schiff
- zu Seite 233 (Team-Resilienz messen und steigern): Skalierungsgrafik
- zu Seite 275 (What the Duck?): Bauanleitung
- zu Seite 283 (Blindes Origami): Abb. Origami-Anleitung
- zu Seite 317 (Wer gehört zusammen?): Abb. Puzzle-Praxisbeispiel

Vorwort

Jede Person für sich, an einem anderen Ort – und doch gemeinsam. Jede den Bildschirm vor sich, darauf kleine Fenster mit den Kolleginnen und Kollegen in Porträtgröße. Für manche keine sehr reizvolle Option, wenn man aktive Teamtrainings in Präsenz gewohnt ist, mit Abenteuerübungen in der Natur, Kontaktübungen und einer bunten, sinnlich erfahrbaren Materialvielfalt. So haben sich viele Teamtrainerinnen und -trainer die Frage gestellt: Können Teambuildings auch online funktionieren, wenn Präsenz nicht möglich ist?

Zum Zeitpunkt der Fertigstellung der vorliegenden Methodensammlung haben wir in Österreich den dritten Lockdown hinter uns, ebenso wie die Erfahrung: Der Bedarf war und ist so groß wie selten zuvor. Gerade Teams leiden unter der Distanz am Arbeitsplatz, Vereine darunter, nicht gemeinsam trainieren zu dürfen, Schulklassen darunter, keine oder kaum gemeinsame aktive Pausen machen zu dürfen. Die Kommunikation kommt zu kurz, das führt vermehrt zu Missverständnissen, das Teamgefühl ist oft weniger oder kaum mehr wahrnehmbar. Als Ausbildnerinnen eines Teambuilding-Lehrganges hat es uns daher gereizt, genau für diese Bedürfnisse Teambuildings zu gestalten, die in Zeiten von Homeoffice und Distance Learning das Wir-Gefühl in Teams zurückbringen. So haben wir gemeinsam Übungen für Online-Teambuildings kreiert, teilweise neu designt und manche von Präsenz auf online umgelegt, abgewandelt und neu experimentiert. Diese haben wir mit unseren Ausbildungsgruppen und mit Firmenteams erprobt und vor allem eines festgestellt: Ja, Teambuildings gehen auch online! Sehr gut sogar!

Ob Gruppenphasen oder rangdynamische Positionen, echte Kooperation und Konflikte, Prozesse der Übereinstimmung von Selbst- und Fremdwahrnehmung, Klärung von Erwartungshaltungen und Bedürfnissen … alles das, was in Präsenz-Teambuildings an teamdynamischen Prozessen wahrnehmbar ist, ist online ebenso – und ebenso stark – möglich. Natürlich hat jedes Setting seine Eigenheiten sowie Vor- und Nachteile, die es zu beachten gilt und die wir im Folgenden näher ausführen.

Gleich zu Beginn halten wir jedoch fest, wie positiv überrascht wir von der Wirkung und den Möglichkeiten der Online-Teambuildings sind. Wir wollen und können alle nur ermutigen, dieses Setting auszuprobieren und für sich zu erobern. Der Mehrwert liegt nicht nur darin, dass über gruppendynamische Online-Angebote bestehenden Teams genau dort geholfen wird, wo der Schuh drückt, dass dort etwas Gutes getan wird, wo Teams es im Moment am dringendsten brauchen. Wir sind darüber hinaus überzeugt, dass es *keine* vergebene Liebesmüh ist, die in ein paar Monaten (oder Jahren) ohnehin niemand mehr benötigen wird.

Denn selbstverständlich war die Corona-Krise zwar Anlass für uns als Trainerinnen, uns dem Thema Online-Teambuilding näher zu widmen und doch steht fest, dass sie nur ein Beschleuniger für die Digitalisierung war, die ohnehin bereits im Gange war. Remote-Teams und digitale Zusammenarbeit über Online-Tools hat es in international tätigen Unternehmen schon lange gegeben. In Zukunft werden sie aber auch in regional oder national agierenden Organisationen zunehmend die Regel werden und Homeoffice wird nicht mehr wegzudenken sein. Die Arbeitsrealität verändert sich rapide – und so ist das Wissen und die Kompetenz zu digitaler Gruppendynamik für uns Teamtrainerinnen nicht nur ein zusätzlicher, sondern ein essenzieller Werkzeugkoffer, der uns, vielseitiger und breiter aufgestellt, bereit für künftige Teamherausforderungen macht.

Ein Wort zum Gendern

Soweit es passt, bemühen wir uns um eine neutrale Geschlechterdarstellung (die Teilnehmenden, die Seminarleitung). In den seltenen Passagen, wo wir die Neutralität zugunsten des Leseflusses aufgeben, haben wir als Trainerinnen und Autorinnen die weibliche Form bevorzugt. Selbstverständlich sind bei jeder Version jederzeit wertschätzend alle Geschlechter gemeint.

Wissenswertes zu Beginn

Zum Buch – unsere Intention

In diesem Buch finden Sie 50 kooperative Übungen, die auch im Online-Setting funktionieren oder speziell für den virtuellen Raum designt wurden.

Wir lieben einfache Übungen mit großem Effekt! Nichtsdestotrotz haben auch wir uns im Buch auf die Beschreibung komplexer und zunächst oft kompliziert erscheinender Methoden eingelassen – und dabei eine tolle Lernerfahrung gemacht. Dennoch liegt allen unseren vorgestellten Übungen die Devise zugrunde, dass nicht die Aktion selbst im Zentrum der Aufmerksamkeit stehen soll, sondern der Effekt, die Verarbeitung des Erlebten und die Einordnung und Reflexion der gemachten Erfahrung. Analog zum Outdoor-Bereich erfüllen die beschriebenen Methoden keinen Selbstzweck, sondern entfalten erst durch die anschließende Reflexion und den Bezug auf die Lebenswelt der Teilnehmenden ihre volle und wünschenswerte Wirkung.

Wir verstehen uns dabei als Multiplikatorinnen für Neues. In diesem Sinn haben wir die besten uns bekannten Übungen fürs Online-Training gesammelt, angepasst und abgeändert – und dabei fast wie von selbst neue Methoden und Übungen kreiert. Alle hier beschriebenen Methoden haben wir in der Praxis ausprobiert, teilweise im regulären Seminarsetting, mit Unternehmen, Auszubildenden, Lehrlingen und Vereinen, teilweise mit lieben Kolleginnen und Kollegen vom Fach.

Wir, Jennifer Frank-Schagerl und Elisabeth Rumpl, sind leidenschaftliche Teamtrainerinnen, bilden seit Jahren Teambuilding-Profis aus und haben es uns in der Pandemie zur Aufgabe gemacht, neue, herausfordernde und spannende Übungen für Online-Teambuildings zu kreieren, um Teams zu jeder Zeit etwas Gutes zu tun.

Online-Teambuildings – die Vor- und Nachteile

Zunächst die guten Nachrichten: Ja, Teambuilding funktioniert auch online! Jedoch scheint es uns wichtig, vorauszuschicken, dass es eine Reihe spielentscheidender Aspekte zu beachten gilt, die wir im Folgenden näher für Sie erläutern möchten. So, wie bei jedem Setting gibt es auch bei Online-Teambuildings große Vorteile und einige Nachteile. Wenn Sie sich dieser Dinge bewusst sind und sie gezielt zu nutzen wissen bzw. die Nachteile gekonnt austarieren können, steht einem erfolgreichen Teambuilding im digitalen Raum nichts im Wege.

Die Vorteile

Kostengünstiger für Auftraggebende und Teilnehmende

Dieser Punkt liegt auf der Hand und ist gerade in Zeiten wirtschaftlicher Unsicherheiten wichtig. Die Teilnehmenden sparen sich die Anreisekosten, die Unternehmen die Verpflegungs-, Raum-, und Übernachtungskosten. Das kann für Auftraggebende ein wichtiger Anreiz sein, Trainings auch in instabileren Zeiten durchzuführen.

Zeitersparnis für Trainierende und Teilnehmende

Die Anreise fällt weg. Bei organisierten Teambuildings in Präsenz fährt man meist nicht ins Office, sondern in Seminarhotels oder Outdoor-Locations für Abenteueraktionen. Da kann es schon nötig sein, zeitiger aufzustehen als sonst oder Pufferzeiten einzuplanen, wenn man den Weg nicht kennt. Bei Online-Teambuildings hat man meist nur wenige Schritte zum Computer und kann länger schlafen oder noch vor dem Training wichtige Tasks für das Unternehmen erledigen, um dann ohne Ablenkung während des Seminars präsent sein zu können. So sind auch die Teilnehmenden meist fitter und ausgeschlafener. Aber auch wir Trainerinnen gewinnen Zeit, die normalerweise dazu genutzt werden muss, am Veranstaltungsort Aufbauten vorzubereiten, den Seminarraum einladend zu gestalten und uns das Gelände genauer anzusehen.

Schneller und einfacher zu organisieren

Wenn im Team der Hut brennt, sind Online-Teambuildings schnell und einfach zu organisieren. Alles, was es braucht, sind der Zeitpunkt, eine Trainerin oder einen Trainer sowie Computer und Webcam. So kann Teams schnell geholfen werden – egal, ob präventiv, bei akuten Themen, in Konfliktsituationen und bei Schwierigkeiten in der Zusammenarbeit.

Internationale und überregionale Teams

Ein großer Gewinn sind diese Teambuildings im digitalen Raum vor allem für Remote-Teams, die international tätig sind und auf der Welt verteilt arbeiten. Gerade hier sind Teambuildings nur mit hohem Aufwand und Zeitbudget organisierbar. Es benötigt Flugtickets, Hotels, Räumlichkeiten und vieles mehr. Auch hier können Online-Teambuildings rasch umgesetzt und das Wir-Gefühl über Ländergrenzen hinweg kann flotter gesteigert werden.

Klimafreundliche Online-Teambuildings – Nachhaltigkeit und CSR

Dieser Aspekt braucht keine weitere Erläuterung: Keine Flugreisen und Anreisewege! So sind Online-Teambuildings ökologischer und klimafreundlicher. Aktuell wird gerade dieser Faktor immer wichtiger.

Mitnotieren, zuschicken, durchschicken

Wenn das Teamtraining am Arbeitsgerät stattfindet, darf der Computer natürlich auch eingesetzt werden, um die Effekte, Inhalte und Inputs der Maßnahmen gut dokumentieren zu können. Manche Teilnehmende wollen sich Dinge mitnotieren, Wichtiges in eigenen Worten festhalten. Andere möchten die Folien oder Unterlagen zugeschickt erhalten. Das alles funktioniert mit einem Mausklick. Einmal in den Chat stellen, und schon stehen die Materialien allen Teilnehmenden zur Verfügung. Das erleichtert auch die Nachbereitung des Teamtrainings.

Persönlicher durch persönliches Umfeld

Besonders positiv fällt uns auf, dass rasch ein Verständnis für die anderen Teammitglieder entsteht, da man häufig Einblick in das persönliche Umfeld der Teilnehmenden erhält. Welche Bilder hängen an der Wand? Wirkt das Zuhause der Person strukturiert oder chaotischer? Die Bildschirmhintergründe sagen etwas aus, vermitteln Werte und Weltanschauungen, dies lässt wiederum Rückschlüsse auf das Verhalten im Arbeitsumfeld oder im Verein zu, so kann man die Kolleginnen und Kollegen besser kennenlernen und ein vertiefender Austausch wird angeregt.

Stärkung von Medienkompetenz und Kommunikationskompetenz im digitalen Raum

Gelungene digitale Kommunikation ist grundlegendes und zentrales Ziel von Teambuildings. Auch im künftigen Arbeitsleben wird diese Fähigkeit noch stärker gefordert sein, ebenso wie umfassende Medienkompetenz und Besprechungsmanagement im Online-Raum. Alle drei Aspekte werden durch Online-Teambuildings naturgemäß gefördert. Das Online-Setting ist hier nicht nur Medium bzw. Raum, sondern zugleich auch der Lerninhalt selbst. So gelingt der Transfer in den Praxisalltag noch leichter. So wird auch die Zukunftsfähigkeit von Teams gesichert.

Individuelle Regenerationsmöglichkeiten

Durch die örtliche Trennung vom Rest des Teams ist die Pausengestaltung besser individuell gestaltbar. Teilnehmende haben so die Möglichkeit, in den Pausen auf ihre persönlichen Bedürfnisse einzugehen und auch in kurzer Zeit optimal Energie zu tanken: ob eine Viertelstunde auf dem Crosstrainer, eine schnelle Runde ums Haus, Powernapping oder ein schneller Snack zwischendurch.

Flexible Formate

Durch die schnelle und unkomplizierte Möglichkeit, Online-Teambuildings zu organisieren, können Trainierende auch bei der Wahl der Zeitformate individuell und kurzfristig auf die Teams eingehen. Ob Vormittage, Nachmittage, stundenweise, oder ganztags, hier lässt sich für jedes Team eine passende Maßnahme planen, die auch in das Tagesgeschäft eingebettet werden kann.

Wetterunabhängig

Teambuilding-Maßnahmen finden häufig (auch) im Freien statt. Oft benötigt es Ersatz- oder Alternativtermine bzw. zusätzliche Räumlichkeiten, falls das Wetter nicht mitspielen sollte. Der Faktor „Wetter" fällt im digitalen Raum gänzlich weg.

Lernerfahrung für alle Beteiligten – auch für Trainierende!

Auch für uns Trainierende hat das Online-Teambuilding – neben den genannten pragmatischen Aspekten – weitere Vorteile. Während wir in der Präsenz oft auf bekannte und bewährte Methoden zurückgreifen, erfordert der Wechsel in den digitalen Raum von uns einen erneuten Sprung ins kalte Wasser. Kreativität und Flexibilität sind stärker gefordert, wir machen eine Lernerfahrung und im Idealfall entdecken wir so auch für unsere Arbeit etwas Neues und Spannendes. Berufliche Weiterentwicklung und Kompetenzerweiterung wird dadurch ermöglicht.

Digital und kooperativ draußen unterwegs

Wichtig scheint uns noch der Hinweis, dass Online-Teambuilding nicht zwangsläufig heißen muss, dass die Teilnehmenden die ganze Zeit am Computer sitzen und „ins Kastl schauen". Das Smartphone, Messenger-Apps und Chat-Programme bieten wunderbare Möglichkeiten, auch das digitale Training in den realen Raum zu verlegen. Auch für dieses Setting finden Sie im Buch eine Vielzahl an Methoden, die Sie einsetzen können.

Die Nachteile

Neben diesen Vorteilen finden sich auch im Online-Settting eine Reihe von Herausforderungen, die Sie in der Seminarplanung unbedingt mitbedenken sollten.

Plötzlich weg!

Leider kommt es immer wieder einmal vor, dass aufseiten der Teilnehmenden die Technik versagt und Personen plötzlich einfach weg sind. Neben den technischen Schwierigkeiten kann dies natürlich auch eine Strategie der Teilnehmenden sein, sich unangenehmen Situationen zu entziehen, die Auseinandersetzung in der Gruppe zu meiden oder dringende Aufgaben für die Arbeitergeber zu erledigen etc. Wenn Sie als Seminarleitung alleine tätig sind, ist es daher wichtig, dass Sie diese Option schon im Vorfeld durchspielen und mit den Teilnehmenden eine Vorgehensweise für diesen Fall vereinbaren, da Sie sich im laufenden Seminar nur begrenzt um derartige Stolpersteine kümmern können.

Der Computer als Energievampir

Wir wissen heute: Das lange und konzentrierte In-den-Bildschirm-Schauen ermüdet stärker als in Präsenz (Zoom-Müdigkeit). Deshalb ist es wichtig, ausreichend Pausen zu planen und die Teilnehmenden – noch stärker als im Seminarraum – aktiv einzuladen, den Platz zu verlassen und so oft wie möglich in Bewegung zu kommen, in die Natur zu wechseln, aufzustehen, etwas mit den Händen zu tun etc. Das tut nicht nur den Augen gut und erfrischt nachhaltig. Auch hier liefert Online-Teambuilding einen Mehrwert, da den Teilnehmenden so Übungen und Methoden an die Hand gegeben werden, die sie auch im Arbeitsalltag, bei Online-Meetings und digitaler Zusammenarbeit nutzen können.

Langsamere Kommunikation

Online-Kommunikation ist anders! Fordernder, langsamer und mühsamer für alle Beteiligten. Sie erfordert eine wesentlich stärkere Gesprächsdisziplin. Gleichzeitig zu sprechen, ist schwierig, da man so keinen der beiden Sprechenden verstehen kann. So wird die Kommunikation stark verlangsamt und abwartender und oft als viel mühsamer empfunden. Die, die an der Reihe sind, neigen stärker zu Monologisierungen und kommunikativen Nebenschauplätzen als im Präsenzsetting. Auch hier gilt es, die Dynamik zu nutzen und diesen Aspekt durch Reflexion und Thematisierung mit den Teilnehmenden zu besprechen und gute Lösungen zu finden. Denn die Praxis hat uns gezeigt: Gerade an dieser Problematik entzünden sich im gruppendynamischen Online-

Training oft (bestehende) Konflikte und zeigen Schwierigkeiten in der Zusammenarbeit auf.

Die liebe Technik

Ohne digitale Tools keine Online-Teambuildings. Und dennoch stellt uns die Technik gerne vor Herausforderungen. Schlechte Internetverbindung, mangelnde Tonqualität, Überforderung der Teilnehmenden mit dem Videokonferenz-Tool, fehlende Kenntnisse im Umgang mit browserbasierten Tools etc. – das alles ist möglich und wird im Rahmen von Online-Teambuildings immer wieder vorkommen. Zentral für einen möglichst reibungslosen Ablauf ist daher eine umfassende Medien- und Tool-Kompetenz der Trainierenden. Die verwendete technische Ausstattung, die Software und Tools gut zu kennen, ein geeignetes Mikrofon anzuschaffen, in eine hochwertigere Webcam zu investierten, eine gute Internetverbindung sicherzustellen ... das sind Dinge, um die sich Trainierende im Vorfeld kümmern müssen. Nur so können sie später auch die Teilnehmenden mit Geduld und Freundlichkeit an die Hand nehmen, Hilfestellung geben und Lösungen für technische Schwierigkeiten finden. Und wie immer bietet auch das Raum für Reflexionen, wenn Teilnehmende etwa wegen gewisser Voraussetzungen ausgeschlossen sind oder hinterherhinken.

Herausforderung Konfliktbearbeitung

Unbestreitbar ist die Tatsache, dass sich die Konfliktbearbeitung im Online-Raum schwieriger gestaltet als in Präsenz. Während für einige Trainierende der Umgang mit Streitthemen und großen Emotionen bereits im Seminarraum eine große Herausforderung darstellt, benötigt es im digitalen Umfeld noch viel stärker ein „Dranbleiben", ein genaues Hinschauen und kompetente Konfliktkommunikation. Grund dafür ist, dass der Rückzug aufseiten der Teilnehmenden einerseits einfacher ist, andererseits werden Probleme gerne auf die „technischen Schwierigkeiten" geschoben. Lassen Sie sich hier nicht beirren und vertrauen Sie in Ihre Wahrnehmung und Ihr Wissen über Gruppendynamik.

Und immer wieder die Widerstände

Dass Teambuildings bei manchen Teilnehmenden Widerstände hervorrufen, ist nichts Neues. Bei Online-Teambuildings kann beobachtet werden, dass diese schnell auf den „Online-Raum" geschoben werden, nach dem Motto: Dass es nicht klappt, liegt nur an den schwierigen Umständen des digitalen Formats. Sollte uns das auffallen, können wir Trainierenden das Thema mit Reflexion und Methoden aus der geübten Werkzeugkiste bearbeitbar machen. Wir laden ein, machen neugierig oder arbeiten die Teamthemen einfach anhand dieser Beobachtung auf. Denn letzten Endes suchen sich gruppen- und rangdynamische Prozesse immer ein Ventil, kommen über verschiedenste Themen zum Vorschein – so auch über die Thematik „Online-Training" selbst. Tritt dies ein, freuen wir uns darüber und nehmen, was kommt. Utilisierung ist hier das Stichwort der Stunde.

Stimmhygiene betreiben!

Gerade die Stimme der Trainierenden ist bei Online-Teambuildings besonders gefordert. Oft hat man das Gefühl, eine Distanz zu den Teilnehmenden überwinden zu müssen, vor allem, wenn man etwas entfernt vom Bildschirm sitzt. Meist mit dem Effekt, dass wir unsere Stimme mehr fordern und lauter einsetzen als nötig. Das strengt unnötig an, Heiserkeit und Stimmverlust können auch bei erfahrenen Trainerinnen und Trainern die Folge sein. Hier helfen ein gutes Mikrofon sowie Aufwärmübungen für die Stimme vor dem Teamtraining.

Ablenkungen und Verlockungen

Bei Teambuildings in Präsenz sitzen wir gemeinsam in einem Raum oder sind gemeinsam in der Natur unterwegs. Der Fokus ist klar und als Leitungsperson hat man die Gruppe leichter im Blick. Sind die Teilnehmenden während des Online-Teamtrainings zu Hause oder in der Arbeit, werden Ablenkungseinladungen häufiger angenommen. Die Kinder kommen kurz herein, Handwerker sind da, das Smartphone läutet, eine wichtige Mail poppt auf. Deshalb ist es umso wichtiger, die Teilnehmenden schon mit der Einladungsmail darauf hinzuweisen, dass die Zeit dem Team gewidmet werden soll, verbunden mit der Bitte, mögliche Ablenkungen schon vorab zu vermeiden und sich wirklich Zeit für die Teameinheit zu nehmen. Spätestens zu Beginn des Teamtrainings sollte darauf hingewiesen werden. Falls es Teil der täglichen Herausforderungen des Teams sein sollte, dann lassen wir es zu und besprechen es in Reflexionen.

Faktor Distanz

Die räumliche Distanz ist nicht zu leugnen und für uns Trainierende zusätzlich herausfordernd. In Präsenz sehen wir leichter, schneller und deutlicher, wie es den Teilnehmenden wirklich geht. Zeigen sich Themen bei einzelnen Teilnehmenden, werden diese Personen im Präsenztraining von anderen „abgeholt", es werden Gespräche angeboten, es wird getröstet und, falls gewünscht, gibt es eine Umarmung. Informelle Gespräche und Versöhnungsangbote finden in den Pausen beim Kaffee statt, ein Blick oder Lächeln löst und klärt dabei oft mehr als viele Worte. Das ist im Online-Setting nur sehr eingeschränkt oder gar nicht möglich. Die Teilnehmenden sind in den Pausen in der Regel sich selbst überlassen. Eher versuchen die Teilnehmenden, heftigere emotionale Reaktionen vor der Gruppe zu verbergen, da es sich schlicht „eigenartig" anfühlt, dies alleine daheim vor dem Bildschirm auszuleben. Wenn sich die Gefühle nicht unterdrücken lassen, können Teilnehmende ihren Bildschirm unter einem Vorwand abschalten, länger in der Pause verweilen oder eine kurze Chat-Nachricht schicken, dass sie leider kurz wegmüssen. Kurzum: Das Herausnehmen aus der Gruppe ist leichter und als Leitung können einem so Themen und Schwierigkeiten leicht(er) entgehen. Während jedes Training auf dem Freiwilligkeitsprinzip beruhen muss und auch in Präsenz niemand zu ungewollten Offenbarungen genötigt werden soll, ist es dennoch Ziel der meisten Trainings, unter der Oberfläche Liegendes sichtbar zu machen. Noch stärker als im Präsenztraining kann daher bereits zu Beginn des Trainings darauf hingewiesen werden, sich der Gruppe zu zeigen, sich den anderen als Person „zuzumuten". Auch der Hinweis, dass wir als Trainierende in den Pausen telefonisch erreichbar sind, sollten Emotionen aufkommen, die man gerade selbst nicht einordnen kann, ist hier wichtig.

Informelle Begegnung fehlt

Durch die Distanz fällt auch das „Socializen" in der Pause, im Flur oder auf der Toilette weg. Gleichgesinnte finden sich bei einem Kaffee, gehen gemeinsam eine kleine Runde, tauschen sich aus und finden zueinander. Diese Dinge sind online kaum möglich und haben Einfluss auf die Gruppenbildung sowie rangdynamische Prozesse. Hier können wir Möglichkeiten zur Aussprache auch in Zweiergesprächen oder Kleingruppen anbieten (in Breakout Rooms oder über informelle Treffen, etwa über Tools wie „Wonder.me" und ähnliche Begegnungsplattformen).

Hemmung durch ungeplante Zuschauerinnen und Zuhörer

Wenn die Teilnehmenden zu Hause, im Großraumbüro oder vielleicht sogar in einem Zug sitzen, kann es sein, dass es während des Trainings zu Störungen durch unbeteiligte Dritte kommt. Ob Kinder, Partnerinnen und Partner oder Mitarbeitende im Coworking-Space – wähnen sich die Seminarteilnehmenden beobachtet, kann es sein, dass sie sich gehemmt fühlen und sich bei Übungen zurückhalten und nicht voll einbringen. Auch hier gilt: In der Einladungsmail sollten Sie schon darauf hinweisen, dass für die Teilnahme am Workshop idealerweise ein möglichst ungestörter Platz gefunden werden soll, da die Ablenkung für die Teilnehmenden selbst, aber auch für alle anderen störend und hinderlich für gute Ergebnisse ist.

Andere Übungsgestaltung notwendig

In Bezug auf Zeit, Ressourcen und Kosten kann es auch ein Nachteil sein, dass die Übungen für Teambuildings neu gedacht und in der Regel ein völlig neues Seminardesign erstellt werden muss. Es braucht andere Übungen und Konzepte, die ebenfalls fordernd, aktivierend und vielseitig sind. Es braucht Methoden, die Spaß machen, die Gruppendynamik auch im Online-Raum spürbar machen und die die Teilnehmenden aus ihrer Komfort- in die Lernzone holen. Dabei müssen die Übungen zur Gänze ohne Körperkontakt auskommen, was für viele, insbesondere für geübte Outdoor-Trainer, eine große Herausforderung darstellt. Wichtig ist – wie immer – unsere eigene innere Haltung: Haben wir als Trainerinnen das Gefühl, lediglich einen schlechten Ersatz anzubieten und sind selbst nicht überzeugt von dem, was wir hier machen, wird die Qualität des Trainings leiden. Gelingt es uns, ein – auch für unsere eigenen Maßstäbe – überzeugendes Konzept zu erstellen, wird das Training mit Sicherheit Früchte tragen.

Was für ein gelungenes Seminar wichtig ist

Arbeiten im digitalen Raum: Technik, Setting, Pausen und Co.
Hier setzt unser Buch an, mit 50 kooperativen Übungen für Online-Teambuildings. Wir wünschen viel Freude beim Ausprobieren.

Als Autorinnen ist es uns ein großes Anliegen, für Sie klar und deutlich darzulegen, welche Faktoren speziell bei Online-Teambuildings zu beachten sind, damit diese ebenso erfolgreich werden wie Teambuildings in Präsenz, Outdoor oder im Seminarraum.

Die zentrale Aussage ist dabei sehr einfach: Für ein gelungenes Online-Training braucht es funktionierenden Ton, eine gute Kamera und Internetverbindung und grundlegende Skills im Umgang mit den verwendeten Tools – kurz: Die Technik muss laufen!

Digitale Tools – Was gibt es grundlegend zu beachten?

Nicht erst seit Ausbruch der Pandemie im Frühjahr 2020, seitdem aber in ihrer Entwicklung und im Einsatz massiv beschleunigt, findet sich eine nur schwer überschaubare Fülle an unterschiedlichen digitalen Produkten: Programme, Apps, technische Hilfsmittel, digitale Plattformen, Whiteboards sowie unterschiedlichste Kollaborations- und Kommunikations-Tools für den Online-Raum. Alle diese „Werkzeuge" bieten für Online-Trainerinnen (egal ob live, in Form von aufgezeichneten Webinaren oder im E-Learning-Bereich) eine reiche Vielfalt an Möglichkeiten. So weit die guten Nachrichten. Die meisten gängigen Programme sind heute fehlerfrei, vergleichsweise einfach in der Handhabung und mit ähnlichen Funktionen ausgestattet. Die Auswahl ist daher nicht immer einfach. Die Praxis zeigt jedoch, dass häufig die Wahl keine freie ist, sondern von den Auftraggebenden vorgegeben wird, da beispielsweise bereits ein bestimmtes Tool (häufig MS Teams oder Zoom) im Unternehmen im Einsatz ist.

Auswahl und Vorbereitung: Welches Tool ist passend für mich?

Wichtig ist für den Einsatz technischer Hilfsmittel zunächst, dass Sie sich selbst mit den Funktionen intensiv auseinandersetzen und diese in einem Trockentraining mit Kolleginnen und Kollegen einmal ausprobieren. Zudem empfehlen wir, dass Sie die Teilnehmenden bereits mit der Einladungsmail oder in der Ausschreibung briefen: Bitten Sie die Teammitglieder, dass sie sich eine bestimmte App bereits vor dem Seminar herunterladen, einen Account bzw. ein Profil erstellen und sich mit der Funktionsweise vertraut machen. Da uns der Schutz persönlicher Daten ein großes Anliegen ist, präferieren wir selbst in unseren Online-Workshops Apps, die transparent und rücksichtsvoll mit dieser Thematik umgehen. Im Zweifelsfall können Sie im Vorfeld der Maßnahme über einen kurzen Fragebogen eruieren, wie die Teilnehmenden hier eingestellt sind und welche Apps bereits in Verwendung sind.

Vor allem die kleinen Details sind hier oft spielentscheidend: Wie reagiert das Programm, wenn ich mehrere Fenster gleichzeitig geöffnet habe? Was kann ich im Einstellungsmenü alles steuern und wie wirkt es sich aus? Was zeigen Programme in der Desktop-Anwendung, was ist in der browserbasierten oder mobilen Anwendung anders? Will ich Personen die Möglichkeit zur Teilnahme über das Mobiltelefon ermöglichen oder müssen alle Teilnehmenden zumindest einen Laptop zur Verfügung haben? Wie reagiert mein Computer auf den Anschluss eines Mikros und einer zweiten Kamera? Welchen Link muss ich verschicken, damit sich auch sicher alle Leute einloggen können? Welche Lösung kann ich anbieten, wenn bei einzelnen Teilnehmenden die Technik nicht funktioniert? Gut ist, wenn Sie den Großteil dieser Fragen schon vor Seminarstart beantworten können. Gleichzeitig möchten wir Sie ermuntern, sich auf das Restrisiko möglicher unerwarteter Herausforderungen selbst spielerisch und lustvoll einzulassen, im Wissen, dass Sie jede gemachte Erfahrung und jede überwundene Hürde einen Schritt weiterbringen wird.

Freeware oder Bezahlversion?

Oft finden Sie neben einer kostenfreien Version eines Programms bzw. einer Software auch eine Bezahlversion, die oft eine Reihe von Vorteilen bietet: Einsatz für einen größeren Personenkreis, bessere und umfassendere Funktionen, Templates und Vorlagen, mehrere Versionen speicherbar etc. Wägen Sie hier gut ab, welche Version Sie für Ihr geplantes Training benötigen und wie viel Geld Sie dafür ausgeben wollen. Eine Möglichkeit kann sein, dass Sie bereits im Auftragsklärungsgespräch besprechen, welche Tools Sie einsetzen möchten und sich beim Unternehmen erkundigen, ob die notwendige Software eventuell schon angeschafft wurde und Sie diese nutzen können oder ob Sie diese in Ihrem Honorar mit abrechnen können. Oft ist die sogenannte Gratisversion völlig ausreichend, oft findet sich auch ein alternativer Anbieter, der eine Anwendung als Freeware entwickelt hat. Stöbern Sie hierzu in Computermagazinen und fragen Sie befreundete Kolleginnen und Kollegen.

Co-Host: Ja oder nein?

Machen Sie im Idealfall eine zweite Person zum Co-Host für Ihre Online-Session. Falls bei Ihnen technische Schwierigkeiten oder etwa ein kurzer Ausfall des Internets auftreten, können Sie so sichergehen, dass die Online-Session auch kurz ohne Sie weiterläuft. Wenn dies nicht möglich ist, informieren Sie die Teilnehmenden unbedingt im Vorfeld, dass, falls es zu einem Abbruch der Videokonferenz kommt, alle wieder über den gleichen Link einsteigen sollen.

Analog im digitalen Raum? Einsatz von Flipchart, Pinnwand oder analogem Whiteboard

Vieles spricht auch bei Online-Trainings für die Nutzung eines analogen Flipcharts, einer haptischen Pinnwand, die Sie als Seminarleitung während des Seminars neben sich am Schreibtisch bzw. im Hintergrund aufgestellt haben oder für den Einsatz von Stift und Papier am Tisch der Teilnehmenden. Einerseits bietet dies ganz grundsätzlich die Möglichkeit, erprobte, bekannte und brauchbare Hilfsmittel aus dem Präsenztraining auch im digitalen Raum einzubauen und damit nicht zuletzt auch zur Seminaratmosphäre beizutragen. Zudem ist es eine gute Abwechslung, auch für Sie als Seminarleitung zur Arbeit mit digitalen Tools – etwas Haptisches, das Sie und die Teilnehmenden in Bewegung bringt, den Augen eine Pause zur Entspannung bietet, die Hände und den Kopf anders beschäftigt und durch die Fülle an gestalterischen Möglichkeiten viele Optionen zur Darstellung liefert. Jedoch gibt es hier einiges zu beachten! Zentral ist, dass die Teilnehmenden das Flipchart, die Pinnwand, das Poster nicht nur als Miniatur im Hintergrund, sondern gut lesbar in entsprechender Größe auf ihren Bildschirmen erkennen können. Dies können Sie dadurch gewährleisten, dass Sie das Flipchart möglichst nahe an Ihre Kamera heranziehen und die Teilnehmenden bitten, ihr Bild anzupinnen bzw. in die Sprecheransicht zu gehen (wobei dann alle Teilnehmenden die Stummschaltung aktivieren müssen, da sonst schon bei einem Räuspern der Bildschirm umspringt). Testen Sie dies unbedingt schon im Vorfeld der Übung bzw., wenn Sie das Flipchart wiederholt einsetzen, gleich zu Beginn. Bei Problemen empfehlen wir den Einsatz eines anderen technischen Hilfsmittels.

Einsatz einer Dokumentenkamera

Eine schöne, etwas aufwendigere und auch teurere Alternative zu Flipchart und digitalem Whiteboard bzw. der Funktion „Bildschirm teilen" ist eine Dokumentenkamera. Dieses technische Tool können Sie, ähnlich wie Ihre zusätzlich montierte Kamera, direkt an Ihren Computer anschließen. Diese Kamera nimmt jedoch nicht Ihr Gesicht oder den Raum auf, sondern ist auf den Schreibtisch nach unten gerichtet. Dies bietet Ihnen die Möglichkeit – ähnlich wie am Flipchart, nur in einer kleineren Variante – mit Papier und Stift zu visualisieren oder auch Bilder zu zeigen. Dokumentenkameras gibt es in verschiedenen Aufnahmegrößen (A5, A4 etc.). Sie können dabei live während des Seminars illustrieren oder aber schon vorbereitete Darstellungen, Illustrationen, Poster etc. einblenden. Die Herausforderung ist, dass Sie einen Wechsel zwischen den beiden Kameras durchführen müssen. Dies können Sie – in der einfachen Variante – durch das Hin- und Herschalten zwischen den beiden verschiedenen Inputs in den Einstellungen (aller) Videokonferenz-Tools machen. Dies ist jedoch etwas umständlicher. Alternativ können Sie, wenn Sie eine gewisse Affinität zur Technik mitbringen, eine Software installieren, die den gleichzeitigen Einsatz von zwei Kameras möglich macht. Hierfür gibt es inzwischen eine ganze Reihe von (überwiegend kostenpflichtigen) Anbietern. Wichtig ist, dass Sie bereits im Vorfeld ein gut funktionierendes Setup aufbauen und sich mit der Funktionsweise umfassend vertraut machen.

Schulung zum Online-Trainer, zur Online-Trainerin: Sinnvoll oder verschwendetes Geld?

Inzwischen findet sich eine Vielzahl an Angeboten im Netz. Qualität und Umfang der Ausbildung sind dabei, wie in anderen Bereichen auch, sehr unterschiedlich. Wenn Sie hier Geld in die Hand nehmen, empfehlen wir, sich im Vorfeld gut zu überlegen, was Sie genau lernen möchten bzw. wo Sie Ihr Wissen und Ihre Kompetenzen erweitern möchten. Vieles lässt sich ganz ohne spezielle Ausbildung durchführen, technische Schwierigkeiten können auch bei bester Vorbereitung auftreten und viele Fortbildungen sind nach wie vor Basisschulungen zu diversen Videokonferenz-Tools. Wir möchten Sie also dazu ermuntern, sich nicht zuletzt über „Learning by Doing" ins Feld vorzuarbeiten und sich autodidaktisch mit den Tools, die Sie einsetzen möchten, vertraut zu machen. Was sich immer lohnt, ist, mit anderen Trainierenden im Austausch zu sein, sich über neueste Entwicklungen auf dem Markt zu informieren und nicht beim Einsatz des Lieblingstools stehen zu bleiben. Der ganze Markt ist, wie das Online-Training selbst, einer rasanten Entwicklung unterworfen, was für User eine ständige Weiter- und Neuentwicklung von Möglichkeiten und technischen Hilfsmitteln, von Programmen und Software bedeutet.

Online umso wichtiger: Setting-Hinweise, Pausengestaltung und Regeln zur Zusammenarbeit

Ablenkungen – Commitment zum Dabeisein

Achten Sie als trainierende Person darauf, dass Sie vor dem Seminar nicht nur den Bereich, der über der Kamera zu sehen ist, einladend, aufgeräumt und sortiert gestalten, sondern auch Ihren digitalen Schreibtisch in Ordnung zu halten. Es braucht nur einen kleinen (falschen) Klick und Ihr gesamter Desktop ist für die Seminargruppe über die Funktion „Bildschirm teilen" sichtbar. In dieser Situation können Sie mit beeindruckender Aufgeräumtheit bei der Gruppe punkten oder mit völligem Chaos sich selbst in Ihrer Professionalität ungewollt untergraben – auch, wenn Sie im Idealfall natürlich mit gekonnter Reflexion, guter Seminarleitung und vertrauensvoller Atmosphäre überzeugen.

Erreichbarkeit der Trainierenden

Mehrfach erwähnt hatten wir bereits, dass es zentral ist, dass Sie als Trainerin oder Trainer von Beginn an vermitteln, dass Sie auch abseits des Bildschirms (über Smartphone oder E-Mail) während der Seminarzeiten für die Teilnehmenden erreichbar sind. Weisen Sie ruhig im Laufe des Workshops immer wieder darauf hin, um mögliche Unsicherheiten abzubauen oder falsche Scheu aufseiten der Teilnehmenden abzubauen. Auch wenn dadurch Ihre eigenen Regenerationszeiten verkürzt werden: Signalisieren Sie der Gruppe in den Pausen durch Anwesenheit vor dem Bildschirm, dass Sie offen für ein Gespräch und Austausch sind. Heben Sie explizit hervor, dass Sie auch dann, wenn aufgrund des Teamprozesses bei jemanden „der Schuh drückt", für Fragen und für die emotionale Versorgung da sind.

Pausengestaltung – aktive Pause – Energizer

Eine entscheidende Frage für gelungene Seminargestaltung im digitalen Raum ist jene nach den Pausen und der Pausengestaltung. Überlegen Sie sich dazu bereits im Vorfeld, an welchen Punkten im Seminar eine Pause inhaltlich notwendig ist und wo und wann es energetisch für die Teilnehmenden wichtig sein kann, aufzustehen, frische Luft in den „Seminarraum" zu Hause zu lassen, in Bewegung zu kommen u. Ä. Auch für Sie als Seminarleitung sind Pausen wichtig: Einerseits benötigen auch Sie selbst – besonders im Online-Training – kurze Phasen abseits vom Bildschirm und stehend, gehend oder auch liegend. Andererseits zeigt die Praxis, dass die Verlockungen für Trainierende, auch in der Pause am Computer kleben zu bleiben, um Bildschirmfotos einzusortieren, die Breakout-Räume für die nächste Übung einzurichten, Dateien für die folgende Methode herauszusuchen, ein Flipchart zu malen etc. sehr groß sind. Suchen Sie hier ein gutes Maß für sich selbst und die Gruppe. In jedem Fall können Sie die Teilnehmenden dazu einladen, die Momente, die Sie selbst brauchen, um Fenster am Schreibtisch zu sortieren, Links zu öffnen und in den Chat zu posten, digitale Materialien zusammenzusuchen oder auf die ausgefallene Internetverbindung zu warten, dazu nutzen sollen, kurze, aber energetisch wichtige und effektive Mini-Pausen einzulegen. Dies bringt nicht nur Entspannung und neue Energie unter den Teilnehmenden, sondern entstresst auch Sie in der Vorbereitung und nimmt den erzeugten Stress von 15 bis 20 Augenpaaren, die Sie über den Bildschirm beobachten und (un-)geduldig darauf warten, dass Sie die Technik so schnell wie möglich auf die Reihe bekommen.

Neben der Einladung für eine aktive Bewegungspause ist die Bedeutung von Energizern auch im digitalen Raum nicht zu unterschätzen. Nutzen Sie jede Gelegenheit – auch wenn es oft auf Kosten des Zeitmanagements geht –, um mit einer kurzen Bewegungs- und Aktivierungsübung frische Energie, Motivation und Kraft in die Gruppe zu bringen. Bedienen Sie sich dabei gerne aus der Literatur zu Stressabbau, emotionaler Körperarbeit, Kinetik, Sportunterricht und Co. Je abwechslungsreicher und anspruchsvoller, desto dankbarer werden Ihnen die Teilnehmenden am Ende des digitalen Seminartages sein.

Kommunikation mit den Teilnehmenden

Seien Sie während des Seminars auf möglichst vielen Kanälen für die Teilnehmenden erreichbar. Oder einigen Sie sich mit der Gruppe zu Beginn des Trainings auf ein Medium, über das Sie im Verlauf des Workshops kommunizieren möchten. Neben dem Handy bietet sich hier der Chat – auch der private Chat – im jeweiligen Videokonferenz-Tool an.

Bedenken Sie dabei, dass Nachrichten hier leicht übersehen werden, vor allem, wenn Sie nicht die entsprechenden Einstellungen vorgenommen haben. Oft bestehen auch Ängste, dass die Nachricht versehentlich an alle Teilnehmenden geht und nicht nur an die eine adressierte Person. Seien Sie hier umsichtig im Umgang mit der Thematik und fragen Sie die Gruppe, was ihr präferierter Kommunikationskanal ist.

Speichern, sichern und noch mal speichern

Achten Sie darauf, dass Sie – wie auch im analogen Training – die Ergebnisse des Prozesses umfangreich visualisieren und dokumentieren. Alles Wichtige, was die Gruppe erarbeitet, muss in irgendeiner Form gespeichert und dem Team dann auch zur Verfügung gestellt werden. Sichern Sie nach Abschluss des Seminars unbedingt den Chat, bevor Sie das Programm schließen. Fragen Sie die Gruppe eventuell auch, ob einzelne Phasen oder Abschnitte des Seminars per Video aufgezeichnet werden sollen. Bitten Sie die Teilnehmenden, Ihnen ausgearbeitete Gruppenarbeiten, Fotos von Flipcharts etc. zuzuschicken oder erstellen Sie eine gemeinsame Arbeitsplattform (z.B. Padlet), auf der die Teilnehmenden ihre Arbeitsprodukte hochladen und miteinander teilen können.

Selbststeuerung und Verhalten von Trainierenden

Wie agiere ich als Trainingsperson im digitalen Raum? Welchen Gesprächsstil wähle ich? Wie gehe ich mit Störungen um? Wann schalte ich die Kamera aus? Wann ziehe ich mich zurück und überlasse die Gruppe für einen gewissen Zeitraum sich selbst? Wann und wie oft schalte ich mich in die Breakout-Session dazu? Kündige ich dies an? Wie verhalte ich mich in den Pausen? Wie moderiere ich den Gruppenprozess? – All diese Fragen müssen Sie sich als trainierende Person im Online-Raum unbedingt im Vorfeld des Trainings stellen. Ihr eigenes Verhalten hat dabei Vorbildwirkung auf die Teilnehmenden. Dies ist Ihnen sicher nicht neu, auch im Präsenzraum sind Fragen zu Ihrem eigenen Verhalten von großer Relevanz. Vor allem die Frage, wann Sie sich in Teamprozesse (während der Übungen) einklinken, wann Sie die Dynamik laufen lassen oder auch stoppen, wann Sie intervenieren und „ihren Senf dazugeben“, ob Sie während der Diskussionen zuschauen oder sich ausblenden, ob Sie nur die Kamera ausschalten oder auch den Ton, oder ob Sie die Option wählen, gar nicht mehr sichtbar zu sein (dies können Sie in den Einstellungen auswählen). All dies ist von größter Relevanz für ein erfolgreiches Training. Es gibt dabei kein immer gültiges Richtig oder Falsch, vielmehr ist es wichtig, situationsadäquat und bezogen auf den laufenden gruppendynamischen Prozess zu agieren und zu reagieren.

Besonderheiten der digitalen Gruppendynamik – Gibt es die überhaupt?

Unsere Erfahrung der letzten Jahre hat uns einiges über Gruppendynamik im Online-Raum deutlich gemacht. Wesentlicher Einflussfaktor auf die Dynamik der Gruppe sind sicherlich die veränderten Bedingungen digitaler Kommunikation im Vergleich zu analoger. Zoom-Müdigkeit und die fehlende „Körperlichkeit“ (Stichworte: Nähe und Distanz) wirken sich ebenso aus wie das Gefühl, „gemeinsam allein zu sein“, die beschränkten direkten Sinneswahrnehmungen und der als einschränkend erlebte – also fehlende – tatsächliche Bewegungsspielraum. Oft beschreiben Teilnehmende, das Gefühl zu haben, aus dem „verkopften“ Denken nicht aussteigen zu können, dass ihnen der direkte Kontakt, die informelle Begegnung in den gemeinsamen Kaffeepausen fehlen. Stellen Sie sich – bevor Sie ein Teambuilding im digitalen Raum durchführen – daher unbedingt die Frage, was für Sie ein erfolgreiches Teamtraining überhaupt ausmacht, welche Aspekte auf keinen Fall zu kurz kommen dürfen und wie Sie essenzielle Bestandteile bestmöglich kompensieren oder elegante Lösungen bzw. neue Varianten finden.

Was unsere Erfahrung klar zeigt, ist, dass vieles online gut, oft sogar schneller sichtbar wird, z.B.: Wie (gut) läuft die Kommunikation in der Gruppe? Wie strukturiert geht die Gruppe vor? Wie (gut) organisiert sich die Gruppe selbst? Wie wird mit Schwierigkeiten und Herausforderungen umgegangen? Wie gut gelingt es den Teilnehmenden und der Gruppe, sich selbst zu motivieren und auch dranzubleiben? Wie gut kann die Gruppe Spannung erzeugen und halten? Wie bemüht ist die Gruppe, Verbesserungen für sich selbst zu erreichen? Wer bringt sich (immer) ein? Wer klinkt sich (immer) aus? Wie geduldig ist die Gruppe im Umgang mit einzelnen Gruppenmitgliedern, mit sich selbst etc.? Wie (gut) kann die Gruppe Verantwortung für sich selbst und den Prozess übernehmen? Wie wichtig ist dem Team das Teambuilding?

Schwieriger zu erkennen sind unserer Erfahrung nach Aspekte, die sich oft auch durch Bewegung (im Raum) oder durch Körperhaltungen zeigen, z.B.: Wer steht sich wie nah? Wo bestehen bereits gute Beziehungen und Verbindungen? Zwischen welchen Personen gibt es aktuelle oder akute Konflikte?

Konfliktsteuerungs- und Interventionsmöglichkeiten

Wir sind der Überzeugung, dass Sie auch im digitalen Raum mit Ihren gewohnten Tools zur Klärung von Konflikten und Problembearbeitung agieren können. Setzen Sie Interventionen analog zum Training in Präsenz: Unterbrechungen, Stopps mit klärenden Fragen, Kurzinterventionen zur Problembearbeitung etc. Wichtig erscheint uns immer wieder der Hinweis, dass eine kleine Intervention, auch wenn sie wertvolle Zeit kostet, ein riesengroßer Gewinn für das Team oder die Seminargruppe sein kann. Zu oft wollen wir unser Seminarprogramm durchbringen, unser geplantes Konzept umsetzen und alle Übungen anbieten, die wir uns überlegt haben. Viel wichtiger ist es aber, mit dem zu arbeiten, was in der Gruppe gerade da ist – und was problematisch ist. Sehen Sie die investierte Zeit immer als Mehrwert und utilisieren Sie auftauchende Stolpersteine des Prozesses als Chancen, um Themen sichtbar zu machen und Veränderungsprozesse in Gang zu bringen. Was wir auch erleben, ist, dass auch unter uns Trainerinnen und Trainern digital oft eine größere Scheu besteht, etwas Offensichtliches anzusprechen, da die gleichen Mechanismen, die auf Teilnehmende wirken, auch für uns spürbar sind. Vor allem dann, wenn Sie nach einem kurzen Innehalten zum Schluss kommen, dass es nicht am digitalen Setting liegt und nicht daran, dass die Übung schlecht ausgewählt ist, auch nicht daran, dass Sie als Trainerin heute schlecht performen oder dass die Teilnehmenden schlecht drauf sind, vertrauen Sie Ihren Sensoren und auf die Dynamik, die Sie wahrnehmen.

Reflexion

Im Laufe der letzten Trainingsjahre hat sich gezeigt, dass es auch mit Blick auf Reflexionsmethoden wichtig ist, diese digital zu denken und das eigene Repertoire hier entsprechend zu erweitern und anzupassen. Die Nachbesprechung und der Transfer des Erlebten ist im digitalen Raum ebenso essenziell wie im klassischen Seminarsetting – und oft spielentscheidend. Die gemachte Erfahrung muss gemeinsam betrachtet, verstanden und einsortiert werden, Gefühlen muss Luft gemacht werden und Gedanken können zum Ausdruck kommen. Ohne Reflexion bleiben Methoden leer und oft ohne Kontext und Sinn im Raum stehen. Nur in seltenen Fällen kann es angebracht sein, das, was passiert ist (zunächst) für sich stehen zu lassen und den Austausch darüber auszulassen. Nutzen Sie für die Reflexion die von uns angebotenen Fragen, beziehen Sie aber auf jeden Fall das mit ein, was Sie im Verlauf der Methode beobachten konnten. Im letzten Kapitel haben wir Ihnen ein kleines „Best of" unserer liebsten Reflexionsübungen zusammengefasst – viel Spaß beim Umsetzen.

Link zu den Downloads in der Umschlagklappe

Tipp: In den Download-Ressourcen finden Sie einen noch stärker differenzierten Text zur **Gruppendynamik im virtuellen Raum.**

50 kooperative Online-Übungen

... und weitere 10 Reflexions- und Transferübungen

Zu den Übungsbeschreibungen

Für eine erste Orientierung und einen Überblick zu den beschriebenen und vorgestellten Methoden finden Sie im folgenden Abschnitt eine übersichtliche Tabelle. Die Übungen sind unterschiedlichen Kategorien zugeordnet, die wir aus der Seminarpraxis heraus als sinnvoll und nützlich erachten. Zunächst haben wir uns in diesem Buch für eine Zuordnung der Methodenbeschreibungen in folgende fünf Kategorien entschieden:

- Übungen ohne Hilfsmittel
- Übungen mit Hilfsmitteln, die jede Person zu Hause hat
- Übungen mit Hilfsmitteln, die man zuschicken kann
- Übungen mit speziellen Online-Tools
- Reflexions- und Transfermethoden für den digitalen Raum, Gruppeneinteilung und Aktivierung

Mögliche weitere Kategorien, die hilfreich sind, sind etwa die Einteilung in „Methoden für neue Teams" vs. „Methoden für bestehende/etablierte Teams" oder auch „Schönwettermethoden" und „Konflikt- und Schlechtwettermethoden" u.v.m. Wir hoffen, dass die ausgewählten Kategorien für die Verwendung dieses Buchs und den Einsatz der beschriebenen Methoden brauchbar sind und die Auswahl erleichtern.

Auf den folgenden Seiten finden Sie eine übersichtliche Tabelle, die weitere Informationen zum Einsatz der Übungen liefert. Eine noch etwas ausführlichere Tabelle finden Sie zudem in den Download-Ressourcen zum Buch.

Erläuterung zum Aufbau der Übungsbeschreibungen

Zeitangaben

Alle Zeitangaben sind, wie Sie aus der Seminarpraxis wissen, ungefähre Angaben. Gerade im digitalen Raum hat sich gezeigt, dass – im Vergleich zum Präsenztraining – ein konsequenter Zeitplan enorm wichtig und zugleich schwieriger durch- und einzuhalten ist. Seien Sie hier flexibel und auf mögliche Änderungen im Ablaufmanagement vorbereitet. In der Regel lässt sich konstatieren, dass im digitalen Raum alles um ein Vielfaches länger dauert als in Präsenz. Dies ist sowohl dem Mehraufwand in Bezug auf Präsentation der Gruppenarbeit, der Organisation der Daten und Dateien etc. geschuldet. Aber auch Aspekte einer (erschwerten) Kommunikation, schwierigerer Aushandlungsprozesse, der verkürzten Aufmerksamkeitsspanne und möglichen (technischen) Stolpersteinen fließen hier ein. Alle Angaben in den Informationsboxen sind also mit Vorsicht zu genießen – sie verstehen sich immer als Angaben für die Durchführung ohne Reflexionszeit!

Bildmaterial

Das im Buch vorhandene Bild- und Fotomaterial stammt aus unserer tagtäglichen Seminarpraxis und liefert authentische Einblicke in das Online-Training.

Duzen und siezen

In den Übungen wechseln sich die Anreden ab. Mal wird das „Seminar-Du“ als Anrede genutzt, mal das förmliche „Sie“ verwendet.

Download-Materialien

Zu einigen Methoden stehen Ihnen neben der Methodenbeschreibung digitale Ressourcen zur Verfügung. Die Passagen sind an den entsprechenden Stellen durch das nebenstehende Symbol gekennzeichnet. Ihre Download-Ressourcen können Sie über über den Link abrufen, den Sie in der inneren Umschlagklappe finden.

Zur Matrix auf den Folgeseiten

Hier sind die Übungen nach Themenschwerpunkten sortiert, außerdem nach ihrer Dauer, der erforderlichen Personenanzahl und nach Vorbereitungsaufwand. Die Sterne symbolisieren die Stärke des Aufwands von ☆ ☆ ☆ (= kein Aufwand) bis ★ ★ ★ (= hoher Aufwand).

Tipp: In den Download-Ressourcen finden Sie eine **Matrix** mit weiteren Zuordnungskriterien, wie etwa weitere Themenbereiche sowie „Arbeit in Breakout Rooms erforderlich“ oder „benötigtes Zusatzmaterial“.

Nummer	Name	Seite	Kommunikation	Diversität – Vielfalt	Strategie – Planung	Kooperation	Führung – Geführtwerden	Problemlösung	Arbeiten unter Druck
Übungen ohne (technische) Hilfsmittel									
1	Gewinnt, so viel ihr könnt!	37	x		x	x			
2	Das perfekte Team	45	x						x
3	NASA goes 2022	49	x		x				
4	All eyes on...	55							
5	Der Geheimbund	59	x						
6	Der digitale Zahlencode	63	x		x			x	
7	Teamabenteuer in Stadt und Land	69				x			
8	Hypothesenschmiede digital	77	x						
9	Das Ding	81	x						
10	Der Reihe nach	85	x			x			
11	Netze mit tanzenden Spinnen	91	x						x
12	Das Gute daran - Vielfalt als Stärke	95		x					
13	Singalong Teamsong	99				x			
14	Die Team-Metapher	103	x	x					
15	Namensduell digital	111							
16	Alle ins Rampenlicht, die ...	115		x					
Übungen mit Hilfsmitteln, die alle Teilnehmenden zu Hause haben									
17	Der Weg zum gem. Wertesymbol	123	x						
18	Wie viel geht noch?	127	x			x	x		x
19	Der Teamsong	131		x		x			
20	Food Faces	137		x					
21	Turmbau zu Babel	141	x		x		x		x
22	Gegenst. erzählen Geschichten	147		x					
23	ABC auf 1-2-3 LOS!	151	x		x	x		x	x
Übungen, die technische Hilfsmittel und Online-Tools nutzen									
24	Das Team-Netzwerk	159	x						
25	Voll ins Schwarze	165	x		x				
26	Wort-Mix	169	x		x	x		x	x
27	PowerPoint Run	173	x		x	x	x		x
28	Kulturrallye digital	179		x					
29	Kreative Baumeisterinnen	185				x			
30	Wheel of Fortune	191		x					

Eingeschränkte Ressourcen	Konkurrenz	Selbstreflexion	Teamrollen – Rangdynamik	Vertrauens-aufbau	Kennenlernen	Entscheidungs-findung	Konzentration	Teamwerte – Teamziele	**Dauer**	**Personen-anzahl**	**Vorbereitungs-aufwand**
	x								45	bis 12	★★☆
		x	x						60	3-12	★☆☆
						x			mind. 90	unbegr.	★★★
				x			x		20	unbegr.	☆☆☆
								x	20-60	unbegr.	☆☆☆
									40-60	8-16	★★★
		x		x					mind. 90	unbegr.	★★★
				x	x				15-45	unbegr.	☆☆☆
			x						30	8-16	☆☆☆
x							x		mind. 10	6-20	☆☆☆
							x		15-20	max. 12	☆☆☆
		x	x		x				bis 45	ab 8	☆☆☆
			x	x					30-45	max. 12	★☆☆
		x	x						mind. 45	4-12	★★☆
	x				x		x		10-30	10-25	☆☆☆
				x	x				5-20	ab 4	★☆☆
		x				x		x	mind. 45	max. 16	☆☆☆
x			x						45	unbegr.	☆☆☆
				x			x		10-30	8-25	☆☆☆
		x			x				ab 5	unbegr.	☆☆☆
x	x					x	x		30-40	ab 6	☆☆☆
			x	x	x				3-5 p.P.	max. 15	☆☆☆
			x				x		10-45	max. 24	★☆☆
		x	x			x		x	mind. 60	max. 8	★☆☆
		x				x		x	mind. 45	max. 16	★☆☆
	x		x						5-10 p.A.	unbegr.	★★☆
x	x		x				x		30-40	max. 14	★★☆
	x	x						x	30-45	ab 15	★★★
x		x	x					x	mind. 30	max. 15	★☆☆
				x	x				mind. 15	max. 16	★★☆

Nummer	**Name**	**Seite**	Kommunikation	Diversität – Vielfalt	Strategie – Planung	Kooperation	Führung – Geführtwerden	Problemlösung	Arbeiten unter Druck
31	ABAB - Knacke den Teamcode	197	x		x	x		x	x
32	Die Kontaktanzeige	203		x					
33	Die Würfel sind gefallen	205	x	x					
34	Team-Stadt-Land-Fluss	209		x					x
35	Der Gerüchtebild-Klassiker online	215	x			x			
36	Blind führen	221	x				x		
37	Online-Wichteln	225		x					
38	Das Team als Superheld	229		x					
39	Team-Resilienz messen	233		x					
40	WOOP-Methode	239	x		x				
41	Teamgeräusche	245							
42	Das Raster-Desaster	249	x		x	x		x	
43	Zehn Gemeinsamkeiten	253	x	x		x			
Übungen mit Hilfsmitteln, die man zusenden muss									
44	Farbenblind	259	x		x			x	
45	Fingerprints fürs Team	267		x					
46	Unsere Lego-WG	271		x					
47	What the Duck?	275	x		x	x			
48	Die Kreisel-Challenge	279			x	x			x
49	Blindes Origami	283	x				x	x	
50	Die Luftb.-Bewegungs-Challenge	289	x		x	x			x
Reflexionsmethoden und Gruppeneinteilung									
1	#hashtag Reflexion	297							
2	Legostein Reflexion	299							
3	Luftballon-Reflexion	301							
4	Kreisel-Reflexion	303							
5	Bücher-Reflexion	305							
6	Kommentierfunktion-Reflexion	307							
7	Digitale Geheimnisbörse	309							
8	Namensfeld-Reflexion	311							
9	Wimmelbild-Reflexion	313							
10	Wer gehört zusammen?	315							

Eingeschränkte Ressourcen	Konkurrenz	Selbstreflexion	Teamrollen – Rangdynamik	Vertrauens-aufbau	Kennenlernen	Entscheidungs-findung	Konzentration	Teamwerte – Teamziele	**Dauer in Minuten**	**Personen-anzahl**	**Vorbereitungs-aufwand**
			x			x			45-60	4-8	★★☆
		x		x	x				15-30	2-20	★☆☆
			x		x				15-30	2-20	★☆☆
	x							x	mind. 20	2-12	★☆☆
x							x		60	ab 5	★★☆
x				x			x		45	unbegr.	☆☆☆
				x				x	mind. 15	unbegr.	☆☆☆
		x	x	x					45-60	max. 12	★☆☆
		x			x			x	30-45	max. 12	★☆☆
		x						x	mind 30	max. 12	★☆☆
		x					x	x	45-60	max. 12	★☆☆
			x				x		30-60	unbegr.	★★☆
		x	x		x			x	30-45	2-15	★☆☆
x						x	x		30-45	4-16	★★★
		x	x		x				45-60	unbegr.	★★★
		x		x	x			x	45	max. 15	★★★
x						x			30-45	unbegr.	★★★
			x						30-60	unbegr.	★★★
x				x			x		10 p.P.	unbegr.	★★★
							x		30	unbegr.	★★★
									5-15	unbegr.	☆☆☆
									bis 30	unbegr.	★★★
									5-15	max. 15	★★★
									5-15	max. 15	★★★
									30	max. 15	☆☆☆
									5-20	unbegr.	★☆☆
									5-10	ab 6	☆☆☆
									15	max. 30	☆☆☆
									2-5 p.P.	bis 12	★★☆
									5	bis 30	★★☆

Übungen ohne (technische) Hilfsmittel

In dieser Kategorie finden Sie Übungen, für die Sie nichts weiter benötigen als Ihr bevorzugtes Videokonferenz-Tool und eventuell Ihren E-Mail-Account. Klingt langweilig für interaktive Übungen im Onlinesetting?

Ganz und gar nicht. Diese Übungen bestechen durch ihre Einfachheit und sind dennoch knifflig genug, um die Teilnehmenden vor neue Herausforderungen zu stellen. Sie eignen sich aber vor allem dafür, Teilnehmenden die Scheu vor Interaktion im virtuellen Raum zu nehmen.

Für Sie als Trainerin bieten diese Übungen zudem viele Vorteile:

Diese Übungen funktionieren immer. Egal, wo sich die Teilnehmenden befinden, was sich um sie herum befindet oder welchen Grad an Technikaffinität diese haben. Der eigene Körper, die Fähigkeit, miteinander zu sprechen, sich zu sehen und sich gegenseitig zu hören, reichen bei diesen Übungen meist vollkommen aus. Die Übungen sind interaktiv und geben allen Teilnehmenden die Möglichkeit, sich im Online-Raum zurechtzufinden.

Unsere Empfehlungen: Setzen Sie diese Übungen vor allem dann ein, wenn ...

- Sie eine Gruppe haben, für die der virtuelle Raum leicht zu Überforderungen führen kann,
- Sie selbst wenig Zeit zur Vorbereitung haben,
- das Training knapp bemessen ist und wenig Zeit für technische Erklärungen bleibt,
- wenn Sie sich selbst unsicher fühlen in Bezug auf mögliche technische Komplikationen.

Auch zu Beginn eines Online-Teamtrainings bieten Übungen aus dieser Kategorie einen sanften Einstieg.

Aber auch bei online sehr affinen Gruppen lohnt sich der Einsatz von Methoden aus dieser Kategorie. Nach dem Prinzip „Weniger ist oft mehr“, können auch Übungen mit wenig Vorbereitungs- und Materialaufwand eine große gruppendynamische Wirkung entfalten.

Die vorgestellten Methoden wirken dabei digital in gleicher Weise wie im analogen Setting im Seminarraum. Sie stellen die Gruppe vor ungewohnte Aufgaben, fordern Beiträge aller Teammitglieder ein, aktivieren und bieten vor allem viele Ansatzpunkte für Reflexion und die Entwicklung des Gruppengefüges.

Gewinnt, so viel ihr könnt!

1

In zwei Kleingruppen wird das Verhandlungsspiel durchgeführt, bei dem die Teammitglieder im Zuge eines Kartenspiels so viele Punkte wie möglich sammeln müssen. Der Clou dabei ist, dass der Gruppe keine Vorgabe darüber gemacht wird, ob sie dies gegeneinander oder in Kooperation miteinander machen soll.

Organisation

Hashtags: #kooperationundkonkurrenz #strategieentwicklung #wiedumirsoichdir #handlungslogiken

Anzahl: bis zu 12 TN

Zeitbedarf: 45 Minuten

Vorbereitung: mittel

Medien: Videokonferenz-Tool mit Breakout-Räumen

Zielsetzung und Effekte

- Aushandlungsprozesse erlebbar machen – Konkurrenzverhalten versus Kooperationsstreben spürbar machen
- Methoden der Strategieentwicklung und Prozessplanung ausprobieren
- Bedeutung transparenter Kommunikation in und zwischen Teams erkennen
- Verschiedene Verhaltens- und Handlungslogiken ausprobieren
- Gewinnen und Verlieren auf persönlicher und auf Teamebene erfahrbar machen
- Erfüllungsbedingungen von Sicherheit und Vertrauen in und zwischen Teams thematisieren
- Zusammenarbeit im Team näher beleuchten: Konkurrenzverhalten versus Kooperationsfähigkeit
- Verschiedene Methoden der Strategieentwicklung kennenlernen und ausprobieren
- Vorgaben, Bedeutung von Regeln und Regeleinhaltung reflektieren
- Eigene Teamrolle und Teamverständnis hinterfragen

Beschreibung

Für das Experiment werden zunächst jeweils eine rote und eine schwarze Spielkarte je Gruppe benötigt. Der Gewinnplan und eine Spieltabelle (s.u.) werden am Flipchart oder an der Tafel visualisiert.

Für die Durchführung der Übung müssen Sie im Vorfeld für jede Gruppe zwei Spielkarten, eine rote und eine schwarze, zur Seite legen. Außerdem wird der Gewinnplan und eine Punktetabelle vorbereitet, die für alle Teilnehmenden sichtbar sein soll. Dafür eignet sich im Online-Raum eine Tabelle, die Sie sich in Excel, in Word/Pages, in PowerPoint/Keynote oder einem ähnlichen Programm vorbereiten können. Alternativ können Sie auch ein gut sichtbares Flipchart oder eine Tafel nutzen.

Für die Übung wird die Gruppe in zwei Teams aufgeteilt. Um einen guten Austausch und die Beteiligung aller Teilnehmenden zu gewährleisten, empfehlen wir, die Übung mit maximal zwölf Personen (sechs Personen pro Kleingruppe) durchzuführen. Sollten Sie im Seminar mit einer größeren Gruppe arbeiten, bieten sich zwei parallele Spiele an oder Sie vergeben zusätzliche Rollen, wie Beobachterinnen bzw. Sprecher, die sich nicht an den Diskussionen beteiligen etc.

Bevor es losgeht, werden die Spielregeln erklärt: *„Wir werden gleich im Anschluss ein Experiment durchführen, bei dem das Ziel ist, so viele Punkte wie möglich zu sammeln. Ich würde euch dazu bitten, sich in zwei gleich große Gruppen aufzuteilen. Jedem Team stehen zwei Karten zur Verfügung: eine rote und eine schwarze. Eure Aufgabe ist es, sich in Break-out Sessions, die jeweils fünf Minuten dauern, darauf zu einigen, welche Karte ihr im Anschluss an die Beratungszeit im Plenum ausspielen wollt. Der Gewinnplan schaut dabei wie folgt aus: Spielen beide Teams eine rote Karte (Herz oder Karo), dann erhalten beide Teams jeweils drei Pluspunkte. Spielen beide eine schwarze Karte (Pik oder Kreuz), erhalten beide Teams jeweils drei Minuspunkte. Spielt ein Team Rot und das andere Team Schwarz, erhält das Team, das Schwarz gespielt hat, sechs Pluspunkte und das andere Team, das Rot gespielt hat, sechs Minuspunkte."*

Nachdem Sie der Gruppe die Spielregeln erklärt haben, schicken Sie die beiden Teams zur ersten Beratung in die Breakout-Sessions. Wichtig für die Anmoderation ist, dass Sie diese sehr kurz und prägnant machen, ohne viele Möglichkeiten für Rückfragen.

Achtung: Äußern Sie sich zunächst nicht dazu, ob die Teams nur jeweils für sich (Konkurrenz) oder gemeinsam in der Gesamtgruppe (Kooperation) so viele Punkte wie möglich sammeln. Erst auf Rückfrage können Sie erwähnen, dass es nicht festgelegt ist, ob gegeneinander oder miteinander gespielt wird. Wenn Sie den Konkurrenzaspekt noch stärker betonen wollen, können Sie noch folgende Regeln ergänzen: *„Die Entscheidung der einzelnen Teams, welche Karte gespielt wird, ist dabei unabhängig von der Entscheidung des anderen Teams."*

Wichtig ist zudem die Information, dass es – im Gegensatz zu bekannten Kartenspielen – hier nur um die Farbe und nicht um das Blatt (Herz, Pik, Karo, Kreuz bzw. Herz, Schell, Blatt, Eichel) und auch nicht um den Wert (Ass, König, Dame oder drei, vier, fünf etc.) geht. Die Gruppe soll sich zudem darauf einigen, wer in welcher Runde die Karte ausspielen darf.

In den Breakout-Räumen beraten sich die Kleingruppen, welche der beiden Karten sie im Anschluss ausspielen möchten. Danach holen Sie die Gruppen wieder zurück ins Plenum und bitten die Sprecherinnen, die Spielkarte zu zeigen. Entsprechend der ausgespielten Karten wird nun der aktuelle Punktestand in der Tabelle notiert und die Gruppe sehr rasch wieder zurück in die nächste Beratungsrunde geschickt. Nach einer vorher festgelegten Anzahl von Spielrunden (etwa zehn Runden) wird das Experiment beendet. Abhängig von der Spielentwicklung können Sie als Seminarleitung den Prozess dabei einfach „laufen lassen" und zu einem Zeitpunkt, der Ihnen passend erscheint, eine Zwischenreflexion anbieten. Oder es kommt die Forderung nach einem gemeinsamen Gespräch, einer kooperativen Beratung aus einer der beiden Gruppen selbst.

Reflexionsfragen

Strategieentwicklung und Gewinnorientierung

- Welche Strategie habt ihr im Spiel verfolgt? Warum habt ihr diese und nicht eine andere Strategie verfolgt?
- Welche anderen Strategien wären möglich gewesen?
- Wie wichtig war es euch, zu gewinnen? Wie spürt sich gewinnen, wie verlieren an?
- Was war euer übergeordnetes Ziel im Spiel?
- Wie habt ihr euch als Gruppen im Verlauf der Übung abgestimmt (intern und zwischen den Teams)? Was wäre hier noch gut gewesen?

Kooperation und Konkurrenz

- Wie habt ihr auf Kooperationsangebote der anderen Gruppe reagiert? Warum habt ihr so reagiert?
- Welche Voraussetzung sind für Kooperation notwendig?
- Welche Vorteile haben Konkurrenzverhalten versus Kooperation im beruflichen Alltagsgeschäft?
- Was macht echte Kooperation für euch aus?
- Wo und wann kam es zu einem Wendepunkt im Verhalten der beiden Gruppen? Was war dafür ausschlaggebend?
- Haben sich die Teams an Vereinbarungen gehalten? Falls nicht: Welche Folgen haben sich daraus ergeben?
- Was macht für euch Vertrauen in der Berufswelt aus? Wo ist es unbedingt notwendig? Wie fühlt sich Vertrauen für euch an?
- Kennt ihr Situationen in eurem Berufsalltag, wo der Erfolg des Kleinteams über den Gesamterfolg des Unternehmens gestellt wird?

Kommunikation, Team und Teamrollen

- Wie würdet ihr die Kommunikation in und zwischen den Teams im Zuge der Übung beschreiben? Was war dabei besonders auffällig? Welche Möglichkeiten der Kommunikation wurden genutzt? Welche nicht?
- Welche Rolle hast du selbst in den Verhandlungen eingenommen? Welche Handlungslogik (Kooperation vs. Konkurrenz) hast du vertreten? Welche Argumente hast du dafür/dagegen vorgebracht?
- Was ist euer Verständnis von Team in eurem Berufsalltag? Wo wird hier die Grenze gezogen? Wer sind „wir“ und wer sind „die anderen“?

Einhaltung von Spielregeln

- Wie seid ihr mit den Spielregeln umgegangen? Was war dabei auffällig?
- Wo habt ihr euch nicht an die Spielregeln gehalten? Was war der Grund dafür?

- Wie geht ihr in eurem beruflichen Alltag mit vorgegebenen Regeln um? Wo denkt ihr auch „Out of the Box"? Ist dies in eurem Unternehmen erwünscht? Wo ist es auch wichtig, sich an die Regeln zu halten? Warum?

Tools und Technik

- Zentral ist bei dieser Übung, dass Sie als trainierende Person in den Breakout-Räume dazukommen, um einen Eindruck von den Gesprächen, den Aushandlungsprozessen und der Strategieentwicklung innerhalb der Gruppe zu gewinnen.
- Achten Sie darauf, dass Sie die Räume der Breakout-Sessions korrekt öffnen und schließen, um sie nicht – nach der Runde im Plenum – erneut anlegen zu müssen und die Zuordnung der Gruppenmitglieder die gleiche bleibt. In unterschiedlichen Programmen können Sie auch die Laufzeit der Session schon im Vorfeld festlegen. Zudem sind die Tools in der Regel so programmiert, dass nach dem Drücken des „Beenden"-Buttons die Breakout-Räume noch eine Minute weiterlaufen.

Variationen

- Eine Möglichkeit zur Variation bietet sich in Bezug auf die verwendeten Spielkarten. Wenn Sie kein entsprechendes Kartenset zu Hause haben, können Sie auch andere Spielkarten verwenden, die zwei verschiedene Farben anbieten. Auch für die Visualisierung des Punktestandes haben Sie verschiedene Möglichkeiten: auf einem Flipchart, in einer über den Bildschirm geteilten Tabelle in Excel, PowerPoint/Keynote etc., im Chat, durch die Gruppen selbst, die mitschreiben, in einer Liste in Padlet, auf einem Papier, das Sie über die Dokumentenkamera einblenden usw. Wenn Ihnen in haptischer Form keine Karten zur Verfügung stehen, können Sie auch Bilder der Karten aus dem Internet herunterladen und diese einblenden.
- Wenn die Teilnehmenden selbst keine Spielkarten zur Verfügung haben, können Sie die Rolle übernehmen, die Karten auszuspielen/zu zeigen. In diesem Fall können Ihnen die Teilnehmenden über die private Chatfunktion schreiben, auf welche Karte sich die Gruppe geeinigt hat.
- Natürlich können Sie Spielkarten auch im Vorfeld zusenden oder in der Einladungsmail darauf hinweisen, damit sich die Teilnehmenden entsprechend vorbereiten.

Hinweise

- „Wie du mir, so ich dir!“: Ein häufig beobachtbares Verhaltensmuster und häufige Diskussionsthemen. Wenn einmal ein Kooperationsangebot ausgeschlagen wird, schlägt die Gruppe, die das Angebot zunächst gemacht hatte, den Kooperationsvorschlag der anderen Gruppe in der Regel auch aus. Zugleich wird in der Regel ein angenommenes Kooperationsangebot in der Folgerunde positiv erwidert. Manche Gruppen zeigen sich auch trotz ausgeschlagener Kooperationsangebote und vielen Minuspunkten beharrlich in weiteren solchen Angeboten. Sehr oft versuchen Gruppen oder einzelne Teilnehmende, ihre Spielabsichten dem anderen Team tatsächlich oder scheinbar (im Sinn einer Täuschung) zu vermitteln.
- Gerade bei dieser Übung bietet sich ein Innehalten in Form einer Zwischenreflexion an. Denn spätestens dann, wenn einzelne Gruppenmitglieder erkannt haben, dass auch kooperativ gespielt werden kann, wird es zu verstärkten Diskussionen kommen. Spannend wird es auch dann, wenn einzelne Personen aus der Gruppe fragen, ob ein Verhandlungsgespräch im Plenum möglich ist. Hier können Sie als Seminarleitung entscheiden, ob Sie dies ermöglichen möchten oder auch nicht. Beides ist möglich – und beides bietet im Anschluss unterschiedliche Reflexionsanlässe.
- Reflexionen dieser Übung haben uns gezeigt, dass – sobald die Gruppe erkannt hat, dass sie auch gemeinsam arbeiten kann – oft die Frage auftaucht: Was ist dann eigentlich das Ziel? Welchen Punktestand gibt es zu schlagen? Greifen Sie in diesem Fall wiederum diese Frage als weiterführenden Reflexionsanlass auf und stellen Sie zu diesen Fragen Bezüge zum Berufs- und Lebensalltag der Teilnehmenden her.
- Manche Gruppen arbeiten von Anfang an stark kooperativ – entweder deshalb, weil einzelne Teilnehmende die Methode bereits einmal durchgeführt haben (hier lohnt es sich, im Vorfeld nachzufragen, ob jemand die Übung bereits kennt und daher in eine beobachtende Rolle gehen möchte) oder weil das Team stark kooperativ „veranlagt“ ist. Spannend kann es in diesem Fall sein, die Gruppe einzuladen, ganz bewusst in eine Konkurrenz zu gehen und dieser „Qualität“ nachzuspüren. Auch dies kann zu einem großartigen Aha-Moment für die Teammitglieder werden.
- Angelehnt ist das Experiment an das Grundprinzip des sogenannten Gefangenendilemmas. Es greift damit spieltheoretische Überlegungen auf.
- Spannend ist in diesem Zusammenhang die Fragestellung, welches Menschenbild wir als Grundannahme in uns tragen. Zudem ist es wichtig, dass Sie in der Reflexion darauf aufmerksam machen, dass

das Verhalten während der Übung nicht zwangsläufig deckungsgleich mit dem Verhalten in der realen Welt ist. Denn nicht zuletzt sind durch die Regeln des Spiels selbst starke Anreize für konkurrenzorientierte Handlungslogiken gesetzt.

Quellen und Ressourcen

- Für das Präsenztraining beschrieben finden Sie die Übung von Klaus Dieter Kilz in: Rachow, A. (Hrsg.) (2020): Spielbar. managerSeminare, 7. Aufl.
- Eine gute Beschreibung der Originalmethode finden Sie auch bei Reiners (2007): Praktische Erlebnispädagogik. Ziel Verlag.
- Auch im Internet finden Sie sehr brauchbare Anleitungen zu dieser klassischen Methode, etwa unter: https://www.endlich-wachstum.de/kapitel/grundlagen/methode/gewinnt-so-viel-ihr-koennt/ (Stand: Juli 2022) oder auch unter: https://www.politik-lernen.at/gewinnt-so-viel-ihr-koennt (Stand: Juli 2022).

Download-Ressource

- Gewinnplan
- Spieletabelle

Das perfekte Team

2

Anhand einer Liste mit zahlreichen Eigenschaften muss sich das Team unter Zeitdruck für zehn Merkmale entscheiden, die in ihren Augen ein „perfektes Team" ausmachen. Sie als Trainerin können während der Übung Rangdynamiken beobachten und im Anschluss reflektieren – und haben mit den ausgesuchten Eigenschaften eine gute Basis für das weitere Arbeiten mit dem Team.

Organisation

Hashtags: #diskussion #wasmachtdasperfekteteamaus #beobachtenderteamdynamik

Anzahl: 3-12 TN – bei größeren Gruppen mehrere Teams bilden

Zeitbedarf: 60 Minuten

Vorbereitung: Liste per E-Mail senden

Medien: E-Mail und Videokonferenz-Tool

Zielsetzung und Effekt

- Erfolgsfaktoren von Teams erarbeiten, verstehen und diskutieren
- Verstehen, dass jedes Team individuell ist und auch andere Erfolgsfaktoren haben kann
- Gemeinsames Gedankenmachen über die Erfolgsfaktoren des eigenen Teams
- Rangdynamiken sichtbar machen
- Gruppenphase sichtbar machen
- Eine Basis für das Weiterarbeiten mit dem jeweiligen Team erhalten: An welchen Erfolgsfaktoren möchtet ihr arbeiten? Was funktioniert schon gut? Was könnte mehr vertreten sein?

Beschreibung

Vorab schicken Sie den Teilnehmenden per Mail eine Liste mit möglichen Erfolgsfaktoren für „das perfekte Team" zu (Abb.). Nun bitten Sie sie, aus der Liste die 10 wichtigsten Erfolgsfaktoren auszuwählen. Mit der Fragestellung: *„Was macht das perfekte Team aus?"*

Wie das Team die Entscheidung trifft, überlassen Sie der Gruppe selbst. Setzen Sie nun ein Zeitlimit für den Entscheidungsprozess (z.B. 15 Minuten) und fordern, dass am Ende der Zeit eine Person aus dem Team die Ergebnisse präsentieren soll. Während der Übung können Sie nun gut beobachten, wie es mit der Rollenverteilung im Team bestellt ist, ob das Team schnell und harmonisch ins Tun kommt oder sich länger aufhält mit der Frage, wer präsentieren soll, wer mitschreibt, wie abgestimmt wird, ob es noch ein vorsichtiges Abtasten ist oder es bereits eine klare Rangdynamik gibt, die zum Tragen kommt.

Fördern Sie die Dynamiken, indem Sie immer wieder auf die Zeit hinweisen: *„Noch 5 Minuten!"* Sollten Sie im Anschluss Rangdynamiken oder Gruppenphasen reflektieren wollen, notieren Sie sich während der Übung Aussagen der Teammitglieder mit, die Sie dem Team im Anschluss vorlesen können. Sollten Sie Rang-, Team- und Gruppendynamiken nicht reflektieren wollen, so nützen Ihnen die Beobachtungen dennoch, um zu erkennen, wo das Team im Lauf der Teammaßnahme Unterstützung brauchen könnte oder wo Sie mit Ihren Übungen ansetzen können. Nach der verstrichenen Zeit bitten Sie die Person, die nominiert wurde, zu präsentieren und zu erläutern, warum sich das Team für die jeweiligen Erfolgsfaktoren entschieden hat. Nun können Sie damit weiterarbeiten und etwa Punkte vergeben lassen: Welche Erfolgsfaktoren sind im Team schon gut spürbar und welche werden weniger gelebt? So haben Sie zu Beginn gleich eine gute Analyse, wie sich das Team selbst einschätzt und woran es arbeiten möchte.

Sie können die Übung auch als Priming verwenden, um im Anschluss Teammodelle zu erläutern, wenn Sie sich etwa in einem Ausbildungskontext befinden. Tipp: Wir planen diese Übung gerne am Vormittag bzw. am ersten Tag eines Teambuildings ein, um dann mit dem Team auf Basis der ausgesuchten Erfolgsfaktoren an ihrem jeweiligen Team arbeiten zu können.

Liste mit Erfolgsfaktoren für ein perfektes Team

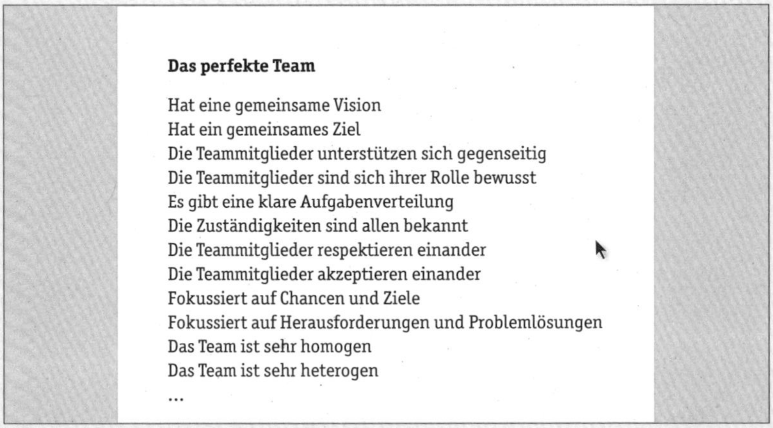

Reflexionsfragen

Fragen zu Erfolgsfaktoren für Teams

- Warum habt ihre euch für diese Erfolgsfaktoren entschieden?
- Welche habt ihr als irrelevant angesehen und warum?
- Welche dieser Erfolgsfaktoren zeichnen auch euer Team aus?
- Sind das auch die Erfolgsfaktoren, die andere Teams auszeichnen?
- Worin unterscheidet ihr euch von anderen Teams?
- Bei welchen hat euer Team noch Aufholbedarf?
- Was wäre möglich, wenn auch diese Faktoren noch mehr gelebt werden würden?
- An welchen Faktoren wollt ihr heute arbeiten?
- Was darf sich durch den Teamtag auf keinen Fall ändern?

Fragen zu Rang-, Team- und Gruppendynamiken, vor allem in Ausbildungskontexten

- Wenn ihr nun die letzten 15 Minuten nochmal Revue passieren lasst: In welcher Gruppenphase nach Tuckman befindet ihr euch gerade und warum? Woran hätte man das beobachten können? Was spricht für welche Phase?
- Welche rangdynamischen Positionen nach Schindler konntet ihr beobachten?
- Welche Aussagen könnten auf welche Position schließen lassen?
- Welche Teamrollen nach Belbin waren vertreten/beobachtbar?
- Hat das Team eher handlungs-, wissens- oder kommunikationsorientiert agiert?

Tools und Technik

- Alles, was Sie für diese Übung benötigen, sind die E-Mail-Adressen der Teilnehmenden. Sie können diese entweder vorab erfragen. Sollte dies nicht möglich sein, bitten Sie die Teilnehmenden, Ihnen zu Beginn des Kurses ihre Mail-Kontakte in den Chat zu schreiben.
- Bei der folgenden beschriebenen Großgruppenvariante benötigen Sie noch die Möglichkeit der Teilgruppensitzungen/Breakout-Rooms.

Variationen

- Bei größeren Gruppen empfiehlt es sich, die Teams in Untergruppen zu teilen und zusätzlich zum Zeitdruck noch eine „Wettbewerbssituation" zu simulieren. So muss sich jede Kleingruppe auf 10 Erfolgsfaktoren einigen und eine Person nominieren, die präsentiert.
- Nun können Sie nach der Präsentation das Plenum bitten, sich jetzt noch gemeinsam auf die drei absolut wichtigsten Erfolgsfaktoren zu einigen. Auch das bringt noch mal eine spannende Dynamik, die sich wiederum gut reflektieren lässt.

Hinweise

Um die Übungen im Hinblick auf Gruppen-, Rang-, oder Teamdynamiken reflektieren zu können, empfiehlt es sich, sich mit folgenden Modellen eingehend vertraut zu machen:

- Phasenmodell zur Gruppenentwicklung, Bruce Tuckman,
- Rangdynamisches Positionsmodell nach Raoul Schindler,
- Teamrollen nach Meredith Belbin.

Quellen und Ressourcen

Die Übung selbst wurde von uns entwickelt, um zu Beginn von Teamentwicklungsmaßnahmen einen guten Ist-Status über das Selbstbild eines Teams zu bekommen und auch um zu erfahren, was das Team seiner Ansicht nach erfolgreich macht, auch im Vergleich zu anderen Teams. Wir arbeiten sehr gerne mit dieser Methode, da sie uns sehr vielseitige Erkenntnisse über das jeweilige Team in sehr kurzer Zeit liefert.

Download-Ressource

- Liste Erfolgsfaktoren „Das perfekte Team“

NASA goes 2022

3

Die NASA-Methode ist ein klassisches Planspiel, bei dem die Gruppe aus einer Liste an Gegenständen jene auswählen muss, die sie zum Überleben auf dem Mond benötigt. Die Übung macht neben Kommunikationsstrukturen vor allem Entscheidungsfindungsprozesse, den Umgang mit Zeitdruck sowie Dynamiken von Einflussnahme, Positionskämpfen und Rangkonflikten im Team deutlich.

Organisation

Hashtags: #diplomatieundverhandlung #planspiel #rhetorikundargumentationstraining #entscheidungsfindungsprozesse #kommunikationstraining

Anzahl: 8-12 TN bis Großgruppen

Zeitbedarf: 90-120 Minuten

Vorbereitung: mittel bis hoch

Medien: Videokonferenz-Tool, Schreibutensilien für die TN, Spielanleitung

Zielsetzung und Effekte

- (An-)Erkennen unterschiedlicher Arbeits- und Denkweisen
- Entscheidungsfindungsprozesse sichtbar und damit veränderbar machen
- Zwischenmenschliches Kommunikationsverhalten beleuchten und verstehen
- Gruppendynamische Prozesse erlebbar und reflektierbar machen
- Kommunikations- und Rhetoriktraining, Überzeugen mit Argumenten, Diskussionen leiten & moderieren
- Rollen und Positionen in der Gruppe deutlich machen
- Führungsstile und Führungsqualitäten zum Thema machen
- Umgang mit Zeitdruck und Zeitmanagement in der Gruppe verbessern

Beschreibung

Zunächst erhalten alle Teilnehmenden per Chat oder im Vorfeld per Mail die Übungsanleitung (siehe unten). Sie könne diese als PDF aussenden bzw. diese auch auf Padlet, Mural, Miro etc. stellen. Zudem können Sie die Aufgabenbeschreibung noch einmal im Zuge der Anmoderation der Übung über den geteilten Bildschirm mit der Seminargruppe durchgehen. Die zentralen Phasen der Diskussion und Entscheidungsfindung in den Kleingruppen werden in Breakout-Sessions durchgeführt.

Text der Spielanleitung: *„Sie sind Mitglied einer Raumfahrtgruppe, die ursprünglich geplant hatte, auf der erhellten Oberfläche des Mondes mit einem Mutterschiff zusammenzutreffen. Infolge technischer Schwierigkeiten ist Ihr Raumschiff jedoch gezwungen worden, an einer Stelle in der Tagzone zu landen, die etwa 300 km von dem Treffpunkt entfernt liegt. Während der Landung ist ein großer Teil der Ausrüstung an Bord beschädigt worden. Da die Aussicht zu überleben davon abhängt, ob Sie das Mutterschiff erreichen, müssen die wichtigsten der vorhandenen Dinge für den 300 km langen Weg gewählt werden. Unten finden Sie eine Liste von 15 Gegenständen, die nach der Landung unbeschädigt geblieben sind. Ihre Aufgabe ist es, diese Gegenstände in eine Rangordnung zu bringen, je nachdem, wie notwendig sie Ihnen zum Erreichen des Treffpunkts erscheinen. Setzen Sie Nummer 1 neben den wichtigsten Gegenstand, Nummer 2 neben den zweitwichtigsten usw."*

Liste der unbeschädigten Dinge

Artikel	**Rangordnung**		
	Individuell	**Gruppe**	**Plenum**
1 Schachtel Streichhölzer			
1 Dose Nahrungskonzentrat pro Person (mit Spezialventil an den Raumanzug anschließbar)			
15 cm Nylonseil			
30 m² Fallschirmseide (15x2 m)			
1 tragbares Heizgerät (mit Infrarot-Strahler als Wärmequelle)			
2 Pistolen 7,654 mm			
1 kleine Kiste Trockenmilch pro Person			
2 Sauerstofftanks zu je 50 l pro Person			
1 Sternkarte (aus Mondperspektive)			
...			

Vor der Übung werden kleinere Teams – deren Zusammensetzung entweder zufällig oder auf Basis bestimmter Kriterien gebildet wird – von vier bis sechs, manchmal auch zehn Personen zusammengewürfelt. Die Mitglieder jedes Teams sollen zunächst einzeln, also unbeeinflusst von den übrigen Teammitgliedern, ihre persönliche Rangfolge der Ausrüstungsgegenstände aufstellen. Dann erfolgt eine Entscheidung im Team, dann im Plenum.

Zum Verlauf der Übung erklären Sie den Teilnehmenden Folgendes:

1. Einzelentscheidung (5 Minuten): *„Jede Person versucht für sich alleine, die gestellte Aufgabe zu lösen."*

2. Gruppenentscheidung (15 Minuten): *„Ziel dieser Phase ist es, dass die Gruppe als Gesamtheit zu einem Beschluss kommt, mit dem alle Teilnehmenden einverstanden sind. Das bedeutet, dass der Rang jedes der 15 Gegenstände, die für das Überleben notwendig sind, die Zustimmung aller Personen erhalten muss, um ein Teil des Gruppenbeschlusses zu werden."*

   In der Regel wird sich die Gruppe nicht bei allen Punkten auf den Rang einigen können. Ziel ist es aber, dass die Gruppe jeden Punkt so diskutiert und im Anschluss einen Beschluss trifft, dass alle Mitglieder der Gruppe zumindest teilweise zustimmen können.

3. Delegiertenentscheidung (10 Minuten): *„Jede Gruppe wählt nun aus ihrer Mitte zwei Vertreter, die nach Meinung der Teammitglieder am besten mit der Materie umgehen können. Die Vertreter aller Kleingruppen beraten sich im letzten Schritt gemeinsam im Plenum und treffen für die Gesamtgruppe eine Entscheidung."*

   Die anderen Teilnehmenden dürfen zuhören und -schauen. Wichtig ist aber, dass sie während dieser Verhandlung nichts sagen dürfen. Dieser letzte Durchgang könnte bei Zeitknappheit auch ausgelassen werden.

4. Auswertung (15–30 Minuten): *„Im Anschluss werden die verschiedenen Ergebnisse nun untereinander und mit dem Sachverständigenergebnis der NASA-Fachleute verglichen: …"*

Sachverständigenergebnis

1. Sauerstofftanks
2. Wasser
3. Sternenkarte
4. Nahrungskonzentrat
5. Fernmelde-Empfänger
6. Sender
7. Nylonseil
8. Erste-Hilfe-Koffer
9. Fallschirmseide
10. Schlauchboot
11. Signalpatronen
12. Pistole
13. Trockenmilch
14. Heizgerät
15. Magnetkompass
16. Streichhölzer

Achten Sie als Seminarleitung während des gesamten Spielverlaufs darauf, dass die Teilnehmenden die vorgegebene Zeit nicht überschreiten, da Zeit und Zeitdruck ein zentrales Element der Methode darstellen.

Wichtig kann als Resümee Folgendes sein: Dies ist nicht die einzig wahre Lösung! Aus gruppendynamischer Sicht ist vor allem der Weg zum Ergebnis relevant, nicht das möglichst gute Ergebnis. Vor diesem Hintergrund sind vor allem die Reflexion der Entscheidungsprozesse, der Kommunikation, der erlebten Gefühle, Frustrationen und Handlungen, der Rollen- und Rangdynamik in den Diskussionsprozessen, die Beteiligung einzelner Personen, die Auswahl der Vertreter, die vorhandene oder fehlende Ernsthaftigkeit, der Umgang mit der Zeit etc. relevant. Die gemeinsame Besprechung ausgewählter Aspekte ermöglicht den Transfer der gemachten Erfahrung in Erkenntnisse, die das Team in den beruflichen Alltag mitnehmen kann.

Basierend auf unserer Erfahrung mit dieser Übung können einige der folgenden Aspekte zentrale Erkenntnisse aus der Methode sein:

- Neue, andere und bessere Ideen entstehen durch die Besprechung in der Gruppe im Vergleich zur Einzelentscheidung.

- Zu Beginn sollten die Fakten geklärt und ein gemeinsamer Wissensstand hergestellt werden.
- Bevor entschieden wird, muss geklärt werden, wie entschieden werden soll.
- Bevor diskutiert wird, ist es wichtig, darüber zu sprechen, wie wir miteinander kommunizieren wollen.
- Ziele und Prioritäten sollten geklärt werden.
- Wichtiger ist es, dass die Gruppe zu einem gemeinsamen Ergebnis kommt, als dass Einzelne ihre Meinungen durchzubringen versuchen.
- Moderation erleichtert die Diskussionsprozesse.
- Es ist wichtig, dass gleich zu Beginn alle Möglichkeiten und Ideen gehört werden, um später nicht Schleifen ziehen zu müssen.
- Zentral ist es, sich zunächst auf eine gemeinsame Vorgehensweise zu einigen (nicht nur in der Kleingruppe, sondern auch bei der Abschlussverhandlung im Plenum).
- Bei knapp bemessener Zeit ist der Umgang miteinander wichtig, und es sollte ein besonderes Augenmerk darauf gelegt werden.
- Hektik ist kontraproduktiv.
- Entscheidungen müssen oft auch getroffen werden, ohne dass alle beeinflussenden Faktoren bekannt sind.
- Nicht alle verstehen unbedingt die Lösung.
- Kompetente Lösungen werden eventuell überstimmt.
- Etc.

Als Anknüpfung an diese Übung können Sie mit dem Team verschiedene Entscheidungfindungsmodelle oder auch Kommunikationstheorien besprechen: Einstimmigkeitsprinzip, Mehrheitsentscheidung, Gewaltfreie Kommunikation, Kompromiss.

Tools und Technik

Die Diskussion in den Kleingruppen erfordert das Einrichten sowie das zeitgerechte Öffnen und Schließen von Breakout-Sessions bzw. -Räumen. Sie können die Zeit bis zum Schließen der Räume in der Regel schon in den Voreinstellungen festlegen. Zudem gibt es die Möglichkeit, den Teilnehmenden in die Räume eine Nachricht zu schicken, die diese dann oben am Bildschirmrand ablesen können.

Hinweise

- Die NASA-Methode (Original: NASA-Game) zählt zu den bekanntesten Planspielen. Die Methode wurde bereits in den 1960er-Jahren entwickelt und erstmals 1970 von J. W. Pfeiffer und J. E. Jones veröffentlicht. Sie fand in verschiedenen Disziplinen Anwendung und ab Mitte der 1970er-Jahre auch große Popularität: vom Persönlichkeits- über das Führungskräftetraining, im Bereich von Kommunikations- und Teamtraining als auch zur Persönlichkeitsentwicklung, in der Rhetorik und in der Analyse gruppendynamischer Prozesse. Mit einer verstärkten Orientierung an erfahrungs- und erlebnisorientierten Methoden gerieten viele – diskussionslastige – Übungen ins Hintertreffen und oftmals in Vergessenheit. Uns scheint gerade die NASA-Übung für eine Wiederbelebung im Online-Raum besonders geeignet, da hier vor allem über die Ebene der Sprache und der Entscheidungsfindung gruppendynamische Kräfte und Wirkungen sichtbar und damit bearbeitbar werden.

- Aus unserer Sicht sind derartige diskussions- und sprachorientierte Methoden nicht nur einen Blick wert, da sie sich im Online-Raum sehr gut umsetzen lassen. Vielmehr scheint uns deren Alltagsnähe, die direkte Umsetzbarkeit und der Transfer in die Arbeitsrealität der Teilnehmenden ein zusätzlicher Bonus zu sein. In vielen Berufsfeldern stehen gemeinsame Entscheidungen und ähnliche Aspekte der Zusammenarbeit im Team im Vordergrund, genauso wie die Einigung auf eine Vorgehensweise, die von allen Personen unterstützt werden kann.

Quellen und Ressourcen

Vorbild für diese Methode ist die berühmte NASA-Übung, ein gruppendynamischer Klassiker. Beschreibungen zur Übung finden sich in einigen älteren Methodensammlungen, man findet sie aber auch online.

Download-Ressource

- Liste der unbeschädigten Dinge

All eyes on ...

4

Bei dieser Übung ändern die Teilnehmenden der Reihe nach Kleinigkeiten an ihrem Aussehen, indem sie kurz die Videofunktion deaktivieren. Nun müssen die anderen erkennen, was sich verändert hat ...

Zielsetzung und Effekte

- Sich gegenseitig wahrnehmen
- Aufeinander achten
- Veränderungen an den Teammitgliedern bewusst wahrnehmen und in angemessener Weise artikulieren lernen
- Sensibilisierung für angemessene Kommunikation, dem Gegenüber und der Situation entsprechend
- Wahrnehmungsgenauigkeit schulen
- Persönliche Grenzen wahrnehmen und artikulieren lernen

Organisation

Hashtags: #wahrnehmungsgenauigkeit #wahrnehmungderteammitglieder #aufeinanderschauen

Anzahl: unbegrenzt

Zeitbedarf: mindestens 20 Minuten mit Reflexion

Vorbereitung: keine

Medien: Videokonferenz-Tool mit der Möglichkeit, die Kamerafunktion zu deaktivieren

Beschreibung

Das Spielprinzip ist sehr simpel. Die Teilnehmenden werden der Reihe nach gebeten, ihre Kamerafunktion zu deaktivieren und eine Kleinigkeit an ihrem sichtbaren Äußeren zu verändern. Wichtiger Hinweis: *„Es dürfen nur an den Körperteilen Veränderungen vorgenommen werden, die auch im Bild zu sehen sind.“* Dann wird die Kamera wieder eingeschaltet und die anderen dürfen nun raten, was sich verändert hat. Hierfür kann bei größeren Gruppen die Chatfunktion eingesetzt werden. Als Ablauf hat sich folgendes Schema bewährt: Erklären Sie die Übung und geben Sie nun den Teilnehmenden fünf Minuten Vorbereitungszeit. In dieser Zeit sollen die Teammitglieder *nur* überlegen, was sie an sich verändern würden und eventuell Gegenstände im Haus holen, die sie für ihre Veränderung benötigen (Schmuckstücke, Kleidungsstücke etc.). Diese sollen dann natürlich noch nicht im Plenum zu sehen sein. Wichtiger Hinweis: Weisen Sie darauf hin, dass in dieser Zeit noch *keine* Veränderungen vorgenommen werden sollen.

Nach den fünf Minuten startet die Übung. Sie bitten nun alle, sich auf eine Person zu konzentrieren und diese in ihrer Ansicht „anzupinnen". Diese Person wird dann für alle groß angezeigt. Nun haben alle exakt 30 Sekunden Zeit, sich alles einzuprägen, was ihnen als relevant erscheint. Danach bitten Sie die Person, die Kamera zu deaktivieren und optimalerweise auch den Ton, damit auch die Geräusche keine Hinweise bieten. Nun verändert die Person ihr Äußeres und schaltet die Kamera wieder ein. Nun beginnt das große Raten.

Reflexionsfragen

- Wie leicht oder schwer ist es uns gefallen, Veränderungen bei unserem Gegenüber wahrzunehmen?
- Wann fallen mir Veränderungen eher auf und wann weniger? Und an welchen Faktoren liegt das?
- Wie geht es uns im (beruflichen) Alltag damit?
- Sprechen wir es an, wenn uns Veränderungen bei unserem Gegenüber auffallen?
- Welche Veränderung darf/soll man ansprechen?
- Welche Veränderungen sollten nicht angesprochen werden oder nur unter bestimmten Rahmenbedingungen?
- Welche Art des Ansprechens ist für euch angenehm und welche empfindet ihr als unangemessen oder als persönliche Grenzüberschreitung?

- Wie gehst du mit diesen Grenzüberschreitungen um, wenn sie passieren?
- Was davon möchtest du dir für die Kommunikation im Teamalltag mitnehmen?
- Welche Verhaltensweise möchtest du bewusst hier ablegen?
- Gibt es eine Vereinbarung, die ihr als Team dahingehend treffen wollt?

Tools und Technik

- Bei vielen Videokonferenz-Tools gibt es die Möglichkeit, Personen anzupinnen, damit man diese größer sieht als die anderen Teilnehmenden. Machen Sie sich bei Ihrem Videokonferenz-Tool zuvor mit dieser Funktion vertraut, um mit schnellem Griff diese Funktion auswählen zu können oder den Teilnehmenden erklären zu können, wo sie diese finden.
- Ansonsten benötigt es hierfür lediglich die Möglichkeit, den Bildschirm schwarz zu schalten und den Hinweis, dass alle ihre Kamera zuvor aktivieren müssen. Eine Teilnahme ohne Bild ist für diese Übung nicht möglich. Das empfehlen wir bei Teambuildings aber ohnehin nicht.

Variationen

- Sie entscheiden, wie viel Freiraum Sie bei den Veränderungsmöglichkeiten bieten. Geht es nur darum, das äußere Erscheinungsbild zu ändern, etwa durch Kleidungsstücke? Oder zählen auch andere Veränderungen, z.B. Körperhaltungen? Auf diese Weise wird die Übung deutlich schwieriger und fordernder.
- Hierbei ist es wichtig, die Personen die im Blickpunkt stehen, darauf hinzuweisen, dass sie sich während der 30 Sekunden nicht bewegen dürfen.
- Eine weitere Variation ist es, die ganze Gruppe gleichzeitig etwas an sich verändern zu lassen. Hierfür werden alle Kameras gleichzeitig ausgeschaltet, um Veränderungen vorzunehmen. Sobald die Kameras wieder eingeschaltet werden, beginnt gleichzeitig das große Raten. Diese Variante ist zwar schneller, aber deutlich unübersichtlicher.

Hinweise

Wie persönlich interessiert jedes Team an seinen Mitglieder interagiert, ist sehr unterschiedlich. Auch, ob ein formeller oder informeller Umgang gepflegt wird. Lassen Sie sich hier gerne vom Konzept des gruppendynamischen Raums inspirieren. Dieses wurde, von Yalom (1985) ausgehend, durch die gruppendynamische Forschung von Amann, Antons, König und Schattenhofer weiterentwickelt. Dieses Konzept besagt, das sich jedes Team in drei psychosozialen Spannungsfeldern bewegt.

Die drei Dimensionen sind:
1. Zugehörigkeit – drinnen/draußen: Wer gehört zum Team und wer nicht? Wer steht im Zentrum und wer am Rand?
2. Macht und Einfluss – oben/unten: Wie und wodurch werden im Team Entscheidungen getroffen? Wer hat das Sagen?
3. Intimität – nah/fern: Müssen sich alle gleich nah sein oder darf es Unterschiede geben? Wie formell/informell wollen wir miteinander agieren?

Quellen und Ressourcen

Einen guten Überblick über das Konzept des „Gruppendynamischen Raums" finden Sie etwa in: König & Schattenhofer (2020): Einführung in die Gruppendynamik. Carl Auer Verlag.

Der Geheimbund

5

Bei dieser Übung versuchen zwei oder mehr Personen, den geheimen Verhaltenskodex der restlichen Gruppe zu knacken, um in den Geheimbund aufgenommen zu werden. Dieses Spiel soll dafür sensibilisieren, wie es sich anfühlt, am Rand des Teams zu stehen und nicht oder nur teilweise dazuzugehören.

Organisation

Hashtags: #geheimcode #teildesteamssein #verhaltenskodexaufzeigen #integration

Anzahl: unbegrenzt

Zeitbedarf: 20-60 Minuten, je nach gespielten Runden

Vorbereitung: keine

Medien: Videokonferenz-Tool mit Breakout-Sessions

Zielsetzung und Effekt

- Sensibilisierung für unausgesprochene Teamwerte und Verhaltenskodizes
- Sensibilisierung für am Rand der Gruppe/der Gesellschaft stehende Personen
- Bewusstmachung der eigenen unverzichtbaren Teamwerte
- Unterschied erkennen zwischen formalen und informellen Regeln im Team
- Integration erleichtern und fördern

Beschreibung

Bei dieser Übung wird ein Teil der Gruppe für zwei Minuten in Breakout-Sessions geschickt, der andere Teil bleibt als „Geheimbund" im Plenum. In diesen zwei Minuten kann der Geheimbund einen Verhaltens- oder Kommunikationskodex ausmachen. Wichtig: nur einen pro Runde! Das kann ein Kratzen am Ohr sein, oder dass statt „Ja" „Nein" gesagt wird, dass man die Mitspielenden immer zuvor mit dem Vornamen anredet, oder dass man nach einer gegebenen Antwort immer die Arme verschränkt und so weiter.

Die Anwärterinnen für den Geheimbund können die zwei Minuten Besprechungszeit nutzen, um sich zu überlegen, worauf sie achten oder welche Fragen sie stellen werden. Nach der Besprechungszeit werden die Anwärterinnen für den Geheimbund ins Plenum geholt. Sie dürfen nun Fragen stellen. Der Geheimbund beantwortet diese Fragen und muss sich dabei nach dem vorher vereinbarten Kodex verhalten. Fragen nach dem Geheimcode sind natürlich nicht gestattet!

Hat eine Anwärterin eine Vermutung, was der Kodex sein könnte, wird eine vorher vereinbarte Person aus dem Geheimbund via Chat angeschrieben. Dieser teilt man die Vermutung mit. Ist sie richtig, gehört diese Anwärterin nun ebenfalls zum Geheimbund und muss sich auch nach dem Kodex verhalten. So lange, bis alle Anwärterinnen Teil des Geheimbunds sind oder verzweifelt aufgeben. Nun können weitere Runden gespielt werden. Optimal ist es, wenn jede auch mal die Anwärterinnen-Rolle erlebt hat.

Reflexionsfragen

- Wie hat es sich angefühlt, Teil des exklusiven Geheimbunds zu sein?
- Wie hat es sich angefühlt, Anwärterin zu sein?
- Wann ist Frustration bei dir aufgekommen?
- Wie war es für die Person, die als Letzte in den Geheimbund aufgenommen wurde oder aufgegeben hat?
- Was war der Grund, aufzugeben?
- Welches Bedürfnis wurde damit befriedigt?
- Wann möchtest du nicht zu einem Team gehören?
- Welche Beispiele gab es da schon in deinem Leben, wo du dich bewusst ausgegrenzt oder zurückgezogen hast? Welche Werte steckten da dahinter?
- Wann in deinem Leben hast du dich schwergetan, in eine bestimmte Gruppe hineinzukommen? Wie hat sich das angefühlt?

- Was macht es uns generell schwer, den Verhaltenskodex einer Gruppe zu knacken?
- Was sind unsere konkreten Teamregeln, die man nicht brechen darf, wenn man dazugehören will?
- Welche Werte sind für uns als Team unverzichtbar und Aufnahmevoraussetzungen?
- Mögen wir diese Werte eigentlich? Wer hat sie uns auferlegt? Wollen wir sie beibehalten oder neue etablieren?
- Leben wir die Werte und Verhaltenskodizes, die wir uns selbst auferlegt haben oder passiert informell etwas anderes?
- Wie gehen wir mit denen um, die gerade nicht Teil unseres Teams, unserer Clique, unserer Gruppe sind?
- Sind unsere Regeln als Abteilung XYZ dieselben wie die der Gesamtorganisation? Wo unterscheiden wir uns?
- Wodurch grenzen wir uns in unserer Abteilung von anderen Abteilungen ab?
- Wie würde ein anderes Team oder eine andere Abteilung, die uns kennt, unsere Verhaltenskodizes beschreiben?
- Was möchtest du dir aus dieser Übung konkret für dein persönliches Leben mitnehmen?
- Was möchtet ihr euch aus dieser Übung für euer Team mitnehmen?

Tools und Technik

Für diese Übung brauchen Sie ausschließlich die Möglichkeit der Breakout-Sessions. Sollte das in Ihrem Tool nicht funktionieren, bitten Sie die Teilnehmenden, tatsächlich den Raum zu verlassen und in exakt zwei Minuten wiederzukommen. Machen Sie hier eine genaue Zeit aus.

Variationen

Dieses Spiel funktioniert auch im Großgruppen-Setting. Hierbei unterteilen Sie die Großgruppe in mehrere kleinere Teams zu etwa 10 Personen. Sind etwa 50 Personen im Training, erstellen Sie z.B fünf Gruppen. Die ersten vier Gruppen sind die Geheimbünde, die fünfte Gruppe die Anwärterinnen, die nun zwei Minuten Zeit haben, sich etwa Fragen zu überlegen oder zu besprechen, worauf sie achten könnten. Danach teilen Sie die Anwärterinnen auf die anderen vier Gruppen auf, sodass zumindest in jedem Raum zwei Anwärterinnen sind. Sie können die Anwärterinnen aber auch zuerst im Plenum belassen und sie von hier aus den Gruppen zuteilen.

Hinweise

- Dieses Spiel kennen viele Jugendliche in unterschiedlichen Ausprägungen. Wir haben im Jugendlager etwa das Spiel mit den Fingern „Willi hüpf" gespielt, wo man den geheimen Code der Körpersprache knacken musste.
- Diese Spiele beruhen genau auf dem Prinzip, dass es für die Mitspielenden sehr lustig ist und die „Nichteingeweihten" sich zunehmend langweilen, sich ausgeschlossen fühlen, man das Gefühl hat, nicht so cool zu sein oder nicht schlau genug etc. Vielleicht kennen Sie ja auch ähnliche Spiele und vielleicht lassen sich diese ja auch für den Online-Raum adaptieren?

Der digitale Zahlencode

6

Ziel dieser Übung ist es, dass die Gruppe gemeinsam einen „Zahlencode" lösen soll. Gemeinsam lösen die Teilnehmenden – auf Basis guter und transparenter Planung – eine schwierige Denkaufgabe, bei der sich alle Teammitglieder gleichermaßen beteiligen müssen.

Organisation

Hashtags: #verhaltenunterstressundzeitdruck #fehlerkultur #gruppenundleistungsdruck

Anzahl: 8 bis 16 Personen

Zeitbedarf: 40-60 Minuten

Vorbereitung: hoch

Medien: Flipchart, Videokonferenz-Tool mit Breakout Rooms oder wonder.me-Plattform

Zielsetzung und Effekt

- Planung und Entwicklung einer Strategie zur Lösung einer herausfordernden Aufgabenstellung
- Kooperation unter Bedingungen von Leistungsdruck und Stress
- Fokus und Konzentration im Team stärken
- Bedeutung der Beiträge einzelner Gruppenmitglieder sichtbar machen
- (Individuellen) Umgang mit Stress und persönlicher Verantwortung erlebbar machen
- Umgang mit Misserfolg und individuellen „Fehlern" einzelner Mitglieder in den Fokus rücken
- Fehlerkultur des Teams sichtbar machen und Bedürfnisse reflektieren
- Faktoren für eine gute Zusammenarbeit unter Zeitdruck erarbeiten

Beschreibung

Zur Vorbereitung schreiben Sie auf ein Flipchart in Kästchen die Zahlen eins bis 40. Wichtig ist, dass Sie die Zahlen nicht nacheinander, sondern durcheinander notieren. Erstellen müssen Sie zudem eine Breakout-Session, in die Sie später alle Gruppenmitglieder gemeinsam schicken und von der aus Sie die einzelnen Personen in den Hauptraum holen, die gerade an der Reihe sind und sich als Codeknackerinnen versuchen. Alternativ können wir die Arbeit mit dem browserbasierten Online-Tool wonder.me empfehlen.

In der Anmoderation erklären Sie der Seminargruppe, worin ihre Aufgabe genau besteht:

„Als Team haben Sie die schwierige Aufgabe, gemeinsam einen komplexen Zahlencode zu knacken. Wenn es Ihnen gelingt, die auf dieses Flipchart gezeichneten 40 zugedeckten Kästchen, die die Zahlen von eins bis 40 enthalten, in der richtigen Reihenfolge aufsteigend aufzudecken, haben Sie das Teamziel erreicht. Dabei gelten folgende Rahmenbedingungen und Regeln: Zu Beginn erhalten Sie alle gemeinsam, als Gruppe, eine Beratungszeit. Vor dieser Beratungszeit darf eine Person (oder zwei Personen) einen kurzen Blick (30 Sekunden) auf das Flipchart mit den zugedeckten Kästchen werfen. Danach bekommen Sie als Team Zeit, sich zu besprechen - hier würde ich Sie im Anschluss bitten, mir zu sagen, wie lange Sie sich hierfür Zeit nehmen wollen. Nach der Beratung in der Gruppe gelten folgende Regeln: Jede Person darf einmal für 20 Sekunden den Hauptraum betreten und mir sagen, welche Kärtchen ich aufdecken soll. Wichtig: Es dürfen vor oder während der Übung keinerlei Hilfsmittel irgendeiner Art verwendet werden."

Hier können Sie sich entscheiden, ob Sie der gesamten Gruppe einen kurzen Blick auf das Flipchart erlauben wollen oder ob Sie den Flipchart-Ständer zunächst umgedreht lassen. Dies kann den Zusatzeffekt haben, dass die Neugierde des Teams geweckt und Spannung erzeugt wird. In diesem Fall darf die Gruppe ein oder zwei „Späherinnen" für

15-30 Sekunden vorausschicken, um einen Blick auf das Flipchart zu werfen. Idealerweise geschieht dies bereits im Breakout Room. Bei erhöhtem Schwierigkeitsgrad (mehr als 40 Felder oder Anordnung der Kästchen auf dem Flipchart ohne Struktur/Zeilen) kann hier auch mehr Zeit gegeben werden.

Die Mitglieder des Teams müssen in der Übung individuelle Verantwortung für das Aufdecken des richtigen Kästchen zum richtigen Zeitpunkt übernehmen. Dazu müssen sie sich Position und Nummer „ihrer" Kästchen genau merken.

Das Aufdecken der Kästchen in der richtigen Reihenfolge ist essenziell für den Gesamterfolg des Teams. Die Schwierigkeit in der Durchführung liegt besonders darin, dass Fehler erst ganz am Schluss bei der Auflösung deutlich werden und ein einzelner Fehler über Erfolg oder Misserfolg entscheidet. „Fehler" ergeben sich in der Übung etwa dann, wenn sich jemand in der Position der nächsten Nummer vertut, wenn eine Person ein Blackout hat und nicht weiterweiß, wenn eine falsche Nummer aufgedeckt wird etc. In so einem Fall können Sie die Gruppe als Intervention in einen Entscheidungsprozess schicken, in dem sie sich einigen soll, ob sie einen Joker nutzen möchte. Diesen Prozess können Sie in der Phase der Reflexion wiederum fruchtbar aufgreifen.

Meist entscheidet sich die Übung mit einer einzelnen Person, die sich Nummer oder Position nicht richtig eingeprägt hat oder diese in der Stresssituation nicht abrufen kann. In der Reflexion ist dann ein hohes Maß an Fingerspitzengefühl gefordert, da dann auch Selbstvorwürfe und ein individuelles Gefühl von Versagen können.

Wenn Sie mit Blick auf die Gruppensituation die Gefahr sehen, dass ein individueller Misserfolg eine Sündenbockdynamik verstärken könnte, können Sie die Möglichkeit für einen Joker einbauen. Aber auch für gut eingespielte Teams kann dies als Variante eingeplant werden, wenn Sie ein Scheitern zum aktuellen Zeitpunkt im Seminar nicht riskieren wollen.

Auch in der Phase, in der die Teilnehmenden einzeln in den Breakout Room kommen und Kärtchen aufgedeckt werden, kann ein Joker eingebaut werden. Wenn dieser genutzt wird, können einzelne Gruppenmitglieder ein zweites Mal den Breakout Room betreten. Spannend ist, dass die Methode die Teilnehmenden mit, aber auch ganz ohne einschränkende Zeitvorgabe, einem gewissen Stresslevel aussetzt – der

Umgang mit Zeitdruck und Verhalten unter Erfolgsdruck werden damit besprechbar.

Reflexionsfragen

Fragen zum Umgang mit Zeitdruck und Stress, Zeitmanagement

- Wie sind Sie mit dem Zeitdruck umgegangen?
- Wo und wann wurde Stress bei Ihnen selbst bzw. in der Gruppe spürbar?
- Wie hat sich der Stress auf die Planungs- und die Umsetzungsphase ausgeübt?
- Wie kommunizieren Sie untereinander unter stressigen Bedingungen? Welche Aspekte (gelungener) Kommunikation gehen dabei verloren?

Fragen zur Fehlerkultur

- Was bedeutet Erfolg für Sie individuell und als Team?
- Wie gehen Sie individuell und als Team mit Misserfolgen um? Was bedeutet „Scheitern" für Sie persönlich?
- Wie ist es um die Fehlerkultur in Ihrem Team bestellt?
- Wie wird mit Fehlern umgegangen? Wie geht es mir, wenn mir ein Fehler passiert?
- Wer war für die Verwendung des Jokers? Wer dagegen? Warum?

Tools und Technik

- Die Vorbereitung und Durchführung der Übung gestaltet sich im Vergleich zu anderen Methoden etwas komplexer und aufwendiger. Unsere Arbeitspraxis hat uns gezeigt, dass zwei Trainerinnen oder aber eine Seminarleitung mit Assistenz sehr sinnvoll sind.
- Für einen störungsfreien Ablauf der Übung ist es unbedingt notwendig, dass Sie sich mit der Funktion der Breakout Rooms schon im Vorfeld vertraut machen. Zudem ist es sinnvoll, dass Sie bereits vor Start eine Reihenfolge festlegen, die bestimmt, wann Sie welche Teilnehmerin bzw. welchen Teilnehmer in den Breakout Room holen. Eine einfachere technische Variante kann darin bestehen, die Teilnehmenden zu bitten, nach Aufruf die Augen zu öffnen und dann wieder zu schließen. Dies nimmt zwar etwas vom Spannungsmoment heraus, erleichtert aber den Ablauf ungemein!
- Eine weitere technische Variante besteht im Einsatz des Tools wonder.me, bei dem Sie verschiedene digitale Kommunikationsbereiche vorbereiten können, in denen sich nur jene Personen unterhalten können, die mit ihren über die Bildschirmoberfläche sichtbaren Avataren im gleichen Feld/Bereich zusammenstehen. Dieses Tool ist

ideal für diese Übung, da es – wenn es bei allen Teilnehmenden auch funktioniert, was leider nicht immer gegeben ist – einen reibungslosen und ohne Zeitverlust möglichen Wechsel der Teilnehmenden zwischen verschiedenen digitalen Kommunikationsräumen ermöglicht.

Variationen

- Die Methode kann auch als Teil einer größeren Spielgeschichte zum Einsatz kommen.
- Mit einer fixen Zeitvorgabe („Für die Lösung der Aufgabe stehen Ihnen nur 20 Minuten zur Verfügung.") treten in der Regel die Aspekte „Zeitmanagement" und „Umgang mit Zeitdruck und Stress" noch stärker zutage.
- Der Schwierigkeitsgrad der Übung kann dadurch erhöht werden, dass die Kästchen mit den Zahlen nicht in einem Raster von z.B. 8 x 5 angeordnet sind, sondern ohne Struktur aufgezeichnet werden. Dadurch wird es für die Gruppe viel schwieriger, zu vereinbaren, wer für welche Kästchen zuständig ist, da nicht gesagt werden kann: „Du nimmst die ersten vier Kästchen von links in der ersten Reihe, die zweite Person die vier verbleibenden Kästchen der ersten Reihe ..."
- Eine erheblich Erhöhung des Schwierigkeitsgrades ergibt sich, wenn Sie die Spiegelungsfunktion ihres Videobildes aus- bzw. wieder einschalten. Sie finden diese Funktion in den Einstellungen Ihres Videokonferenz-Tools bzw. auch als Funktion in diverser Software zur gleichzeitigen Bedienung mehrerer Kameras (z.B. manycam, OBS etc.). Sie können dies angekündigt oder ohne Ankündigung machen. Dies kann mit dem Argument, dass sich oft auch im Arbeitsalltag kurzfristige und überraschende Änderungen ergeben, die eine Anpassung des ursprünglichen Plans notwendig machen, gute Erkenntnisse für die Reflexion bringen.
- Eine weitere Variante: Holen Sie die Teilnehmenden einzeln aus den Breakout-Sessions, schicken Sie diese nach dem ersten Aufdecken der Kästchen jedoch nicht wieder in den großen Raum zurück. In diesem Fall sehen alle bereits Anwesenden (die sich nach wie vor ihre eigenen Zahlen-Kästchen merken müssen), wo Fehler bei der Einteilung und beim Aufdecken passieren – und was das abschließende Auflösen schwierig machen wird. In diesem Fall ist die „Fehlersuche" noch einfacher und dadurch kann dieser Aspekt in der Reflexion auch mehr Raum gewinnen.

Hinweise

Ideal ist die Durchführung der Übung mit zwei Trainerinnen bzw. einer zweiten Person, die entweder das Aufdecken der Kästchen im Breakout Room übernimmt oder die Großgruppe während der Übung im gemeinsamen Plenum-Raum beobachtet. Wenn Sie als Trainerin selbst das Aufdecken der Kärtchen mit Einzelpersonen übernehmen müssen, können auch Beobachterinnen bestimmt werden, die – ohne dass dies ausgesprochen wird – auch als eine Art Kontrollinstanz betrachtet werden. Mit einem Augenzwinkern kann auch darauf verwiesen werden, dass es per Videoaufzeichnung mitgeschnitten wird.

Quellen und Ressourcen

Dieser erlebnispädagogische Klassiker entfaltet auch im digitalen Raum seine volle Wirkung. Beschreibungen der Originalmethode finden Sie etwa in:

- Reiners, A. (2005): Praktische Erlebnispädagogik 2. Ziel Verlag.
- Gilsdorf & Kistner (2001): Kooperative Abenteuerspiele 2. Kallmeyer Verlag.

Teamabenteuer in Stadt und Land

7

Als erlebnis- und gruppendynamisches Setting erleben Sie eine inhaltlich offene Methode, in der die Teilnehmenden aus ihrer Komfortzone gelockt werden, weg vom Bildschirm, hinaus in ihr städtisches oder ländliches Umfeld vor Ort. Dort müssen sie als Team – verbunden über Telefon oder Chat – oder auch als Solo-Challenge herausfordernde Aufgaben bewältigen.

Organisation

Hashtags: #abenteuererleben #selbstundfremdwahrnehmung #rausausderkomfortzone

Anzahl: 2-50 Personen

Zeitbedarf: mindestens 60 Minuten – zeitlich nach oben hin offen

Vorbereitung: mittel bis hoch

Medien: mit oder ohne Smartphone

Zielsetzung und Effekte

- Teilnehmende aus der Komfort- in die Lernzone bringen
- Kooperation auf Distanz ermöglichen
- Bedeutung von Verantwortungsübernahme und die Notwendigkeit der Erfüllung von Teilaufgaben in einem großen Gesamtprojekt erkennen und selbst erleben
- Selbst- und Fremdwahrnehmung abgleichen – Rückmeldung fremder Personen auf das eigene Verhalten bekommen
- Kommunikationstraining: argumentieren und überzeugen
- Grenzen anderer Personen kennenlernen – Empathie trainieren
- Arbeitsteilung und das Delegieren von Aufgaben als wichtiger Erfolgsfaktor gelungener Teamarbeit erkennen und nutzen
- Kompetenz zur digitalen Zusammenarbeit (Stichwort: Remote-Teams) ausbauen
- Teilnehmende körperlich und geistig in Bewegung bringen
- Perspektivwechsel ermöglichen – fremde Lebenswelten im näheren Lebensumfeld kennenlernen
- Eigene Grenzen kennenlernen und erweitern – direkte Rückmeldung zum eigenen Kommunikationsstil erhalten
- Bekannte Orte neu entdecken

Beschreibung

Wir möchten Sie mit dieser Methodenbeschreibung dazu einladen, in Ihrer Vorstellung zu Online-Teamtrainings nicht selbst am Bildschirm hängen zu bleiben, sondern auch im Remote-Bereich über den digitalen Tellerrand zu schauen. Dementsprechend lassen sich auch klassische City-Bound- oder City-Challenge-Übungen als gruppendynamische Methoden in einem digital durchgeführten Seminar hervorragend einbauen. Der große Vorteil liegt darin, dass die Teilnehmenden weg vom Bildschirm und in Bewegung kommen, dabei aber digital oder über Telefon in Verbindung stehen (können). Dies kann über einen Gruppenchat in einer Messenger-App (z.B. Discord, Signal, Telegram etc.), über ein normales oder ein Videotelefonat, über eine geteilte Pinnwand (z.B. Padlet) oder über die Smartphone-App des jeweiligen Videokonferenz-Tools (z.B. Zoom) erfolgen.

Für die Übung wird die Seminargruppe zunächst in Kleingruppen eingeteilt. In diesen müssen die Teilnehmenden im Anschluss gemeinsam eine Reihe herausfordernder Aufträge in ihrer nächsten räumlichen Umgebung, jedoch außerhalb des Homeoffice oder der Büroräume, in denen sie am Computer sitzen, durchführen. Stellen Sie den Teams dazu eine Auswahl an Aufgaben vor. Sie können dabei die Gruppen selbst entscheiden lassen, was sie machen möchten bzw. was sie sich zutrauen. Genauso gut können Sie aber auch konkrete Vorgaben machen, welche Aufträge – in welcher Zeit – erledigt werden müssen. Besonders wichtig für gelungene City-Bound-Übungen ist es, zunächst ausreichend Spannung und eine spielerische Atmosphäre, die zu Experimenten einlädt, zu schaffen, zugleich jedoch, die Gruppe nicht zum Übermut anzustacheln.

Geben Sie den Kleingruppen nach der ersten Einführung und dem Vorstellen der Aufträge in jedem Fall ausreichend Zeit zur Vorbereitung und gemeinsamen Beratung: Wer sitzt wo? – Stadt oder Land? Welche Möglichkeiten habe ich in meiner Umgebung, in meinem Umfeld? Wer übernimmt welche Teilaufgabe? Welche Aufträge werden parallel durchgeführt? Wie wollen wir trotz räumlicher Distanz zusammenarbeiten und wie wollen wir in Verbindung bleiben? Wie dokumentieren wir unsere Erlebnisse? Nutzen Sie hierzu die Breakout-Räume. Bitten Sie die Mitglieder der Kleingruppen, sich noch vor Aufbruch über eine Kommunikations-App telefonisch oder per Chat zu verbinden – in jedem Fall aber, für den Notfall, die Nummern auszutauschen.

Wichtig ist zudem, dass auch Sie als Seminarleitung selbst während der gesamten Übung für die Gruppe erreichbar sind. Stellen Sie daher sicher, dass alle Teilnehmenden Ihre Telefonnummer gespeichert haben, um sich in Notfällen oder bei dringenden Fragen bei Ihnen melden zu können. Vereinbaren Sie außerdem unbedingt eine fixe Zeit, in der alle Teilnehmenden wieder zu ihren Bildschirmen zurückkehren müssen. Zudem hat es sich bewährt, die Aufgabenbeschreibung(en) in den Chat zu stellen, sie über die Bildschirmfreigabe zu teilen, sodass die Teilnehmenden ein Foto davon machen können, oder sie per Mail zu versenden.

Bei der Auswahl der Aufgabenstellungen müssen Sie die jeweiligen Gegebenheiten vor Ort, wie die Wohnorte, unbedingt berücksichtigen. Wenn diese nicht bekannt sind, muss hier im Vorfeld ein Austausch zur Klärung stattfinden (z.B. methodisch unterstützt mit einer Landkarte, auf der alle einen Marker setzen, wo sie sich gerade befinden), oder aber Sie wählen Übungen aus, die in jeder Umgebung durchführbar sind.

Einrichtungen und Orte, die sich für City-Bound-Übungen anbieten, sind z.B.:

- städtische oder kirchliche Institutionen
- Geschäfte
- kulturelle Einrichtungen und Vereine
- soziale Einrichtungen
- Hotels, Cafés und Gastronomie
- Aussichtspunkte
- Ämter und Behörden
- Denkmäler und öffentliche Plätze
- Versorgungseinrichtungen
- Parks und öffentliche Gärten

Auch eine Kombination von Aufgaben ist denkbar, seien Sie hier gerne selbst kreativ. City-Bound-Aufgaben entwickeln oft einen eigenen „Drive“. Ist der erste Auftrag einmal mit Erfolg erledigt, gehen die Teilnehmenden oft mit ganz neuen Augen durch die Welt. Aus der einen Aufgabe entspinnen sich oft selbst überlegte weitere Aufgaben, aus den Begegnungen mit scheinbar Fremden entstehen weiterführende Gespräche etc.

© michaelphilipp/Pixabay

Aus unserer Erfahrung heraus kann es zudem wichtig und notwendig sein, eine Reihe von grundlegenden Regeln im Vorfeld zu vereinbaren:

- Rücksichtsvoller Umgang mit Mensch und Natur
- Einhaltung gesetzlicher Vorschriften
- Kein Klettern, keine gefährlichen Aktionen
- Kein Schwarzfahren
- Keine Lügengeschichten erzählen
- Sympathischer Umgang mit Personen, die in die Aktion eingebunden sind
- Wertschätzende und bereichernde Begegnungen ermöglichen
- Grenzen respektieren, sich aber nicht gleich vom ersten „Nein" abschrecken lassen

Als erste Ideensammlung sind folgende Aufgaben denkbar:

- Mache ein Foto vom höchsten Punkt im Umkreis von 15 km, auf dem du selbst und mindestens eine fremde Person drauf sind.
- Mache ein Foto von mindestens 10 unbekannten Personen und interviewe sie kurz zu ihrer Lebensgeschichte. Stelle dabei spannende, alltagsfremde Fragen.
- Versuche, an den höchsten (oder den tiefsten) Punkt in deiner Stadt bzw. in deiner Umgebung (10 km) zu gelangen. Unterhalte dich mit den Personen, die dir auf deinem Weg begegnen, lasse dich nicht gleich entmutigen und versuche auch, Überzeugungsarbeit – bei konsequenter Wahrung der persönlichen Grenzen anderer Personen – zu leisten.

- Versuche, in einem Museum, einem Theater oder einer Behörde einen Blick hinter die Kulissen zu werfen. Überlege dir im Vorfeld eine Reihe von Fragen, die dich interessieren, versuche die jeweiligen Ansprechpersonen ausfindig zu machen und lasse dich nicht gleich abwimmeln. Dokumentiere deine Erlebnisse über Foto, über gesammelte Gegenstände und Texte.

Reflexionsfragen

Fragen zur Gruppendynamik und zu den Gruppenphasen

- Wie gut hat die Zusammenarbeit über das digitale Medium funktioniert? Was ist dir dabei besonders aufgefallen?
- Welche Dynamik hat sich in eurer Kleingruppe während der Übung entwickelt? Welche dieser Muster kennt ihr aus eurem Berufsalltag?
- Welchen Namen würdest du eurer Gruppe geben und warum?
- Welches Motto wäre mit dem Blick auf die vergangene Aktion passend?
- Wie würden Außenstehende eure Gruppe beschreiben? Welche Verhaltensweisen sind auffällig und offensichtlich? Was läuft „unter der Oberfläche"?

Fragen zu Selbst- und Fremdwahrnehmung

- Welche Rolle hast du in der Planung und Durchführung der Abenteueraktion eingenommen? Wie zufrieden warst du mit deinem Beitrag?
- Welche Kompetenzen und Stärken konntest du gewinnbringend für das Team einsetzen?
- Wo hast du dich selbst außerhalb deiner Komfortzone erlebt? Wo bist du unter Stress geraten und wodurch wurde diese Reaktion ausgelöst?
- Welche Rückmeldungen hast du von unbeteiligten Dritten auf dein Verhalten erhalten? Wie haben Außenstehende auf dich/auf eure Kleingruppe reagiert?
- Welche Reaktionen von unbeteiligten Dritten haben dich überrascht? Mit welchem Menschenbild gehst du in die Welt hinein?
- Welches Feedback hat dich beflügelt, welches demotiviert?
- Was hast du über dich selbst erfahren können? War hier etwas neu, überraschend, irritierend? Warum?
- Wie hast du die anderen Gruppenmitglieder wahrgenommen?

Digitale Zusammenarbeit und Remote-Teams

- Wie geht es dir damit, alleine im Homeoffice zu arbeiten? Was läuft gut? Was fehlt dir dabei?

- Wie hast du die digitale Zusammenarbeit während der Übung erlebt? Was hat gut funktioniert? Wo braucht es noch Verbesserungen?
- Welche Kommunikationskanäle nutzt ihr in eurer täglichen Arbeit? Was funktioniert hier gut, was schlecht?

Tools und Technik

Es steht uns heute eine breite Vielfalt an Kommunikations-Apps zur Verfügung, die unterschiedliche Stärken und Schwächen aufweisen. Für uns hat sich für die Methode Discord als Favorit herauskristallisiert. Die App erlaubt es den Usern, gleichzeitig in einer Konferenzschaltung zu telefonieren, im Chat zu schreiben und etwas zu posten. Zudem kann das Handy-Display geteilt werden, sodass alle anderen Gruppenmitglieder genau das sehen und hören, was die Person gerade sieht, hört oder macht (z.B. auf der geteilten Pinnwand in Padlet ein Video posten und abspielen). Damit erhält die Gruppe die Möglichkeit, Geräusche und Videos aufzunehmen, diese zu teilen, zu kommentieren und sie auch gemeinsam abzuhören bzw. anzusehen. Alle können gleichzeitig ein Foto anschauen und parallel dazu im Gespräch sein und sich austauschen.

Variationen

- Abhängig davon, wie viel Zeit Sie für die Vorbereitung des Seminars haben, können Sie auch selbst eine aufwendigere Abenteueraktion für die Gruppenmitglieder vorbereiten (z.B. eine Schnitzeljagd). Da sich die Teilnehmenden jedoch in der Regel in unterschiedlichen Städten bzw. Orten befinden, ist das Platzieren von Hinweisen im Vorfeld sehr herausfordernd. Dort, wo sich alle Mitglieder eines Teams in einem ähnlichen Einzugsgebiet befinden, kann dies jedoch eine äußerst attraktive Variante der Methode darstellen. Das Überraschungsmoment, wenn sich die Teilnehmenden im Rahmen der Aufgabe plötzlich über den Weg laufen, weil sie gerade den gleichen Hinweis verfolgen, ist ein schöner Effekt.
- Lassen Sie die Kleingruppen jeweils Aufträge für andere Kleingruppen erarbeiten. Möglich ist auch, dass sich die Mitglieder der Kleingruppen untereinander Aufgaben stellen. Wichtig ist bei diesen Varianten, dass Sie genügend Zeit für die Recherche bieten.
- Sie können auch anweisen, dass die Aufgaben so ausgesucht werden sollen, dass sie nur genau an diesem Ort durchgeführt werden können, z.B.: Besuche die Salzburger Festung, überzeuge die Person an der Kasse, dass sie dich gratis eintreten lässt usw.

Hinweise

- Auch in kleinen Ortschaften, auf dem Land und in Dörfern möglich!
- Die Besonderheit von City-Bound-Aufgaben liegt darin, dass im Gegensatz zu den meisten anderen Teambuilding-Methoden auch außenstehende Personen involviert sind. Dies erzeugt eine andere Dynamik während der Übungen und bringt oft neue Themen hinein, die später auch in der Reflexion aufgegriffen werden können.
- Ein weiterer Aspekt ist, dass Sie als Seminarleitung die Gruppe während der Durchführung nicht beobachten können und damit auch keinen direkten Einblick in die aktuellen Prozesse, Schwierigkeiten und Erfolgserlebnisse haben. Wichtig ist daher, dass Sie die Teilnehmenden dazu einladen, ihre Erlebnisse umfassend zu dokumentieren, sei es in Form von Bildern, Videos, O-Tönen oder Plakaten. Alternativ können Sie die Erlebnisse auch als Sketch, in Form eines Interviews, als Standbild oder Theaterstück präsentieren lassen. Egal, welche Methode Sie hier wählen: Wichtig ist, dass jede Gruppe im Plenum den Raum erhält, die gemachten Erfahrungen den anderen zu vermitteln. Erst im Anschluss erfolgt die Reflexion.

Quellen und Ressourcen

- Crowther, C. (2005): City Bound. Erlebnispädagogische Aktivitäten in der Stadt. reinhardt-Verlag.
- Deubzer & Feige (2004): Praxishandbuch City Bound. Erlebnisorientiertes soziales Lernen in der Stadt. Ziel-Verlag.
- Klein & Wustrau (2014): Abenteuer City Bound. Spielideen für soziales Lernen in der Stadt. Kallmeyer Verlag.

Hypothesenschmiede digital

8

Auf Basis einzelner Bildausschnitte stellen die Teilnehmenden dieser Kleingruppenübung reihum erste Eindrücke und Vermutungen über die anderen Gruppenmitglieder auf und sprechen diese auch laut aus.

Organisation

Hashtags: #kennenlernen #berührungsängsteabbauen #persönlichebegegnung #ersteeindrücke

Anzahl: 6-30 Personen

Zeitbedarf: 15-45 Minuten

Vorbereitung: keine

Medien: jedes Videokonferenz-Tool

Zielsetzung und Effekte

- Erstes vertiefendes Kennenlernen und Orientierung innerhalb der Gruppe ermöglichen
- Erste Eindrücke und Vorurteile erkennen und abbauen
- Bewusstes Wahrnehmen des Gegenübers und der eigenen Person fördern
- Zusammensetzung der Gruppe sichtbar machen, Gemeinsamkeiten und Unterschiede erkennen
- Berührungsängste und soziale Unsicherheiten abbauen
- Persönliche Begegnung ermöglichen, Verbindungen aufbauen und Beziehung herstellen
- Das Eis brechen, Humor und Leichtigkeit in die Gruppe bringen

Beschreibung

Die Teilnehmenden werden in Kleingruppen eingeteilt und in Breakout-Räume geschickt. Dort bekommt jede Person für 5-15 Minuten die Möglichkeit, „im Rampenlicht" zu stehen. Angefangen wird beispielsweise bei Person A. Über sie stellen die anderen Gruppenmitglieder (Person B und C) – auf Basis des Bildausschnittes, der im Hintergrund von Person A zu sehen ist – frei und ohne viel Nachdenken Hypothesen auf. Die Hypothesen können sich auf mögliche Hobbys und Interessen, auf die Lebens- und Arbeitsverhältnisse, auf Eigenheiten und individuelle Besonderheiten, auf Familienverhältnisse und Ähnliches beziehen. Person A hört dabei zunächst nur zu. Wichtig ist der Hinweis der Seminarleitung, dass das Schmieden der Hypothesen durchaus lustvoll und beherzt erfolgen, dabei aber sensibel und rücksichtsvoll vorgegangen werden soll, um keine persönlichen Grenzen zu verletzen. Nach einer gewissen Zeit – z.B. fünf Minuten – erfolgt die Auflösung: Person A erklärt, welche erste Eindrücke und Annahmen zutreffend waren und bei welchen die anderen Gruppenmitglieder sich getäuscht haben. Danach wird gewechselt. Nun mutmaßen und sprechen Person A und C über Person B, die zuhört und im Anschluss auflösen darf, welche Vermutungen richtig und welche falsch waren.

Reflexionsfragen

Fragen zur Gruppendynamik

- Wie hast du die Dynamik in der Kleingruppe erlebt?
- Wie seid ihr als Gruppe mit der Aufgabe umgegangen? Seid ihr eher vorsichtig und zurückhaltend oder lustvoll und übermütig vorgegangen?
- Gab es Spannungsmomente? Wenn ja, wann sind diese aufgetreten?
- Wie hast du die anderen Gruppenmitglieder wahrgenommen? Wo sind Gemeinsamkeiten, wo Unterschiede sichtbar geworden?
- Mit wem warst du sofort auf einer Wellenlänge und warum?

Fragen zu Selbst- und Fremdwahrnehmung

- Wie ist es dir in den unterschiedlichen Rollen gegangen? Welche Gedanken und Gefühle hast du an dir selbst und den anderen Personen wahrgenommen?

- Wie leicht/schwer ist es dir gefallen, deine Vermutungen und Hypothesen laut auszusprechen? Warum war es leicht/schwierig?
- Welche „Vorurteile“ waren zutreffend? Wo hast du ins Schwarze getroffen und wo hat der erste Eindruck getäuscht?
- Wo hast du einen Aha-Moment erlebt? Was hat dich überrascht?
- Wie ist es dir damit gegangen, zunächst nur zuhören zu dürfen und nichts zu entgegnen bzw. zu korrigieren?

Fragen zu Transfer und Alltagsbezug

- Mit welchen Vorurteilen läufst du tagtäglich durch deinen Alltag?
- Wie kannst du die Erfahrung der Übung in dein Leben mitnehmen?
- Wo lässt du dich von den ersten Eindrücken lenken und wie wirkt sich das auf dein berufliches und privates Leben aus?

Tools und Technik

- Die Methode ist mit jedem digitalen Tool umsetzbar, bei dem die Videofunktion genutzt werden kann. Lediglich dort, wo Teilnehmende über eine sehr schlechte Internetverbindung und damit eine mindere Bildqualität verfügen, ist die Übung nur erschwert durchführbar, da dann meist die Auflösung sehr schlecht und der Bildschirmausschnitt verschwommen ist. Ein einfacher Workaround ist in diesem Fall, dass die Teilnehmenden mit ihrem Handy ein Foto von dem Bereich machen, in dem sie sitzen bzw. ihren Computer platziert haben. Das Foto kann dann über den Chat den anderen Teilnehmenden zur Hypothesenschmiede zur Verfügung gestellt werden.
- Wichtig ist zudem, dass der Bildschirmausschnitt im Hintergrund nicht zu klein ist, damit etwas vom Raum und der Einrichtung sichtbar ist.

Variationen

- Alternativ kann die Übung auch mit Fotos durchgeführt werden. In diesem Fall können die Teilnehmenden schon im Vorfeld der Übung aufgefordert werden, ein Foto von einem Zimmer in ihrem Zuhause zu schicken bzw. dieses für das Seminar bereitzuhalten.
- Wenn sich die Seminarleitung Fotos vom Lieblingsplatz oder von einem Raum im jeweiligen Zuhause der Teilnehmenden im Vorfeld zuschicken lässt, können diese für Gruppen genutzt werden, in denen sich die Teammitglieder schon besser kennen. Hier können die Fotos auf eine digitale Pinnwand gestellt werden. Aufgabe der Teilnehmenden ist es dann, zu erraten, welches Foto zu welcher Person gehört und warum sie das vermuten.

Hinweise

Die Übung sensibilisiert die Teilnehmenden gleich zu Beginn dafür, wie stark wir uns in unserem Alltag auf unsere ersten Eindrücke, die wir von anderen Menschen haben, verlassen. Meist bewerten wir sehr schnell und stecken unser Gegenüber rasch in eine bestimmte Schublade. Dadurch nehmen wir uns selbst oft die Möglichkeit, andere Personen tiefergehend kennenzulernen oder auch Gemeinsamkeiten zu entdecken, die den Beziehungsaufbau fördern können.

Quellen und Ressourcen

Angelehnt ist die Methode an die Übung „Erste Eindrücke". Diese findet sich im Erlebnispädagogik-Klassiker: Gilsdorf, Kistner & Becker (2000): Kooperative Abenteuerspiele 2. Eine Praxishilfe für Schule, Jugendarbeit und Erwachsenenbildung. Klett/Kallmeyer.

Das Ding

9

In einem inszenierten Verkaufsgespräch versuchen die Verkäuferinnen die Käuferinnen davon zu überzeugen, einen bestimmten Gegenstand – „Das Ding" – zu erwerben. Was beide Gruppen nicht wissen: Jede versteht unter dem „Ding" etwas anderes.

Organisation

Hashtags: #überzeugungsarbeit #kreativitätscheck #verkaufstraining

Anzahl: 8-16 Personen

Zeitbedarf: 30 Minuten

Vorbereitung: keine

Medien: Videokonferenz-Tool

Zielsetzung und Effekte

- Kommunikationsstrategien erkennen, Kommunikationsfähigkeit ausbauen
- Out-of-the-Box-Denken und Kreativität im Team fördern
- Verkaufstraining im klassischen Sinn
- Offenheit und Selbstsicherheit im Rollenspiel entwickeln
- Soziale Unsicherheiten überwinden, Selbstvertrauen stärken
- Überzeugungsarbeit leisten
- Spaß und Humor im Team erleben, lustvolles gemeinsames Spielen
- Abbau von Barrieren, Sprechen vor der Gruppe trainieren
- Konflikte spielerisch bearbeiten

Beschreibung

Die Seminargruppe wird in zwei gleich große Gruppen eingeteilt. Kommuniziert wird den beiden Gruppen im Plenum zunächst, dass sie im Anschluss ein Rollenspiel durchführen werden: Gruppe A trifft als Käuferinnen auf Gruppe B, die Verkäuferinnen. Ziel des Rollenspiels soll sein, dass die Käuferinnen möglichst viele Informationen zu einem Gegenstand, den sie käuflich erwerben möchten, von den Verkäuferinnen erfragen. Aufgabe der Gruppe der Verkäuferinnen ist es, die andere Seite davon zu überzeugen, einen bestimmten Gegenstand – „Das Ding" – zu kaufen. Sie soll die Käuferinnen über Vorteile und Besonderheiten informieren, die Ästhetik und Funktionen des Gegenstands hervorheben und so – in einem engagierten Verkaufsgespräch – „Das Ding" möglichst gewinnbringend bewerben. Die Käuferinnen können kritisch nachfragen, Zusatzinformationen einfordern und sich von der

Gegenseite überzeugen lassen. In den Kleingruppen erhalten die Teilnehmenden zunächst die Information, um welchen Gegenstand es sich handelt. Gruppe A, die Verkäuferinnen, bekommen die Information, dass sie ein Pferd verkaufen sollen. Gruppe B teilen Sie mit, dass sie am Kauf eines Sofas interessiert sind. Wichtig ist, dass Sie klar darauf hinweisen, dass der Gegenstand während der gesamten Übung nie mit dem eigentlichen Namen (also „Pferd" oder „Sofa") benannt werden darf. Es folgt eine kurze Beratungszeit, in der die Teilnehmenden eine Strategie entwickeln und das Zusammenspiel in der Kleingruppe besprechen können. Danach holen Sie die beiden Gruppen ins Plenum zurück und geben das Startsignal.

Der Clou an der Übung ist, dass die Gruppen zwar recht rasch vermuten, dass sie nicht über den gleichen Gegenstand sprechen, durch die jeweilige Vorgabe (z.B. „Pferd" oder „Sofa") jedoch so stark in ihrer eigenen Gedanken- und Erfahrungswelt sind, dass das Erraten des „Dings" gar nicht so leichtfällt. Scheinbar unpassende Fragen führen dazu, dass sich das Gegenüber kreative Antworten überlegen muss. Im Zuge der Übung entstehen so unterhaltsame und irritierende Dialoge zwischen den beiden Teams. Gruppendynamische Prozesse sind dabei ebenso zu beobachten wie Rollen und Positionen im Team. Sie als Spielleitung hören während des Rollenspiels nur zu. Nach einer bestimmten Zeit signalisieren Sie den beiden Gruppen, zu einem Ende zu kommen. Zum Abschluss der Übung dürfen die beiden Gruppen, die natürlich inzwischen schon bemerkt haben, dass es sich wohl um unterschiedliche Gegenstände handelt, raten, um welches „Ding" es sich bei der jeweils anderen Gruppe gehandelt hat. Im Anschluss an die Auflösung kann die Übung mit einer Reflexion abgerundet werden.

Reflexionsfragen

Fragen zur Kommunikation

- Wie leicht/schwer ist es euch gefallen, euch auf das Rollenspiel einzulassen?
- Wie gut ist es euch gelungen, den kommunikativen Prozess zu steuern?
- Wie gut konntet ihr euch gegen andere Verkäuferinnen/Käuferinnen durchsetzen?
- Welche Kommunikationsstrategien habt ihr im Verlauf der Übung genutzt? Welche waren hilfreich für den Informationsgewinn, die Überzeugungsarbeit etc.? Welche waren nicht hilfreich?
- Wie waren die Gesprächsbeiträge zwischen den einzelnen Gruppenmitgliedern aufgeteilt?

- Wo kennt ihr ähnliche Prozesse aus eurem beruflichen und privaten Alltag?

Fragen zur Gruppendynamik

- Wie habt ihr die Dynamik in eurer Kleingruppe und jene zwischen den beiden Teams wahrgenommen? Was ist euch dabei aufgefallen?
- Wer hat in der Gruppe welche Aufgaben übernommen?
- Wie hättet ihr das Zusammenspiel innerhalb eurer Kleingruppe noch besser gestalten können? Was hat hier gefehlt?
- Gab es Personen, die die Führung in der Gruppe übernommen haben? Gab es dazu im Vorfeld einen Plan/eine Strategie?

Fragen zu Selbst- und Fremdwahrnehmung

- Wie zufrieden seid ihr mit eurem eigenen Beitrag?
- In welcher Rolle habt ihr euch selbst wiedergefunden?
- In welchen Rollen habt ihr andere Gruppenmitglieder wahrgenommen?
- Wenn eine unbeteiligte Person befragt werden würde, die euch bei der Übung beobachtet hat, was sie von außen wahrnehmen konnte, was würde sie sagen? Was könnte dieser Person aufgefallen sein?
- Welche individuellen Fähigkeiten konntet ihr in der Übung umsetzen und einbringen? Wo seht ihr bei euch selbst noch Entwicklungspotenzial?

Tools und Technik

- Für diese Übung braucht es ein Videokonferenz-Tool, das die Möglichkeit zum Erstellen von Breakout-Räumen bietet.
- Es kann sinnvoll sein, eine kurze Liste mit Tabu-Wörtern zu erstellen, die zu einen zu offensichtlichen Hinweis auf den gesuchten Gegenstand geben könnten (z.B. reiten oder Hufe beim Pferd) oder auch der Hinweis, dass keine Synonyme (z.B. Couch) verwendet werden dürfen.

Variationen

Eine spannende Variation ist die, dass beide Gruppen zwar über das gleiche Produkt, jedoch mit gänzlich unterschiedlichen Verwendungszwecken sprechen. Beispiel: Gruppe A verkauft eine Zahnbürste für die Mundhygiene, Gruppe B möchte diese für den künstlerischen Bedarf erwerben. Weitere Variationen bieten sich vor allem in Bezug auf die Gegenstände. Hier sind Ihrer Kreativität keine Grenzen gesetzt.

Hinweise

Die Methode zählt zu den altbewährten Klassikern im Rhetorik- und Kommunikationstraining und mag einigen von Ihnen aus dem klassischen Verkaufstraining in dieser oder ähnlicher Variation bekannt sein.

Quellen und Ressourcen

- Zum ersten Mal im digitalen Raum gesehen haben wir diese Übung bei einem Ausbildungsteilnehmer, Roman Schenk. Vielen lieben Dank für die tolle Methode.
- Die Idee zur Übung stammt von einer Website mit dem Titel „Ullis Materialbörse", unter: https://www.materialboerse.ejo.de/das-ding (Stand: Juli 2022).

Der Reihe nach

10

In unterschiedlichen Aufgabenstellungen werden die Teilnehmenden gebeten, sich der Reihe nach einzubringen, ohne dabei zu sprechen – etwa von 1 bis 20 zählen.

Organisation

Hashtags:#aufeinandereinstellen #kooperation #wahrnehmungsgenauigkeit #rücksichtnahme

Anzahl: 6-20 Personen

Zeitbedarf: 10 Minuten pro Runde und Nachbesprechung

Vorbereitung: keine

Medien: Videokonferenz-Tool optional mit Chat- und Handhebefunktion

Zielsetzung und Effekte

- Gegenseitige Rücksichtnahme wahrnehmen und erproben
- Wahrnehmungsgenauigkeit und Beobachtungsgabe schulen
- Kooperation unter erschwerten Bedingungen
- Aufeinander einstellen und einstimmen
- Förderung der Konzentration
- Umgang mit Frustration und Verständigungsschwierigkeiten

Beschreibung

Die Teilnehmenden bekommen hintereinander mehrere Aufgaben gestellt, die sie ohne Absprache und ohne körperliche Signale wie etwa Aufzeigen lösen sollen. Halten Sie als Spielleiterin eine Stoppuhr und eventuell einen Buzzer bereit, um das Startsignal zu geben. Hinweis in der Anmoderation: *„Für die Lösung dieser Aufgaben ist es wichtig, euch gut auf die anderen einzustellen, euch in Wahrnehmungsgenauigkeit zu üben und gegenseitige Rücksichtnahme zu spüren und selbst auszuprobieren."*

Runde 1: Von 1 bis 20 zählen

„Eure erste Aufgabe ist es, als Team von 1 bis 20 zu zählen, ohne euch abzusprechen. Es darf aber immer nur eine Person eine Zahl sagen. Sobald zwei gleichzeitig die selbe Zahl nennen, geht es wieder von vorne los. Wie schnell schafft ihr es von 1 bis 20?" – Hier kann das Team noch eine fixe Reihenfolge etablieren, die nach dem ersten Fehler wieder genutzt werden darf.

Runde 2: Namensalphabet

„Eure zweite Aufgabe ist es, eure Vornamen ohne Absprache so schnell wie möglich dem Alphabet nach zu nennen. Ihr müsst nicht den eigenen Namen sagen, es muss nur die alphabetische Reihenfolge eingehalten werden. Es darf immer nur eine Person einen Namen sagen, sobald zwei gleichzeitig etwas sagen oder die Reihenfolge nicht stimmt, geht es wieder von vorne los mit einer neuen Personenreihenfolge. Wie schnell schafft ihr es, die Namen in der richtigen Reihenfolge zu nennen?" – Hier wird der Schwierigkeitsgrad erhöht, indem das Team bei jedem Fehlversuch wieder mit einer neuen Reihenfolge starten muss. Das macht bei der Namensrunde besonders Sinn, da sich die Teilnehmenden hier zusätzlich die Namen besser einprägen.

Runde 3: Das Rückwärts-ABC

„Eure nächste Aufgabe ist es, das Alphabet rückwärts in die richtige Reihenfolge zu bringen – ohne zu sprechen, also ohne die Buchstaben laut auszusprechen. Findet, ohne euch verbal abzusprechen, einen anderen Kommunikationsweg und schafft zwei Durchgänge mit unterschiedlichen Reihenfolgen." – Hier wird der Schwierigkeitsgrad erhöht, indem das Team nun mehrere Durchgänge mit unterschiedlichen Reihenfolgen schaffen und sich zusätzlich auf einen Kommunikationsweg nonverbal einigen muss.

Runde 4: Video-Blitzlichter

„Für die vierte Runde bitte ich euch alle, die Videos auszuschalten und ihr müsst es schaffen, die Videos einzeln wieder einzuschalten, ohne dass zwei gleichzeitig zu sehen sind." – Hinweis: Sollte das zu schwierig sein, kann man der Gruppe nach einer gewissen Zeit den Joker anbieten, dass sie sich mit auditiven Signalen und Geräuschen koordinieren dürfen, nicht aber mit Worten.

Runde 5: Kommentierfunktion

„Für diese Runde nutzen wir die Kommentierfunktion in der Bildschirmfreigabe. Ich habe euch hier eine leere PowerPoint vorbereitet, die ihr nun mit den Werkzeugen in der Tool-Palette befüllt. Wichtig: Jedes Werkzeug darf nur einmal verwendet werden – wieder ohne zu sprechen und ohne nonverbale Signale und wieder nur hintereinander und nicht gleichzeitig." – Geht es wieder zurück zum Start, muss jeder ein anderes Werkzeug wählen.

Hinweis: Diese Übung kann eingesetzt werden, um den Teilnehmenden spielerisch die Funktionen des Videokonferenz-Tools näherzubringen und kann eine Vorbereitungsübung auf die Übung „Kreative Baumeisterinnen" sein. Diese Runde eignet sich eher bei kleineren Gruppen bis max. 10 Personen

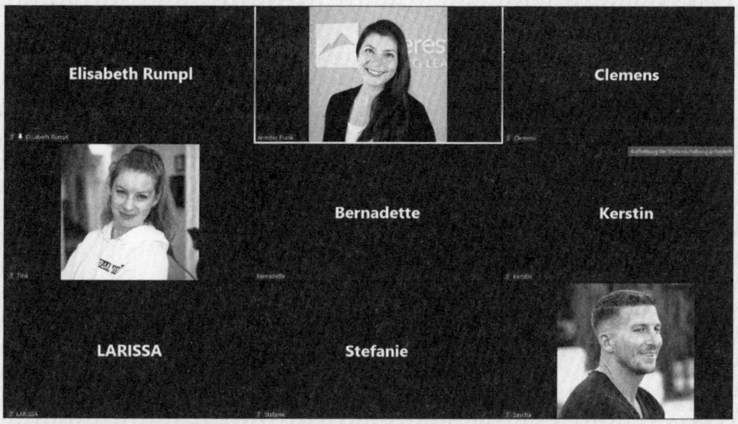

Fragen zur Kooperation

Reflexionsfragen

- Wie leicht oder schwer ist euch die Kooperation bei dieser Übung gefallen?
- Was hat es leichter/schwerer gemacht?
- Welche Mechanismen haben für euer Team besonders gut funktioniert und wodurch?
- Wie gut konntet ihr euch auf das Team und die anderen einstimmen? Gibt es etwas, das euch dabei in die Quere gekommen ist und wie seid ihr damit umgegangen?
- Konntest du deine sonst gelebte Rolle/Funktion im Team auch bei dieser Übung einnehmen?
- Wie ist es dir damit gegangen?

Fragen zur Kommunikation

- Welche unterschiedlichen Arten der Kommunikation habt ihr in dieser Übung erlebt?
- Was ist euch leichter/schwerer gefallen. Was hat es ausgemacht?
- Wo würden auch im Alltag unterschiedliche Kommunikationsarten Sinn machen?
- Wie gut haben die möglichen Absprachen funktioniert? Was hat es begünstigt und was behindert?

- Wie gut hat es auch ohne Absprachen funktioniert?
- Wie sehr habt ihr/hast du unter Verständigungsschwierigkeiten des Teams gelitten?
- Wie bist du mit dieser Frustration umgegangen?
- Was aus der Übung kannst du dir auch für die Kommunikation im Alltag mitnehmen?

Fragen zu Wahrnehmungsgenauigkeit und Teamgefühl

- Wodurch hast du gemerkt, wann der richtige Zeitpunkt ist, sich zu melden?
- Woran hast du bei anderen erkannt, dass sie jetzt zum Zug kommen wollen?
- Was hat diese Form der Beobachtungen mit dem Teamgefühl bei der Übung gemacht?
- Wie hat sich das Teamgefühl von Runde zu Runde geändert?
- Was von diesem Teamgefühl darf auch in Zukunft bleiben? Was nehmt ihr euch mit?

Tools und Technik

Diese Übungen eignen sich gut, um Teilnehmenden bei Bedarf die Videokonferenz-Tools spielerisch zu vermitteln. Man kann die technischen Tools aber auch gänzlich weglassen und ausschließlich die Runden ohne technischen Einsatz durchführen.

Variationen

- Als Trainerin entscheiden Sie, wie viele und welche Runden Sie gerne in Ihr Konzept aufnehmen wollen und wie stark Sie die Übungen erschweren oder erleichtern.
- Auch ob Sie zwischen den Übungen Absprachen erlauben und Besprechungszeit geben, zwischen den Übungen reflektieren oder erst im Anschluss, kann von Gruppe zu Gruppe und je nach Zeitplan unterschiedlich gehandhabt werden.
- Sie können die einzelnen Runden auch ausschließlich als Energizer nutzen, indem Sie Bewegungen ergänzen. Hier sind Ihrer Kreativität keine Grenzen gesetzt.

Hinweise

- Bei dieser Übung kann man als Trainerin sehr vielseitige Beobachtungen anstellen. Man sieht, wie gut die Teammitglieder mit Misserfolgen umgehen, wie hoch ihre Frustrationstoleranz ist, wie sie es schaffen, die Motivation hochzuhalten, wie gut die einzelnen Teilnehmenden gleichzeitig gut bei sich und auch bei den anderen sein können und vieles mehr.

- Picken Sie bei der Reflexion das heraus, was Sie dem Team besonders mitgeben wollen bzw. wo Sie den größten Teameffekt vermuten, wenn sich das Team gemeinsam darüber Gedanken machen kann.

Quellen und Ressourcen

Die Übung, von 1 bis 20 zu zählen, finden Sie in sehr vielen Teamtraining-Büchern – und das nicht ohne Grund. Wir hoffen, mit unseren Variationen einen neuen Drive zu bieten und spannende Online-Erfahrungen zu gewähren.

Netze mit tanzenden Spinnen

11

Symbolisch werden Netze aufgebaut und gestapelt. Die Netze werden gebildet, indem sich die einzelnen Teilnehmenden Bewegungsabfolgen überlegen und diese an andere Personen weitergeben.

Organisation

Hashtags: #aktivierung #kommunikation #wahristnichtwasAsagtsondernBversteht #Arbeitsverteilung

Anzahl: bis 12 Personen

Zeitbedarf: 15-20 Minuten

Vorbereitung: keine

Medien: jedes Videokonferenz-Tool

Zielsetzung und Effekte

- Aktivierung durch Bewegung
- Namen merken
- Kommunikationsprinzipien verständlich und begreifbar machen
- Umgang mit erhöhtem Workload

Beschreibung

Die Gruppenmitglieder sind Spinnen und wollen so viele Netze wie möglich spinnen. Dies funktioniert, indem sich die Spinnen bewegen. Da jede Spinne individuell ist, darf sich jede Spinne ihre Lieblingsbewegung selbst aussuchen. Durch die Bewegung wird ein unsichtbarer Faden zu einer Person ihrer Wahl gesponnen. Diese sucht sich ebenfalls eine Bewegung aus und gibt diese wieder an eine Person weiter, bis alle an der Reihe waren. Dann startet ein neues Netz mit neuen Bewegungen, die man zu anderen Personen weitergibt. Sobald auch dieses Netz fertig ist, lässt man die Netze parallel laufen. Wichtig ist daher, sich gut zu merken, von wem man eine Bewegung bekommt und an wen man eine Bewegung weitergibt.

Beispiel: Jonas zeigt als Figur ein Kreisen mit seinem linken Arm und ruft den Namen Ines. Ines sucht sich als Figur ein Zucken mit den Schultern aus und ruft den Namen Herbert. Herbert kreist mit der Hüfte und ruft Birgit. Birgit klatscht laut in die Hände und ruft Sabine. Sabine zeigt nun ein Winken mit der linken Hand zu Jonas (der ersten

Person). Nun lassen wir dieses Netz ein paar Mal durchlaufen, bis es alle intus haben. Nun bauen wir ein neues Netz auf mit anderen Bewegungen und einer anderen Personenreihenfolge. Jonas startet dieses Mal mit einem Schnipsen zu Birgit. Birgit klopft sich auf die Schulter zu Ines. Ines hüpft einmal und sagt Sabine. Sabine tippt sich auf die Stirn zu Herbert und Herbert umarmt sich mit beiden Händen und übergibt wieder zu Jonas. Nun lassen wir auch dieses Netz ein paar Mal laufen, bis wir es intus haben.

Nun versuchen wir, beide Netze parallel laufen zu lassen, ohne rauszukommen. Wie viele Netze können die tanzenden Spinnen spinnen, ohne ständig den unsichtbaren Faden zu verlieren?

Reflexionsfragen

Fragen zur Kommunikation

- Warum haben wir die Fäden immer wieder verloren und wodurch?
- Was hätten wir besser machen können?
- Wann hat es gut funktioniert, was war da anders?
- Wer ist verantwortlich, dass der Faden nicht reißt?

- Habt ihr beim Weitersenden darauf geachtet, dass die andere Person mit der Aufmerksamkeit bei euch war?
- Habt ihr euch sicher sein können, dass die Person, zu der ihr es gesendet habt, eure Botschaft auch erhalten hat?
- Wie ist das in der beruflichen Kommunikation bei der Auftragsvergabe?
- Wer ist im Arbeitskontext verantwortlich, dass die Botschaften so ankommen wie gewünscht? Und wie kann man das sicherstellen?

Fragen zur Workload

- Was waren die herausforderndsten Momente für euch?
- Wie viele Bewegungen sind bei euch gleichzeitig zusammengelaufen und wie ist es euch damit gegangen?
- Was war in diesen Momenten möglich und was nicht mehr?
- Welche Strategien habt ihr angewandt, um mit dem höheren Workload umzugehen?
- Was hätte euch geholfen?
- Was aus dieser Übung könnte für den Alltag (beruflich oder privat) nützlich sein?

Tools und Technik

Bei dieser Übung geht es darum, dass sich die Teilnehmenden gut sehen und die Bewegungsabfolgen gut wahrnehmen können. Achten Sie daher darauf, dass Sie keine Bildschirmfreigabe mehr aktiviert haben und bitten Sie auch die Teilnehmenden, die „Galerieansicht“ in ihrem Videokonferenz-Tool einzustellen.

Variationen

Sie können die Übung vereinfachen, indem es nur eine Bewegung pro Netz gibt. So machen alle nur die gleiche Bewegung, müssen sich aber dennoch Namen und Abfolge merken.

Hinweise

- Diese Übung gibt es in zahlreichen Variationen im Präsenztraining. Dabei werden Bälle geworfen oder unterschiedliche Gegenstände, Lieblingsfarben, Namen etc. gerufen. Bei der Online-Version ist gleichzeitiges Durcheinanderreden nicht zu empfehlen, da das meistens sehr schlecht zu verstehen ist. Unser Tipp ist daher, bei dieser Übung wirklich bei den Bewegungen zu bleiben, da man diese auch gut sehen kann, selbst wenn die gerufenen Namen manchmal untergehen.

- Inhaltlich geht es bei dieser Übung vor allem um Paul Watzlawicks „Wahr ist nicht, was A sagt, sondern was B versteht". Die Teilnehmenden werden sensibilisiert, sich der eigenen Botschaft bewusst zu werden und was es benötigt, damit diese Nachricht auch tatsächlich beim Gegenüber ankommt. So fördert die Übung mit gezielter Reflexion die Kommunikation im Team, etwa beim Verteilen von Arbeitsaufträgen.

Das Gute daran – Vielfalt als Stärke erkennen

12

Die Einstiegsübung ermöglicht einen tieferen Blick auf Unterschiede, Gemeinsamkeiten und deren jeweilige Wirkung auf das Teamgefüge.

Organisation

Hashtags:#zusammenistmanwenigerallein #wirsindviele #vielfaltheißtstärke #wogehöreichdazu?

Anzahl: ab 8 Personen

Zeitbedarf: je nach Identitätsgruppen und Fragestellung bis zu 45 Minuten

Vorbereitung: keine

Medien: Videokonferenz-Tool

Zielsetzung und Effekte

- Entwicklung von Diversity-Kompetenzen im Team
- Sensibilisierung für das Thema Vielfalt und Diversität stärken
- Schulung der eigenen Wahrnehmungsfähigkeit, produktiven Umgang mit verschiedenen Wahrnehmungen im Team schulen
- Gemeinsamkeiten, Zugehörigkeiten und Unterschiede zwischen den Teammitglieder sicht- und nutzbar machen
- das Team für verschiedene Sichtweisen innerhalb der Gruppe sensibilisieren, Offenheit fördern
- Wirkungen verschiedener Lebens- und Denkweisen im Team erkennen
- Wechselwirkungen und Resonanzen im Team spürbar machen

Beschreibung

Für die Durchführung dieser Übung empfehlen wir die Nutzung der Online-Plattform wonder.me, in der es den Teilnehmenden möglich ist, sich digital zwischen verschiedenen Gruppen hin- und herzubewegen und in dem die Seminarleitung parallel – über die sichtbare Bedienoberfläche des Tools – einen guten Überblick zu Gruppenzusammensetzung und Gruppengröße erhält.

Bitten Sie die Gruppe, sich im ersten Schritt anhand unterschiedlicher Faktoren aus ihrer Lebens- und Berufswelt zusammenzustellen (angelehnt an die soziometrische Methode „Alle zusammen, die…"). Mögliche Unterscheidungskriterien können sein: Geschlecht/Gender (Mann, Frau, divers), Teilzeit vs. Vollzeit, Lebensalter, Länge der Zugehörigkeit im Unternehmen etc. Oder Sie ziehen konkrete Dimensionen aus dem Diversity-Modell nach Gardenswartz und Rowe (Four Layers of Diversity, 1994, s. Abb.) heran (z.B. aus der organisationalen Dimension wie nach Arbeitsort, Einsatzort, Funktion/Einstufung, Abteilung/Gruppe oder aus Aspekten der äußeren Dimension wie Berufserfahrung, Gewohnheiten, Ausbildung, Elternschaft etc.). Im Idealfall holen Sie hier schon im Vorfeld des Seminars konkrete Informationen zur Gruppenzusammensetzung der Teilnehmenden ein, um die Fragestellung passend zuzuschneiden. Regen Sie die Teammitglieder im zweiten Schritt dazu an, sich innerhalb der aktuellen Gruppierung auszutauschen, mit dem Hinweis, auf folgende Aspekte besonders zu achten: „Was ist das Besondere an unserer Gruppierung? Was unterscheidet uns von den anderen Gruppen? Was haben wir intern gemeinsam (auf welcher Ebene)?" Im dritten Schritt wählen Sie eine (bis drei) Konstellation(en) aus, mit Blick auf die Ziele des Teamtrainings bzw. auf mögliche Konflikte, von denen Sie im Auftragsklärungsgespräch gehört haben, und bitten die jeweiligen Gruppen, ihre Ergebnisses und Erkenntnisse des Austausches zusammenzutragen und diese den anderen Gruppen im Plenum zu präsentieren.

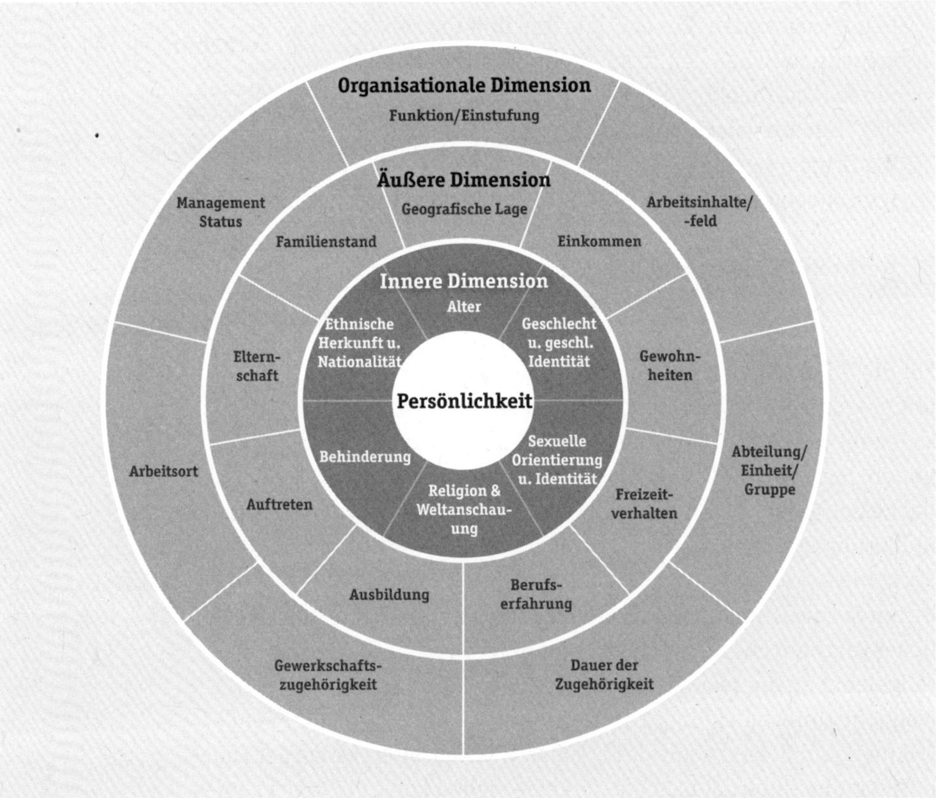

Als externe Beobachterin erhalten Sie in der Beobachtung des Übungsverlaufs einen guten Ein- und Überblick über unterschiedliche Subgruppierungen im Team und die Anzahl der jeweils zugehörigen Personen. Allein dies, die Erkenntnis darüber, wie viele Personen sich einer bestimmten Gruppe zuordnen, kann dabei zu einem Aha-Erlebnis für die Gruppe und die Seminarleitung werden. Darin verborgen liegen oft auch bisher versteckte Wege für Empathie und Verständnis innerhalb des Teams.

Die Reflexion der Übung können Sie zunächst in Tandems oder Trios durchführen oder aber – abhängig von der Gruppengröße – auch im Plenum.

Reflexionsfragen

- Welche Gemeinsamkeiten wurden sichtbar? Welche Unterschiede?
- Was lösen die unterschiedlichen Zugehörigkeiten bei mir aus? Was hat mich überrascht? Was war bekannt?
- Welche Zugehörigkeitsdimension ist für mich von besonderer Bedeutung? Worauf bin ich auch stolz?
- Wo fühle ich die stärkste Verbundheit und was zeichnet sie aus?
- Welche Merkmale der verschiedenen Identitätsgruppen wirken und wirkten prägend auf mich?
- Sind verschiedene Arbeitsstile und Kulturen der einzelnen Gruppierungen im Arbeitsalltag erkennbar?
- Welche spezifischen Denkmuster und Verhaltensweisen weisen die verschiedenen Identitätsgruppen aus?
- Wie wirken sich die verschiedenen Dimensionen von Vielfalt in unserer gemeinsamen Arbeitsrealität tagtäglich aus? Was davon finden wir gut und erhaltenswert? Wo ergeben sich daraus Probleme in der Zusammenarbeit?
- Wie wollen wir mit den Erkenntnissen aus dieser Übung in Zukunft umgehen?
- Wie wichtig ist mir das Gefühl von Zugehörigkeit am Arbeitsplatz? Wie wird dieser Aspekt bei uns im Team/in der Organisation gelebt (und gepflegt)?
- Wo vereinen uns trotz der Unterschiede auch Gemeinsamkeiten? Worin bestehen diese?
- Was ist das Gute und Nützliche an den Unterschieden?
- Wie wollen wir die Unterschiede in Zukunft möglichst effizient nutzen?
- Was sind, gruppenspezifisch betrachtet, besondere Bedürfnisse oder auch Einschränkungen?
- Was können wir voneinander lernen?

Variationen

Sie können auch von Anfang an nur eine Identitätsgruppe in den Fokus nehmen, etwa das Lebensalter. Überlegen Sie sich dazu eine ganz konkrete Frage, etwa: „Was zeichnet unser Lebensalter besonders aus?“, „Was bewegt unsere Generation?“, „Was sind lebensalterbedingte Herausforderungen?“ Etc.

Hinweise

Zum Modell der Diversitätsdimensionen siehe: The Four Layers of Diversity von Lee Gardenswartz und Anita Rowe: https://www.gardenswartz-rowe.com/why-g-r (abgerufen im Juni 2022).

Quellen und Ressourcen

- Angeregt durch: Lüthi, Oberpriller et al. (2012): Teamentwicklung mit Diversity Management. Methoden-Übungen und Tools. Haupt Verlag.
- Weiterführendes zum Thema: Informationen zu Diversity und Diversitätsmanagement, siehe auch: Charta der Vielfalt: https://www.charta-der-vielfalt.de/diversity-verstehen-leben/diversity-dimensionen/ (Stand: Juni 2022).

Singalong Teamsong

Zu einer bekannten vorgegebenen Melodie wird ein Teamsong gedichtet und voller Inbrunst vorgetragen. Dabei müssen bestimmte Wörter eingearbeitet werden.

Zielsetzung und Effekte

- Sich gemeinsam Gedanken über das Team machen
- Teamidentität schaffen
- Gemeinsam Spaß haben
- Zusammenarbeit
- Alle Teammitglieder bringen sich ein und sind Teil des Ganzen
- Gemeinsam die Komfortzone verlassen

Organisation

Hashtags: #identitätsstiftend #zusammenarbeit #gemeinsamrausausderkomforzone

Anzahl: bis 12 Personen, Großgruppen können in Breakout-Sessions aufgeteilt werden

Zeitbedarf: 30-45 Minuten

Vorbereitung: keine

Medien: Videokonferenz-Tool

Beschreibung

Dem Team wird die Aufgabe gestellt, zu einer bekannten Melodie eigene Strophen zu dichten und diese im Anschluss gemeinsam vorzutragen. Hierbei können Melodien genommen werden, die zur Jahreszeit passen, etwa Jingle Bells oder O Tannenbaum. Es können aber auch dem Kulturgut entnommene Melodien sein, wie etwa österreichische oder bayrische Gstanzl-Melodien oder aktuelle Lieder aus den Hitparaden, wenn man etwa mit Jugendlichen arbeitet.

Nun werden noch Worte gesucht, die eingebaut werden müssen. Diese können von den Teilnehmenden selbst kommen, wenn etwa zwei Gruppen gegeneinander antreten oder man bittet die Teilnehmenden noch vor der Übungsanmoderation, an Worte zu denken, die sie mit dem Team verbinden und pro Person ein Wort in den Chat zu schreiben. Dann müssen diese Worte im Teamsong vorkommen. Hierbei müssen so viele Strophen gedichtet werden, bis alle Wörter eingearbeitet sind.

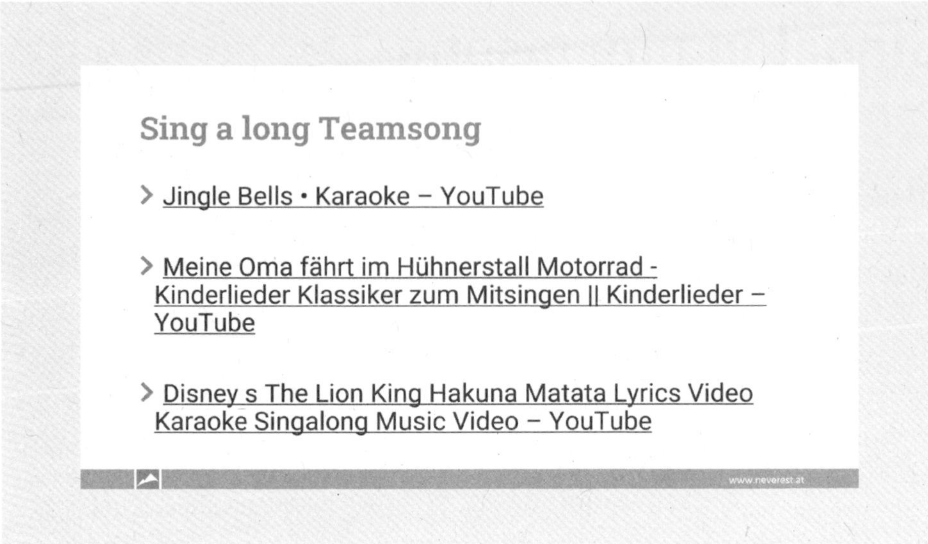

Reflexionsfragen

Fragen zu Komfortzone verlassen

- Was war für mich die größte Überwindung und warum?
- Was hat mir geholfen, mich dennoch darauf einzulassen oder was hätte ich gebraucht?
- Was war die Belohnung dafür oder das Gute daran, es ausprobiert zu haben?
- Wie könnt ihr das öfter auch im Alltag einbauen und was könnte euch dabei unterstützen?

Fragen zur Teamidentität

- Wie war es für euch, als Team gemeinsam zu performen?
- Was macht das Lied zu „eurem Lied“?
- Was davon spiegelt euch als Team wider?
- Welche Worte wolltet ihr unbedingt einbauen und warum?
- Wie ist das Teamgefühl jetzt im Vergleich zu vor der Übung? Hat sich etwas verändert und wenn ja, was?
- Was davon wollt ihr auch im Teamalltag beibehalten und wie könnt ihr das umsetzen?

Fragen zur Zusammenarbeit

- Wie hat die Zusammenarbeit für euch funktioniert?
- Was waren Ressourcen, auf die ihr dabei zurückgreifen konntet?
- Hat sich jeder eingebracht?
- Was wünschst du dir für die Zusammenarbeit bei den nächsten Aufgaben?
- Was von eurer Zusammenarbeit jetzt könnt ihr euch auch in den Arbeitsalltag/ euren Teamalltag mitnehmen?

Tools und Technik

- Breakout-Sessions benötigen Sie nur bei größeren Gruppen, sodass diese mit unterschiedlichen Melodien „gegeneinander" antreten können und eventuell die Chat-Funktion, um sich gegenseitig die Wörter mitzuteilen die eingearbeitet werden sollen.
- Viele der gängigen Videokonferenz-Tools sind aufgrund ihrer hohen Latenz (Verzögerungszeit des Datenaustausches) für das gemeinsame Musizieren und Singen nur bedingt geeignet. Die Folge kann sein, dass nicht alle Teilnehmenden gleichermaßen gut zu hören sind und einzelne Beiträge „untergehen". Voraussetzung für eine gute Soundqualität sind zunächst eine stabile Internetverbindung und eine ausreichende schnelle Datenverbindung, um in Echtzeit miteinander musizieren zu können. Ergänzend kann sich die Anschaffung einer Software bzw. App lohnen, z.B.: Jammr, Sofasession, Soundtrap etc. Besonders brauchbar finden wir Programme, die für den Online-Musikunterricht entwickelt wurden, wie etwa. Doozzoo (browserbasiert): https://doozzoo.com/de/tutorials/anleitung-doozzo-funktionen/ oder Jam Kazam: https://jamkazam.com/

Variationen

- Wer den Teamsong besonders lustig haben möchte, lässt die Teilnehmenden die Wörter zufällig aus Büchern auswählen. Jede Person holt ein X-beliebiges Buch, das sich in der Nähe befindet und bekommt von einer anderen Person eine Seite, eine Zeile und dann eine Zahl gesagt. Die so gefundenen Wörter werden nun in den Teamsong eingebaut.
- Eine weitere Variationsmöglichkeit ist es, den Song als Abschlussreflexion einzusetzen. Hierbei lautet die Aufgabenstellung, zu einer vorgegebenen Melodie ein Lied zu dichten, das den heutigen Seminartag inklusive der größten Lernerfahrungen widerspiegelt oder zusammenfasst.
- Auch kann bei eher konservativen Gruppen das Lied weggelassen werden und nur ein Reim vorgetragen werden.

Hinweise

Ermutigen Sie die Teilnehmenden, bei der Präsentation wirklich aus sich herauszugehen, damit es zu einer gemeinsamen, unvergesslichen Gruppenperformance wird.

Quellen und Ressourcen

Was sind Gstanzln?" – Suchen Sie auf YouTube nach Gstanzlkönigin Renate Maier oder nach „Gstanzl singen einfach selber machen".

14

Die Team-Metapher

Mithilfe einer Metapher reflektiert die Gruppe gemeinsam über ihre individuellen Stärken, über Konflikte und Verantwortlichkeiten, über ihre eigene Position und die Beziehungen im Team, indem jeder Person eine Rolle im Team-Dorf, auf einem Schiff, einem Theaterhaus oder einem anderen passenden Bild zugeteilt wird.

Organisation

Hashtags: #metaphorischesdenken #teamkulturentwickeln #wertschätzungundfeedback

Anzahl: 4-16 Personen

Zeitbedarf: abhängig von der Zahl der Teilnehmenden, Redezeit pro Person rund 10 Minuten

Vorbereitung: gering

Medien: jedes Konferenztool mit Bildschirmteilen-Funktion

Zielsetzung und Effekte

- Reflexion im Team über Aufgaben, Positionen und Rollen
- Individuelle Stärken und Entwicklungspotenziale sichtbar machen – Teamstärken in den Fokus rücken
- Selbst- und Teamreflexion stärken
- Allegorisches Denken trainieren – Denken in Bildern – Out-of-the-Box-Denken üben
- Rahmen für wertschätzendes Feedback und Rückmeldungen anbieten – Komplimente annehmen
- Kommunikation zwischen den Teammitgliedern fördern
- Alle Teilnehmenden ins Boot holen
- Fokus auf die Rollen und Verantwortlichkeiten der einzelnen Teammitglieder legen
- Selbstoffenbarung ermöglichen – blinde Flecken in der Selbstwahrnehmung verkleinern
- Kreativität fördern
- Informelle Strukturen und Hierarchien aufdecken – Beziehungs- und Konfliktstrukturen im Team klären

Beschreibung

Ziel der Methode, die auch als Reflexionsmethode nach einer Übung zum Einsatz kommen kann, ist es, mithilfe einer Metapher den Austausch, die Kommunikation, die Selbstoffenbarung sowie die Klärung von Positionen und Rollen im Team zu fördern. Zur Vorbereitung wählen Sie eine Metapher bzw. Allegorie aus, die aus Ihrer Sicht für das jeweilige Setting bzw. die Gruppe passend ist. Dies kann das Bild eines Dorfes sein, einer Fußballmannschaft, eines Theaterhauses, eines

Krankenhauses oder was auch immer Ihnen für die jeweilige Seminargruppe passend scheint. Eine Analogie zur tatsächlichen Berufswelt der Teilnehmenden kann hier unterstützend wirken, in die sich die Gruppe besser und schneller hineindenken kann. Wenn es zu nah am Arbeitsalltag ist, kann sie jedoch auch das metaphorisch-kreative Denken eher behindern. Wichtig ist, dass sich im Bild eine Fülle von Rollen und Positionen unterbringen lassen (z.B. Trainer, Stürmer, Torwart, , VIP-Zuschauer, Kommentator, Schiedsrichter, Ersatzbank, Stratege, Auswechselspieler, Presse, Sanitäter etc.). Hier sind Ihrer und der Fantasie der Teilnehmenden keine Grenzen gesetzt.

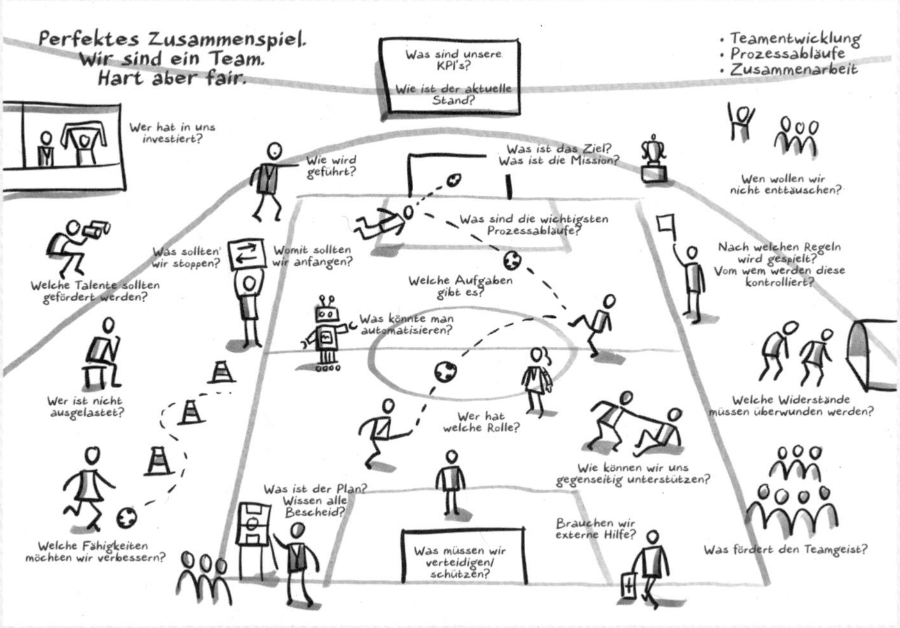

© managerSeminare: Christian Ridder – Business as visual Kartenset

Für den Einsatz der Methode im digitalen Raum benötigen Sie lediglich ein Videokonferenz-Tool, eventuell mit Whiteboard oder auch mit der Möglichkeit, Ihren Bildschirm zu teilen. Sie können die Methode aber auch schlicht mit Flipchart oder einem Bild, das Sie in die Kamera halten, durchführen. In jedem Fall müssen Sie im Vorfeld ein Bild auswählen oder ein Flipchart gestalten, das Sie für die jeweilige Gruppe verwenden möchten. Für die Durchführung gibt es nun mehrere Möglichkeiten. Wenn Sie mit einem browserbasierten Kooperationstool wie Mural, Miro oder einer digitalen Pinnwand wie Padlet arbeiten, können Sie nun entweder Avatare für die einzelnen Seminarteilnehmenden (oder auch Fotos der Gruppenmitglieder) vorbereiten, sodass die anderen Gruppenmitglieder diese Figuren mit Online-Sticky-Notes versehen können und dort die Rollen eintragen. Sie können aber auch ein Bild der Metapher, z.B. ein Dorf mit einzelnen Häusern, auf ein Whiteboard stellen oder auf einem Flipchart neben Ihrem Schreibtisch mit der Seminargruppe teilen und die Zuteilung der Rollen mündlich, über den Chat oder über die Namensfeldfunktion (die Teilnehmenden müssen dabei selbst den Eintrag vornehmen) machen. In jedem Fall ist es gut, wenn Sie die Ergebnisse für später visuell festhalten.

Alternativ können Sie die Übung analog zum Präsenzraum aufbauen: Dort schreiben die Teilnehmenden die Rollen, die sie von anderen Gruppenteilnehmenden erhalten, selbst auf Post-its und kleben diese sich selbst auf die Kleidung. Wenn es schneller gehen soll, können die Teilnehmenden auch (alle gleichzeitig) den Chat nutzen und dort den jeweiligen Personen im Privatchat schreiben oder aber in den öffentlichen Chat nach dem Schema: Name, Rolle (z.B.: Peter: Bürgermeister, Stefanie: Dorfärztin, Sabine: Reporterin etc.).

In einer weiteren (schnelleren, dafür weniger kreativen) Variante können Sie als Seminarleitung Rollen selbst vorgeben: z.B. Schuldirektorin, Pfarrer, Lehrerin, Handwerker, Journalistin, Besitzer der einzigen Kneipe am Platz, Gastwirtin, Stadtgärtner, Vorsitzende der einzigen Oppositionspartei, Öffi-Fahrer, Sprecherin der Elternvertretung, Kindergartenpädagoge, Besitzerin eines Nachtlokals etc. Dies hat Vor- und Nachteile: Einerseits beschleunigt es den Prozess und kostet so weniger Zeit. Zudem erleben einzelne Teilnehmenden das Denken in der Metapher oft als äußerst schwierig und fühlen sich dadurch stark gehemmt – auch das kann Zeit kosten. Gleichzeitig sind die Nachteile bei vorgegebenen Rollen offensichtlich: Sie schränken damit die Kreativität ein und geben einen stärkeren Rahmen für die Übung vor, wodurch sich das volle Potenzial der Methode nicht immer entfalten kann.

Nachdem Sie im ersten Schritt das Bild mit der Seminargruppe geteilt haben, erklären Sie den Teilnehmenden das Ziel der Übung und den Ablauf. Im Anschluss ist es wichtig, dass Sie den Teilnehmenden ausreichend Zeit geben, um über mögliche Rollen und deren Verteilung nachzudenken. Entscheiden Sie selbst, ob Sie durch einen entsprechenden Zusatz vorgeben, dass am Ende der Übung eine gewisse Ausgewogenheit vorhanden ist (z.B.: „Alle Teilnehmenden suchen für alle anderen Teammitglieder eine Rolle." Oder: „Achtet als Gruppe darauf, dass zum Schluss jede Person mindestens drei Kärtchen bzw. Rollen erhalten hat.") oder ob Sie dies der Gruppe überlassen. Je nach Ergebnis können Sie dies dann auch in der Reflexion aufgreifen, z.B.: „Schaut euch nun einmal um, wie sieht es mit der Verteilung der zugewiesenen Rollen im Team aus? Welche Rückschlüsse könnte man daraus ziehen?" Oder: „Wie geht es den Einzelnen damit, dass sie sehr viele oder sehr wenige Rollen von den anderen zugewiesen bekommen haben?" Achtung: Hier ist viel Sensibilität und Fingerspitzengefühl gefordert, da der Erhalt nur sehr weniger Rollen, für einzelne Personen durchaus eine Kränkung bedeuten kann. Zugleich kann die Aufdeckung genau dieses Aspekts bei entsprechendem Umgang viel Erhellung in Sachen Teamkonflikte, persönliche Schwierigkeiten zwischen einzelnen Personen bzw. informelle Strukturen bringen.

Auch der kommunikative Austausch über die Rollen benötigt im dritten Schritt einen entsprechenden Zeitrahmen. Laden Sie die Teilnehmenden dazu ein, die zugewiesenen Rollen näher zu beschreiben und die Gründe für die Auswahl klarzustellen. Reihum sollen die Gruppenmitglieder zunächst benennen, welche Rolle sie sich selbst zugeschrieben haben und warum. Danach dürfen sie an die anderen Teilnehmenden die Rollen vergeben – immer mit einigen Worte der Erklärung und der Möglichkeit zum Nachfragen. Aus unserer Erfahrung ist es durchaus sinnvoll, dass die Betroffenen, also die Personen, die gerade eine Rolle bzw. ein Post-it erhalten haben, auch nachfragen dürfen, um Missverständnisse und Unsicherheiten im Sinn von „Wie hat die andere Person das genau gemeint?" zu vermeiden. Als Seminarleitung sind Sie hier Rollenvorbild, vor allem in Bezug auf die Art und Weise, wie Sie nachfragen. Scheuen Sie sich hier nicht, dass auch Sie – bei Unklarheit – eine Klärung anstreben, da oft einzelne Teilnehmende durch die fokussierte Aufmerksamkeit verunsichert sind bzw. wenig Übung darin haben, wertschätzende Komplimente, aber auch Kritik vor einer Gruppe anzunehmen.

Bei dieser Übung ist es aus unserer Sicht oft kontraproduktiv, den Prozess gleich nach Abschluss der Methode noch einmal zu reflektieren. Vielmehr empfehlen wir, dies schon während der Durchführung mit einzubauen.

Für eine Weiterarbeit in Bezug auf die Teamentwicklung bietet sich noch folgende Methode an: Nachdem die Rollen zugewiesen sind, können Sie die Gruppe bitten, dass sie mithilfe von drei verschiedenen Linien die

Beziehungen zwischen den einzelnen Teammitgliedern charakterisiert. Eine Linie kann etwa für bereits gut etablierte und stabile Beziehungen stehen, eine Linie für lose und noch ausbaufähige Kontakte und eine für Beziehungen, wo Klärungsbedarf, Gesprächsbedarf oder ein Konflikt besteht. Dazu können Sie die Gruppe gemeinsam beraten lassen oder Sie nehmen sich die Zeit, dass jede einzelne Person auf dem Whiteboard die Linien – wie sie sich aus ihrer jeweiligen Sicht gestalten – einzeichnen kann (alternativ übernehmen Sie als Seminarleitung dies selbst auf dem Flipchart, das neben Ihrem Schreibtisch steht). Wichtig kann es hier sein, dass die Teilnehmenden darauf hingewiesen werden, dass bei diesem zweiten Teil der Übung die Rollen zwar noch mitschwingen, dass es jedoch um die realen Beziehungen in der beruflichen Zusammenarbeit und damit durchaus um die individuellen Personen geht. Technisch können Sie hier entweder verschiedene Farben, verschiedene Linienarten oder auch unterschiedlich dicke Linien einsetzen.

Wenn Sie diesen zusätzlichen Schritt durchführen, ist es entscheidend, den Prozess gut zu moderieren und im Abschluss besonders achtsam darauf zu schauen, wie Sie mit vielleicht aufgekommenen Themen (z.B. Konflikte, unklare Verantwortlichkeiten, informelle Machtpositionen) umgehen. Zudem können Sie hier – eventuell mit einer kurzen Pause dazwischen – auf einer Metaebene in die Reflexion der gesamten Übung einsteigen. Dies kann vor allem dann sinnvoll sein, wenn Sie bemerken, dass die Gruppenmitglieder sehr bewegt bzw. Streitthemen in den Raum gekommen sind – so können Sie wieder eine gewisse Distanz zur Problematik herstellen, um so eine gute weitere Arbeit mit der Gruppe oder dem Team im Seminar sicherzustellen.

Reflexionsfragen

Fragen zur Metapher-Übung

- Wie geht es dir, wenn du das von deiner Kollegin hörst?
- Wie geht es dir mit dieser Rolle? Kannst du etwas damit anfangen?
- Wie nimmst du dich selbst wahr?
- Kannst du die zugeschriebene Rolle gut annehmen oder sperrt sich etwas in dir?
- Möchtest du hier noch etwas nachfragen?
- Wie interpretierst du selbst diese Rolle für dich?
- Welche Rolle würdest du in Zukunft gerne übernehmen?
- Fühlst du dich wohl in dieser Rolle?
- Was sind die Stärken dieser Position? Was sind auch Herausforderungen?
- Übernimmst du auch in anderen Gruppen gerne/öfter diese Rolle?

- Welche Rolle könntest du als Ergänzung noch dazunehmen?
- Welche Rolle, die für das Wohl des Dorfes/der Schiffsbesatzung/für ein funktionierendes Rad etc. zentral ist, ist bei euch nicht besetzt?
- Wo finden sich doppelt oder mehrfach besetzte Rollen? Ist dies sinnvoll und zielführend?

Fragen zur Beziehungslinien-Übung

- Welche Linien fehlen hier noch?
- Zwischen welchen Personen besteht keine Verbindung?
- Wie geht es euch, wenn ihr euch das Abschlussbild anschaut? Was fällt euch auf?
- Wo besteht Klärungsbedarf?
- Wo sind schon gute Beziehungen etabliert? Wo gibt es ein starkes Band?
- Welche Beziehungslinie ist bedroht?
- Welche Beziehungslinie möchtest du, aus deiner Position heraus, gestärkt wissen?

Tools und Technik

Die Methode können Sie wahlweise mit etwas mehr Vorbereitungsaufwand durchführen (z.B. in Miro, mit vorbereiteten Avataren mit Namen, mit einem Bild eines Fahrrades, das Sie auf Mural hochladen und das die Gruppe mit digitalen Post-its bepinnen kann) oder aber mit geringem Aufwand, indem Sie einfach nur ein Bild im Internet suchen oder ein Bild auf dem Computer öffnen und dieses den Teilnehmenden über das Videokonferenz-Tool (Bildschirm teilen) zur Verfügung stellen.

Variationen

- Neben den beschriebenen Optionen ergibt sich eine Fülle an Variationsmöglichkeiten in Bezug auf die verwendete Metapher oder Allegorie, z.B.: „Dorf", „Schiff", „Theater", „Krankenhaus", „Schule", „Fahrrad", „Werkstatt", „Sportmannschaft", „Ökosystem", „Regierung", „Zoo".
- Alternativ können Sie auch einen Gegenstand auswählen, z.B. ein Fahrrad, ein Auto, die Küche vorgeben und die Teilnehmenden einladen, den anderen Teammitgliedern nicht Rollen zuzuschreiben, sondern sie als Einzelteile des Gegenstandes zu benennen, z.B.: Klingel, Hinterrad, Schaltung, Kette, Lenkstange. Oder: Küchenwaage, Herd, Kartoffelstampfer, Kaffeemaschine, Dampfkochtopf, Dunstabzug.
- Wenn es Ihre technische Ausstattung zulässt, können Sie für die Übung auch mit einem tatsächlichen Gegenstand arbeiten, z.B.

einem Fahrrad, das Sie so ins Büro stellen, dass es die Teilnehmenden gut über die Kamera sehen können.

Hinweise

- Ein aus dem analogen Training allseits bekanntes Bild ist die Schiffsallegorie: „Unser Teamschiff“, bei dem die Teilnehmenden für sich selbst und die anderen Teammitglieder bestimmen, welche Rolle sie auf dem Schiff einnehmen (z.B.: Kapitänin, Erster Offizier, Animateurin, Chef der Kombüse, Matrose, Steuerfrau, Schiffsmechanikerin etc.). Sie zählt zu den Klassikern im erlebnispädagogischen Methodenrepertoire und lädt dabei zugleich zum Ausprobieren neuer Bilder und Vorstellungswelten ein.
- Weisen Sie die Teilnehmenden vor der Übung noch einmal deutlich darauf hin, dass dies auch ein Training in Kommunikation und Feedback-Geben ist. Zudem können Sie, abhängig davon, was Ihr Ziel für den Einsatz der Methode ist, auch vorgeben, dass überhaupt nur positive Aspekte betont werden dürfen. Neben der Arbeit mit Bildern jeder Art hat sich auch der Einsatz der Archetypen, Märchenfiguren, der Elemente der Natur etc. in der Teamentwicklung als fixer Bestandteil des Repertoires etabliert. Egal, mit welchem Bild Sie arbeiten: Für diese Übung ist es entscheidend, dass Sie der Gruppe genügend Zeit geben, um sich auf die Methode selbst, vor allem aber auch auf diese Art des Denkens, einlassen und einstellen zu können.
- Es hat sich gezeigt, dass dieser Methodenklassiker auch digital sehr gut durchführbar ist. Zudem sind wir der Überzeugung, dass sie nicht nur als Reflexion im Anschluss an eine kooperative Übung eingesetzt werden kann, sondern dass sie als Methode für sich selbst steht und das jeweilige Team in dessen Entwicklung fördern, Wogen glätten sowie Konflikte, informelle Strukturen, Hierarchien und Rollenunklarheiten aufdecken kann.
- Oft fließen bei dieser Übung auch Freudentränen. Besonders dort, wo sich die Teilnehmenden auf das Bild gut einlassen und ihren Ideen auch in Worten Ausdruck verleihen können, ist die gegenseitige Wertschätzung sehr berührend. Sie selbst können hier als Seminarleitung entscheiden, ob Sie dort Hilfestellung bieten möchten, wo den Teilnehmenden die Worte fehlen oder wo das Denken in der Metapher als hemmend wahrgenommen wird. Wichtiger als das strenge Verweilen in den metaphorischen Rollen ist der Ausdruck und die Rückmeldung der einzelnen Teilnehmenden.

Quellen und Ressourcen

- Diese klassische Methode, die auch als Reflexionsmethode zum Einsatz kommen kann, findet sich in einer Vielzahl an Methodensammlungen. Eine sehr gute Beschreibung findet sich im erlebnispädagogischen Standardwerken Gilsdorf, Kistner & Becker (2022): Kooperative Abenteuerspiele 1. Eine Praxishilfe für Schule, Jugendarbeit und Erwachsenenbildung. Klett/Kallmeyer.
- Kartenset-Empfehlung mit 50 metaphorischen Motiven: Ridder, C. (2021): Business as Visual: Das KartenSet. managerSeminare.

Namensduell digital

15

Bei dieser kurzweiligen Einstiegs- und Auflockerungsübung müssen sich die Teammitglieder die Namen der anderen Gruppenmitglieder so schnell wie möglich einprägen und diese auch unter Zeitdruck abrufen können.

Organisation

Hashtags: #teamwettkampf #überraschungseffekt #schnellesnamenraten

Anzahl: 10-25 Personen

Zeitbedarf: 10-30 Minuten

Vorbereitung: keine

Medien: Videokonferenz-Tool

Zielsetzung und Effekte

- Kennenlernen der anderen Gruppenmitglieder
- Auflockerung und Schwung in die Gruppe bringen
- Namen einprägen bei neuen Gruppen
- Wachsamkeit und Reaktionsgeschwindigkeit erhöhen

Beschreibung

Die Großgruppe wird in zwei Teams eingeteilt (z.B. Gruppe A und Gruppe B). Diese Gruppen werden zunächst für eine Planungsphase in zwei Breakout-Räume geschickt, in denen sie ihre jeweilige Taktik besprechen und eine Reihenfolge festlegen, in der sie ihre Teammitglieder ins Rennen schicken wollen. Sie können die Gruppen auch dazu auffordern, sich einen motivierenden Teamnamen zu überlegen oder ein Motto für die Übung auszudenken.

Danach holen Sie die Gruppenmitglieder zurück ins digitale Plenum und ersuchen alle, das Videobild auszuschalten oder aber die Kamera so abzudecken, dass sie selber nicht mehr sichtbar sind. Sie als Seminarleitung geben nun das Kommando: Sie zählen von 3 bis 0 rückwärts, bei 0 soll jeweils eine einzelne Person aus Gruppe A und eine Person aus Gruppe B ihr Videobild wieder einschalten bzw. die Abdeckung von der Kamera entfernen. Nun ist es Aufgabe der zwei Personen, so schnell wie möglich den Namen des sichtbaren Gegenübers zu rufen (oder auch diesen in den Chat zu schreiben). Wer schneller ist, hat einen Punkt für die eigene Gruppe gewonnen. Motivierend ist die Übung auch dann, wenn für das Siegerteam ein Preis am Ende der Übung wartet. Für Arbeitsteams kann dies z.B. eine wertschätzende Geste oder eine kleine Aufmerksamkeit im gemeinsamen beruflichen Arbeitsalltag sein. Alternativ können Sie selbst als Seminarleitung ein kleines Goodie-Bag zur Verfügung stellen.

Reflexionsfragen

Fragen zum Umgang mit Zeitdruck und Konkurrenz

- Wie habt ihr den Konkurrenzkampf zwischen den Teams erlebt? Welche Effekte hat dies auf eure eigene Performance gehabt?
- Wie zufrieden seid ihr mit eurer eigenen Reaktionsgeschwindigkeit?
- Welche Bedeutung haben „Gewinnen" und „Verlieren" in eurem persönlichen und beruflichen Alltag?
- Welche unterschiedlichen „Geschwindigkeiten" erlebt ihr in eurem Team im Arbeitsalltag? Wie wirken sich diese auf eure Zusammenarbeit aus?

Tools und Technik

Beachtet werden muss bei dieser Übung, dass in den Videokonferenz-Tools in der Regel der Accountname der Person im Namensfeld eingeblendet ist. Hier obliegt es der Entscheidung der Seminarleitung, ob dies zunächst als kleine Hilfestellung beibehalten wird. Ansonsten müssen die Teilnehmenden darauf hingewiesen werden, dass sie in den Einstellungen – oder einfach per Doppelklick, abhängig von der verwendeten Software/der App – den Namen löschen oder ändern sollen.

Variationen

- Die Übung kann als reine Energizer-Übung auch mit Gruppen durchgeführt werden, die sich bereits gut kennen. Mögliche Variationen können hier kurzfristige Interventionen der Seminarleitung sein. Etwa, dass jedes dritte Mal der Nachname der Person gerufen werden muss.
- In der klassischen Variante der Übung ist es so, dass die Person (z.B. Person A), die schneller den Namen des Gegenübers (Person B) ausspricht, diese für die eigene Gruppe „gewinnt". Diese Variante ist digital nur schwer umsetzbar, da sich ja die Gruppenmitglieder nicht nach jeder Runde neu besprechen können, wen sie als Nächstes ins Rennen schicken.

Hinweise

- Diese klassische Kennenlernübung findet sich in vielen erlebnispädagogischen Methodensammlungen.
- Wird die Kamera mit der Hand zugehalten und geöffnet, hat das durchaus Einfluss auf die Geschwindigkeit, mit der die Personen sichtbar werden. Dieser Aspekt wird von den Teilnehmenden oft strategisch genutzt. Hier gilt es zu entscheiden, ob und inwieweit man als Seminarleitung korrigierend eingreift oder aber den Dingen seinen Lauf lässt und mögliche Unstimmigkeiten, die in der Gruppendynamik auftauchen, in einer späteren Reflexion aufgreift und zum Thema macht.

Quellen und Ressourcen

Die Originalmethode findet sich unter dem Namen „Namensduell" in: Gilsdorf, Kistner & Becker (2022): Kooperative Abenteuerspiele 1. Eine Praxishilfe für Schule, Jugendarbeit und Erwachsenenbildung. Klett/Kallmeyer. Die analoge Variante wird dabei meist mit einer großen Decke durchgeführt, die zwischen beiden Gruppen gespannt wird.

Alle ins Rampenlicht, die ...

16

Mithilfe ungewöhnlicher Ja-/Nein-Fragen findet eine erste Begegnung und Austausch zwischen den Seminarteilnehmenden statt. Ermöglicht wird ein vertiefendes, zeitlich jedoch sehr kompaktes digitales Kennenlernen innerhalb der Gruppe.

Organisation

Hashtags: #vertiefendeskennenlernen #ersteorientierung #stimmungsbarometer #gruppenzusammensetzung

Anzahl: ab 4 Personen

Zeitbedarf: 5-20 Minuten

Vorbereitung: keine

Medien: jedes Videokonferenz-Tool

Zielsetzung und Effekte

- Vertiefendes Kennenlernen & Orientierung der Teilnehmenden innerhalb der Gruppe
- Berührungsängste durch anregende und ungewöhnliche Fragen abbauen
- Zusammensetzung der Gruppe sichtbar machen
- Erste Verbindungen zu anderen Gruppenmitgliedern knüpfen
- Gemeinsamkeiten und Unterschiede erkennen
- Aktivierung & Eisbrecher
- Zusammenführen der Gruppe nach konflikthaften Seminarsequenzen

Beschreibung

Einleitend sagen Sie den Teilnehmenden, dass Sie ihnen eine Reihe von Fragen stellen werden und dass diese auch ungewöhnlich sein können, um gleich zu Beginn Neugierde zu wecken, die Sinne und Aufmerksamkeit der Gruppe zu aktivieren und ein gewisses Level an Spannung zu erzeugen. Danach erklären Sie die Regeln: Alle Seminarteilnehmenden kleben vor Start der Übung ihre Kameras mit einem Post-it zu. Dann stellen Sie als Seminarleitung der Gruppe Fragen. Immer, wenn die Teilnehmenden die gestellte Frage mit einem „Ja" beantworten können, nehmen sie das Post-it von der Kamera. Alle anderen Videofenster bleiben schwarz.

Nun haben Sie als Seminarleitung die Möglichkeit, dass Sie bei einzelnen Personen nachhaken bzw. einzelnen Teilnehmenden noch individuelle, vertiefende Fragen stellen, z.B.: „Wo sind Sie da genau hingereist?", „Wann war das?", „Wo wohnen Sie genau?", „Was könnte helfen, um Ihr Energielevel nach oben zu bringen?", „Wie hoch würden Sie Ihr Vorwissen zum Thema auf einer Skala von 1 bis 10 bewerten?" etc. Zudem kommen so die einzelnen Teilnehmenden ungezwungen und spontan gleich selbst zu Wort, was dazu beitragen kann, anfängliche Unsicherheiten abzubauen. In der Arbeit mit Großgruppen, wo individuelles Nachfragen nicht möglich ist, können Sie die Teilnehmenden dazu einladen, weiterführende Fragestellungen an einzelne Personen in den (privaten) Chat zu schreiben – mit der Einladung, gleich die erste Pause zu nutzen, um in Gesprächen die erkannten Gemeinsamkeiten, aber auch die Unterschiede aufzugreifen.

Reflexionsfragen

Eine Auswahl möglicher Fragestellungen:

- Wer hat schon einmal einen 2000er-Berg selbst bestiegen? 3000er? 4000er?
- Wer hat schon einmal selbst Reifen gewechselt?
- Wer ist schon einmal per Anhalter gereist?
- Wer hat schon einmal einen anderen Kontinent bereist?

- Wer hat schon einmal die Geburt eines Kindes miterlebt?
- Wer war schon einmal unglücklich verliebt?
- Wer hat schon einmal die Goldmedaille in einem sportlichen Wettkampf gewonnen?
- Wer hat schon einmal selbst Marmelade eingekocht?
- Wer hat schon einen geliebten Menschen verloren?
- Wer hat schon einmal den Beruf gewechselt?
- Wer hatte schon einmal einen Konflikt mit jemandem aus dem Team?
- Wer ist schon länger als 10 Jahre in der Organisation tätig? 5 Jahre? 1 Jahr? Länger/kürzer?
- Wer hat schon einmal an einem Teambuilding-Seminar (zum Thema X) teilgenommen?
- Wer hat schon einmal eine persönliche oder berufliche Krisensituation erlebt?
- Wer bringt schon Vorerfahrung zum Thema mit?
- Wer ist der Meinung, dass ...?
- Wer ist heute hoch motiviert? Wer mittel? Wer wenig?

Seien Sie hier möglichst kreativ in der Auswahl der gestellten Fragen. Zudem ist es wichtig, die Fragen auch an die Gruppe selbst (Nähe/Distanz) und das Setting (Fortbildung/Teamtraining in einem Unternehmen/Jugendarbeit etc.) anzupassen.

Tools und Technik

Die Methode kann in allen Videokonferenz-Tools umgesetzt werden: Zoom, MS Teams, Webex etc.

Variationen

- Abhängig vom gewünschten Effekt können sowohl persönliche, berufliche als auch seminar- und themenbezogene Fragestellungen einbezogen werden. Außerdem eignet sich die Methode, um Erwartungen, Befürchtungen, Vorerfahrungen, Meinungen und Stimmungen zu bestimmten Themen abzufragen und so ein Stimmungsbild der gesamten Gruppe zu erhalten.
- Die Methode ist auch in Großgruppen gut durchführbar. Da die Anzahl an sichtbaren Videofenstern begrenzt ist, sehen in diesem Fall die Teilnehmenden nicht alle anderen, was jedoch dem Effekt der Übung in Großgruppen keinen Abbruch tut.
- Neben dem Einsatz von Post-its, um den Bildschirm zu verdecken, können auch lose Zettel oder die Kamera-Abschaltfunktion genutzt werden. Ein etwas anderer Effekt wird erzielt, wenn Sie die „Stempelfunktion“ (z.B. ein Herz, einen Applaus oder Konfettiregen) di-

verser Videokonferenz-Tools nutzen. Wenn Sie noch mehr Bewegung in die Übung bringen wollen, können die Teilnehmenden ihre Zustimmung („Ja, das trifft auf mich zu") auch durch das Heben einer Hand oder durch eine körperliche Bewegung (z.B. einmal um den Sessel laufen) signalisieren.

- Die Methode kann auch im Zuge der Reflexion – mit gezielten Fragen zur Übung – für ein erstes Sichtbarmachen der gemachten Erfahrungen eingesetzt werden (z.B.: „Wer würde das Ergebnis der Übung als vollen Erfolg bezeichnen?", „Wer war am Strategieprozess der Planungsphase aktiv beteiligt?")
- Eine weitere Variante ist es, nicht mit Fragen zu arbeiten, sondern mit Aussagesätzen, z.B.: „Wenn ich an die bevorstehenden zwei Seminartage denke, bin ich 1. hoch motiviert und in freudiger Erwartung, 2. gespannt, was da auf mich zukommt, 3. genervt und gestresst, weil ich eigentlich am Schreibtisch sitzen sollte, 4. im Kopf eigentlich ganz woanders und in der Hoffnung, dass es einfach schnell vorbei ist." Oder etwa: „Wenn ich über meine berufliche Zukunft nachdenke, spüre ich 1. Zuversicht und Motivation für alles, was da kommen mag, 2. Hoffnung, dass sich vielleicht doch etwas verändern könnte, 2. Frustration und Unsicherheit, wie es weitergehen soll."

Hinweise

- Je ungewöhnlicher und überraschender die Fragestellung, desto schneller aktiveren Sie die Teilnehmenden und ermöglichen ein erstes Brechen des Eises.
- Achten Sie bei der Übung darauf, dass die Redezeit der Teilnehmenden möglichst ausgeglichen und fair verteilt ist.

Quellen und Ressourcen

- „Raising Hands – Have you ever ...?" aus: Chen, J. (2021): 50 Digital Team-Building-Games. Fast, Fun Meeting Openers, Group Activities and Adventures using Social Media, Smart Phones, GPS, Tablets and More. Wiley.
- Als „Wer hat schon einmal?" finden Sie die Übung auch in erlebnispädagogischen Methodensammlungen, wie in: Gilsdorf, Kistner & Becker (2000): Kooperative Abenteuerspiele 2. Eine Praxishilfe für Schule, Jugendarbeit und Erwachsenenbildung. Klett/Kallmeyer.

Übungen mit Hilfsmitteln, die alle Teilnehmenden zu Hause haben

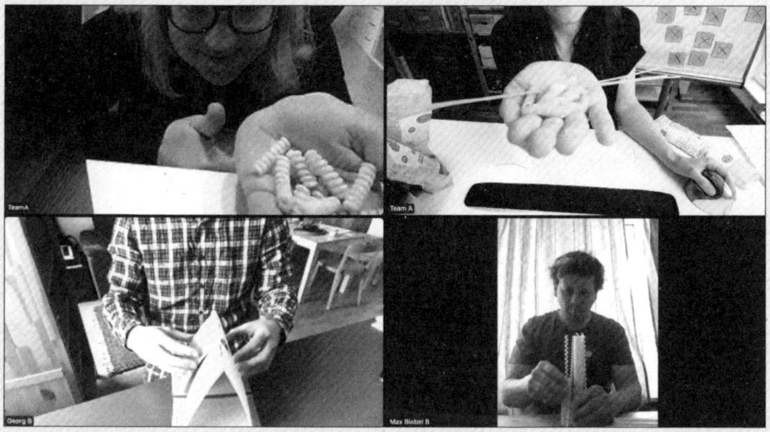

In dieser Kategorie finden Sie Übungen, die mit Gegenständen funktionieren, die in den meisten Fällen jeder zu Hause hat. Sie brauchen hierfür also nichts extra zuzuschicken. Sie nutzen vielmehr die Umgebung der Teilnehmenden. Dies hat mehrere, teilweise auch unerwartete Vorteile, die mit der Übung per se gar nichts zu tun haben müssen:

- Sie erfahren durch die Gegenstände mehr über Ihre Teilnehmenden.
- Das Team lernt sich auf diese Weise vertiefend und persönlicher kennen.
- Sie sorgen für Aktivierung, wenn Sie die Teilnehmenden bitten, Gegenstände zu holen (gerne auch mit Zeitvorgaben für noch mehr Dynamik).

Dennoch ist es wichtig zu bedenken, dass vielleicht nicht jedes Teammitglied tatsächlich von zu Hause aus am Online-Teambuilding teilnimmt. Manche Personen befinden sich vielleicht an ihrem Arbeitsplatz oder sind bei Verwandten zu Hause. Überlegen Sie daher bei jeder Übung, ob diese auch dann noch funktioniert, wenn die Teilnehmenden nicht ihre eigene Wohnungsumgebung um sich haben. Eventuell besteht auch die Möglichkeit, die Übung geringfügig abzuwandeln.

Wenn dies nicht machbar ist, gibt es vielleicht die Möglichkeit, sich Optionen für diejenigen zu überlegen, die nicht von ihren persönlichen Gegenständen umgeben sind. Eventuell gibt es ähnliche Materialien, die ebenfalls funktionieren oder es gibt zusätzliche Rollen, die sie für diese Personen einführen können (Beobachtung, Schiedsrichterin, Koordinator etc.). Auch von uns finden Sie hierzu Ideen und Vorschläge, wie Sie mit solchen und ähnlichen Situationen verfahren können.

Jedenfalls sind Übungen dieser Art tatsächlich sehr spannend für die Gruppe, da die Teilnehmenden ihre Teammitglieder auf neue Art spielerisch und vertiefend kennenlernen können.

Zusätzlich erfahren sie persönliche Dinge, die sie ohne diese Übungen vielleicht nie erfahren hätten. Darum können wir Ihnen nur sehr ans Herz legen, auch aus dieser Kategorie die eine oder andere Methode für Ihren Teamtag auszuwählen.

Der Weg zum gemeinsamen Wertesymbol

17

Gemeinsam entwickeln die Teammitglieder in einem intuitiv-kreativen Prozess ein gemeinsames Teamsymbol, das die zentralen Grundprinzipien und Wertvorstellungen der Teammitglieder in einer Metapher verbindet.

Organisation

Hashtags: #teamwerte #metaphorischesdenken #vonmirzudirzuuns #unseregrundprinzipien

Anzahl: bis zu 16 Personen

Zeitbedarf: 20 Minuten

Vorbereitung: keine

Medien: jedes Videokonferenz-Tool

Zielsetzung und Effekte

- Auseinandersetzung mit den eigenen Werten und deren Erfüllungsbedingungen
- Teamwerte ergründen und entwickeln
- Kennenlernen der Wertvorstellung der anderen Teammitglieder
- Aushandlungsprozesse und Kompromissfähigkeit trainieren
- Blinde Flecken in der Weltanschauung und Wahrnehmung anderer sichtbar machen
- Wertewandel und Fundierung von Werten in der Teamarbeit unterstützen

Beschreibung

Vorab bitten Sie die Teilnehmenden, für das Seminar im eigenen Haus oder in der Natur ein Symbol zu suchen oder auch zu basteln, das den eigenen Wertvorstellungen bestmöglich entspricht. Zudem sollen sich die Teilnehmenden bereits gedanklich und emotional mit dem Symbol und seiner Bedeutung – in Einzelarbeit, als Vorbereitung auf das Online-Training – auseinandersetzen.

Im Rahmen des Seminars laden Sie dann die Teilnehmenden ein, abhängig von der Gruppengröße, entweder im Plenum oder in Kleingruppen, die Symbole zu zeigen und in ein Gespräch über deren Bedeutung zu kommen. Fragen, die dabei hilfreich sein können, sind etwa:

- Was nehmen Sie beim Betrachten des Symbols wahr?
- Welche Bilder kommen Ihnen?
- Welche Fantasien verbinden Sie mit dem Symbol?

- Welche Deutungen und Vermutungen legt das Symbol nahe?
- Welche Hypothesen haben Sie zum Symbol selbst oder auch zur Wahl des Symbols?

Die Fragen können dabei von den Teilnehmenden selbst, aber auch von anderen Gruppenmitgliedern beantwortet werden. Im Anschluss kann jedes Symbol mit einem Titel oder einer Art Überschrift versehen werden. Im dritten Schritt stellen nun die einzelnen Teilnehmenden ihre eigenen Symbole vor und erläutern auch, welche Gedanken sie sich dazu gemacht haben.

Auf Basis dieser Vorarbeiten soll die Gruppe gemeinsam ein Teamsymbol entwickeln, das die wichtigsten Werte zusammenfasst oder sie zu einem zentralen Wert bündelt und in metaphorischer oder einfach bildlicher Form darstellt. Hierzu können Sie die Gruppe einen Entwurf zeichnen lassen (z.B. über ein digitales kooperatives Zeichentool) oder Sie führen im Anschluss die Übung „Kreative Baumeisterinnen" (Seite 185) durch. Alternativ können Sie die Gruppe auch einen Plan machen lassen und dann noch Zeit geben, dass die notwendigen Materialien gesammelt werden, damit dann – im Zuge der nächsten Teamsitzung in Präsenz – das Symbol zusammen- bzw. fertiggestellt werden kann. In diesem Fall ist es wichtig, dass sich eine Patenschaft findet, die die Verantwortung für die Durchführung übernimmt.

© managerSeminare: Jimmy Gut, Margit Kühne-Eisendle: Bildbar – Das Kartenset

Reflexionsfragen

- Bitte fragen Sie sich: Was haben die Reaktionen auf mein Symbol bei mir ausgelöst? War das gut oder schlecht?
- Wie haben Sie den kommunikativen Prozess über die Symbolbedeutung erlebt? Wie haben Sie sich gefühlt?
- Gibt es einen Unterschied zwischen selbst gebastelten Symbolen oder den ausgewählten Gegenständen? Worin besteht er?
- Welche Denkmuster werden deutlich, wenn man die Auswahl der Gegenstände betrachtet? Auf welcher Abstraktionsstufe bewegen sich diese?
- Fragen Sie sich: Wie habe ich den Kreativprozess im Vorfeld, in der Vorbereitung, erlebt? Was ist für mich dabei deutlich geworden?
- Welche neuen Deutungen und Interpretationen haben Sie erfahren?
- Hat Sie die Auswahl der anderen Teammitglieder überrascht? Was war Ihnen neu?
- Wie leicht/schwer haben Sie den Aushandlungsprozess über ein gemeinsames Symbol erlebt?
- Gibt es Parallelen zu Ihrem beruflichen Alltag? Wenn ja: inwiefern bzw. in welchen Aspekten?
- Wie ist die Gruppe miteinander umgegangen? Wie wurde aufeinander eingegangen?
- Was fällt bei unserem Teamsymbol besonders auf? Wie stark fühlen Sie sich damit verbunden?

Variationen

Sie können die Teilnehmenden auch bitten, Ihnen im Vorfeld Fotos ihrer Symbole zu schicken, die Sie auf einer digitalen Pinnwand zusammenstellen. So wissen die Gruppenmitglieder zunächst nicht, zu wem welches Symbol gehört, wodurch der erste Schritt, das gemeinsame Hypothetisieren zum Symbol und der Bedeutung, noch anonym erfolgen kann, weil noch nicht bekannt ist, wer dieses Symbol gewählt oder gebastelt hat.

Hinweise

- Wir erachten Wertearbeit als einen zentralen Eckpfeiler im Teamtraining. Ohne diesen Aspekt bleiben Konflikte oft ungeklärt, Ziele unerreicht und es kann keine Verbesserung in der Zusammenarbeit des Teams erreicht werden. Wichtig ist dabei immer auch die Wertschätzung der Unterschiedlichkeit. Es soll auf keinen Fall die Vorstellung forciert werden, dass es gute und schlechte Teamwerte gibt. Zugleich können Werte und deren Erfüllungsbedingungen durchaus auf ihre „Teamfähigkeit" hinterfragt werden. Dies muss allerdings mit viel Fingerspitzengefühl gemacht werden und im Idealfall entsteht eine solche Diskussion aus dem Team selbst heraus.

- Sie finden in der Teambuilding-Literatur viele Methoden zur Wertarbeit. Diese Variante gefällt uns auch deshalb gut, da sie einen sinnlich-haptischen Aspekt mit sich bringt, der besonders im Online-Bereich eine schöne Abwechslung bringt.

Quellen und Ressourcen

- Die von uns adaptierte Originalbeschreibung der Methode stammt unter dem Titel „Vom eigenen zum gemeinsamen Wertesymbol" von Erika Lüthi und findet sich im Buch: Lüthi, Oberpriller et al. (2012): Teamentwicklung mit Diversity Management. Methoden-Übungen und Tools. 3. Aufl. Haupt Verlag.
- Kartenset-Empfehlung: Gut & Kühne-Eisendle (2019): Bildbar – Das Kartenset. managerSeminare.

Wie viel geht noch?

18

Decken, Polster und Bekleidung werden so hoch wie möglich gestapelt. Die Person, die stapelt, darf nicht sprechen und keine Rückmeldung geben, wie stabil sich der Turm anfühlt. Die anderen Teilnehmenden geben die Anweisungen, was wohin kommt und wie hoch gebaut wird. Bei dieser Übung geht es vor allem um Arbeitsverteilung. Sie eignet sich auch hervorragend für Führungskräftetrainings.

Organisation

Hashtags: #dagehtnochwas #kommunikation #aufgabenverteilung #führung

Anzahl: unbegrenzt

Zeitbedarf: 45 Min. mit Reflexion

Vorbereitung: Die Teilnehmenden brauchen etwa 5-10 Minuten, um so viele Kleidungsstücke und Polster wie möglich herbeizuschaffen, die sich gut stapeln lassen

Medien: Videokonferenz-Tool, eventuell mit Breakout-Sessions

Zielsetzung und Effekte

- Führungskommunikation erproben und Feedback bekommen
- Für Führung mit örtlicher Distanz sensibilisieren
- Welchen Workload kann man seinen Mitarbeitenden zutrauen/zumuten?
- Genereller Umgang mit Mitarbeiterinnen
- Mitteilen von Überforderung
- Aufzeigen eigener Grenzen

Beschreibung

Das Team wird in Zweiergruppen aufgeteilt und bekommt zuerst 5-10 Minuten Zeit, ein Maßband sowie Polster, Bekleidung oder eventuell Decken zu suchen. Es soll weiches Material sein, das sich gut stapeln lässt aber niemanden verletzt, wenn der Turm umfliegt. So viel Material wie möglich. Danach starten Sie folgende Übungsanleitung:

„Eure Aufgabe ist es nun, auszumachen, wer zuerst ansagt und wer zuerst ausführt. Die ausführende Person baut einen möglichst hohen Turm – aber nur nach Kommandos der ansagenden Person. Die ausführende Person selbst darf weder sprechen noch Rückmeldungen geben, ob der Turm schon wackelt oder sonstige Hilfestellungen bieten. Tatsächlich nur den Kommandos folgen und ausführen.

Die ansagende Person gibt die Kommandos. Ziel ist es, einen möglichst hohen Turm aus den herbeigeholten Materialien zu schaffen, der von selbst stehen kann, um ihn dann im Plenum zu präsentieren. Ihr dürft den Ausführenden jegliches Baukommando geben, aber nicht die Sicherheit der ausführenden Person gefährden.

Nach 10 Minuten hole ich euch zurück. Dann muss der Turm präsentiert werden und die Höhe wird verglichen."

Lassen Sie sich nach diesen 10 Minuten die Türme präsentieren, mit den Maßbändern die Höhe messen und feiern Sie die Sieger. Die müssen nun ihre beste Strategie verraten.

Nun geht es für weitere 10 Minuten zurück in die Zweiergruppen und es wird gewechselt. Danach wird wieder im Plenum verglichen und wieder die Sieger gekürt. Nun startet die Reflexion, bei der es um die Führungskommunikation und den Umgang mit der auszuführenden Person geht. Dies überrascht die Teilnehmenden häufig, da sie zuvor nur im Leistungs- und Wettkampffieber waren. Da ja alle Teammitglieder beide Rollen erlebt haben, können sie nun auch in beiden Rollen für sich reflektieren.

Fragen zu Führung und Führungskommunikation in der Rolle als Ausführende

- Wie habe ich den Kommunikationsstil und die Kommandos empfunden?
- Was konnte ich leichter nehmen und wann hat sich mehr Widerstand geregt?
- Was hätte die ansagende Person meiner Meinung nach in der Kommunikation besser machen können?

Fragen zu Führung und Führungskommunikation in der Rolle als Ansagende

- Welche Art der Führungskommunikation habe ich versucht, an den Tag zu legen?
- Habe ich bei meiner Kommunikation an meine ausführende Person gedacht? Etwa daran, wie meine Worte bei der Person ankommen oder aufgefasst werden können?
- Wenn nein? Was hat mich daran gehindert?
- Habe ich diese Art der Führungskommunikation im Alltag?
- Wie könnte man trotz Leistungsdruck und Zeitdruck die Kommunikation noch mehr an die Mitarbeitenden anpassen?

Fragen zu Überforderung und Mitteilung persönlicher Grenzen in der Rolle als Ausführende

- Hatte ich Momente der Überforderung?
- Wenn ja, wie ist es mir damit gegangen, meine Bedürfnisse und Grenzen nicht mitteilen zu dürfen?
- Wie ist das im Arbeitsalltag: Gibt es da einen Unterschied auch zwischen Präsenz und Homeoffice, ob ich das Gefühl habe, meine Bedürfnisse und Grenzen aufzeigen zu können?
- Was nehme ich mir daraus mit für mein Leben/meinen Arbeitsalltag?

Fragen zu Überforderung und Mitteilung persönlicher Grenzen in der Rolle als Ansagende

- Habe ich als ansagende Person darauf geachtet, die ausführende Person nicht zu überfordern?
- Woran hätte ich erkennen können, dass es schon zu viel oder genug war?
- Achte ich bei meiner Aufgabenverteilung grundsätzlich darauf, die Mitarbeitenden nicht zu überfordern?
- Wie sieht das unter Zeitdruck und Leistungsdruck aus?

- Was könnte ich im Arbeitsalltag implementieren oder ändern, um die Mitarbeitenden zu einer aktiven Kommunikation über Forderung und Überforderung einzuladen?
- Wie ist es mir persönlich mit dem Leistungsdruck als ansagende Person gegangen? Hab ich den als angenehm und „challenging" empfunden – oder nur als Stress?
- Wie kann ich meinen Stress als Führungskraft in diesen (Über-)Forderungs-Momenten reduzieren?

Tools und Technik

Breakout-Sessions im Videokonferenz-Tool sind meistens völlig ausreichend.

Variationen

- Bei ungeraden Zahlen kann man pro Gruppe drei Personen zuteilen. Dann geben zwei Personen Kommandos.
- Wenn das Teamtraining im beruflichen Umfeld stattfindet und mehrere Personen keine Bekleidunsgstücke oder Polster und Decken zur Verfügung haben, kann man im Plenum auch nur eine Person bauen lassen, während alle anderen die Kommandos geben. Auch das ist eine spannende Erfahrung. Dies kann man dann reflektieren in Richtung: Wie gut kooperieren Führungsteams, die gemeinsam eine Aufgabe lösen sollen und wie geht es der Person, die Kommandos von ganz vielen verschiedenen Seiten bekommt und selbst keine Möglichkeit hat, sich mitzuteilen?

Hinweise

- Stacheln Sie bei dieser Übung ruhig mit Zeitdruck und Wettkampfcharakter den Ehrgeiz der Gruppe an. Führungskräfte sind es häufig gewohnt, sich zu messen und genau in diesen Situationen lassen sich die eingelernten Kommunikationsmuster am besten beobachten und anschließend reflektieren.
- Natürlich können Sie auch andere Materialien zum Stapeln verwenden. Achten Sie nur darauf, dass es Gegenstände sind, die beim Umfallen keinen Schaden verursachen oder die bauende Person verletzen können.

Der Teamsong

19

Die Teilnehmenden entwickeln mithilfe von (Alltags-)Gegenständen einen gemeinsamen Teamsong.

Zielsetzung und Effekte

- Aufeinander einstimmen, Identifikation mit dem Team stärken
- Motivation wecken – Freude am gemeinsamen kreativen Schaffen spürbar machen
- Beteiligung aller Gruppenmitglieder stärken – alle miteinbeziehen – Identifikation mit der Gruppe stärken
- Raum für Spaß und Leichtigkeit eröffnen
- Kreativität fördern – Ausdruck von Gefühlen anregen
- Wir- und Gruppengefühl stärken – emotionale Verbindung festigen
- Unterstützung in der Norming-Phase anbieten – Entwicklung eines gemeinsamen Selbstverständnisses

Organisation

Hashtags: #singalong #celebratecreativity #einstimmenundmitschwingen #denmutigengehörtdiewelt

Anzahl: 8-25 Personen

Zeitbedarf: 10-30 Minuten

Vorbereitung: keine

Medien: Videokonferenz-Tool

Beschreibung

Musik bewegt uns. Gemeinsames Singen und Musizieren ist gut für Gesundheit und Psyche. Es hebt die Stimmung und kann dazu beitragen, Stress und negative Gefühle abzubauen. Ohne großen Aufwand komponieren die Gruppenmitglieder in dieser Übung gemeinsam einen Teamsong. Es wird ein bleibendes gemeinsames Werk geschaffen, das über die digitale Plattform leicht aufgezeichnet werden kann und über das eigentliche Teambuilding hinauswirkt.

Je nach Einsatzzeitpunkt und konkreter Zielsetzung gibt es viele Variationsmöglichkeiten. Die Teilnehmenden suchen einen (Alltags-) Gegenstand in Griffreichweite, der für sie von Bedeutung ist oder der etwas mit ihnen persönlich zu tun hat. Es kann auch ein Gegenstand verwendet werden, der schon im Rahmen einer anderen Übung (z.B. Kennenlernen) genutzt wurde. Zunächst werden die Gegenstände in die Kamera gehalten und bei Bedarf auch mit ihrer „Geschichte" vorgestellt. Im zweiten Schritt bekommt die Gruppe von Ihnen als Seminarleitung den Auftrag, etwas anderes, ein weiteres Objekt, ein Körperteil, eine Oberfläche oder Ähnliches zu finden, das ihre jeweiligen individuellen Gegenstände optimal zum Klingen bringt. Hier können Sie auch einschränkende Vorgaben machen (z.B.: Es darf nur der eigene Körper als Resonanzraum genutzt werden, es müssen Bürogegenstände des beruflichen Alltags eingesetzt werden etc.).

Nun erhalten die Teilnehmenden die Aufgabe, gemeinsam als Team einen Song zu kreieren. Wichtig ist dabei, dass Sie gleich von Anfang an betonen, dass alle Gruppenmitglieder gleichermaßen beteiligt sein und sich einbringen sollen. Zusätzlich können Sie der Gruppe weitere Aufgaben stellen. Beispiel: *„Schreibt als Gruppe einen Song, der zentrale Erfolge aus dem vergangenen Geschäftsjahr feiert, in dem ihr alle als einzelne Teammitglieder mit euren Stärken und Besonderheiten vorkommt, der eure gemeinsame Teamgeschichte bis zum heutigen Tag erzählt."* Zudem können Sie weitere Vorgaben machen, beispielsweise, dass bestimmte Begriffe oder Wörter vorkommen müssen, die Sie der Gruppe in den Chat schreiben, dass mindestens eine Strophe improvisiert sein muss, dass ein Teil der Gruppe das Gesungene schauspielerisch darstellen soll etc. Es kann ein spezifisches Genre vorgegeben werden, ein eingängiger Titel als Bedingung gestellt werden und Ähnliches.

Im Anschluss geben Sie der Gruppe genügend Zeit für den kreativen Prozess, das Einüben und eine Generalprobe. Als feierlicher Abschluss wird der Teamsong präsentiert, vorgesungen oder auch vorgespielt. Hier können Sie die Aufnahmefunktion, die sich in fast jedem Videokonferenz-Tool findet, nutzen, um das Video der Arbeitsgruppe/dem Team später als digitale Erinnerung zur Verfügung zu stellen.

Reflexionsfragen

Fragen zum kreativen Prozess und zum Ergebnis

- Wie gut gefällt euch selbst das Ergebnis?
- Was würden potenzielle Jurorinnen und Juroren einer Casting-Show zu eurer Performance sagen? Welche Bewertung würdet ihr bekommen?
- Wie habt ihr den gemeinsamen kreativen Prozess gestaltet? Was stand dabei im Vordergrund? Welche Aspekte kamen dabei zu kurz?
- Wo hättet ihr noch mehr herausholen können?

Fragen zur Gruppendynamik

- Wie habt ihr die Rollenfrage geklärt? (Wer übernimmt welchen Part? Wer geht in den Lead?) Wart ihr dabei gleichberechtigt oder war eine Hierarchie erkennbar? Wenn ja: Wie hat sich diese gestaltet?
- Wie stark konntet ihr euch individuell einbringen?
- Wen habt ihr als eher präsent, als dominant, zurückhaltend, steuernd, unterstützend, fordernd, uninteressiert etc. erlebt? Was hat diesen Eindruck konkret ausgelöst?
- Habt ihr im Vorfeld darüber gesprochen, wie ihr die Zusammenarbeit im kreativen Prozess gestalten wollt und was euch dabei wichtig ist? Von wem ist diese Initiative ausgegangen?

Fragen zum Transfer

- Wo kennt ihr ähnliche Prozesse aus eurer alltäglichen Zusammenarbeit in diesem oder in anderen Teams?
- Was nehmt ich euch aus der Übung in Bezug auf Voraussetzungen für erfolgreiche kreative Teamprozesse mit?
- Wie viel Raum und Platz gebt ihr kreativen Energien in eurem Arbeitsalltag? Wie viel Platz haben Spaß, Verrücktheit und Ausprobieren?

Tools und Technik

- Viele der gängigen Videokonferenz-Tools sind aufgrund ihrer hohen Latenz (Verzögerungszeit des Datenaustausches) für das gemeinsame Musizieren und Singen nur bedingt geeignet. Die Folge kann sein, dass nicht alle Teilnehmenden gleichermaßen gut zu hören sind und einzelne Beiträge „untergehen". Voraussetzung für eine gute Soundqualität sind zunächst eine stabile Internetverbindung und eine ausreichende schnelle Datenverbindung, um in Echtzeit miteinander musizieren zu können. Ergänzend kann sich die Anschaffung einer Software bzw. App lohnen. Die Corona-Krise hat hier eine Reihe von Programmen hervorgebracht, die vor allem für gemeinsame Online-Jams und Live-Streams von Konzerten entwickelt wurden. Von niedrigschwelligen und günstigen Basics bis zu High-End-Programmen finden Sie hier eine große Auswahl, z.B.: Jammr, Sofasession, Soundtrap etc. Besonders brauchbar finden wir Programme, die für den Online-Musikunterricht entwickelt wurden, wie etwa Doozzoo (browserbasiert): https://doozzoo.com/de/tutorials/anleitung-doozzo-funktionen/ oder Jam Kazam: https://jamkazam.com/
- Hilfreiche Tipps und weitere Programmtipps finden Sie etwa unter: https://thegap.at/musikmachen-in-zeiten-von-corona-die-wichtigsten-online-tools/. Diese Apps bieten zudem den Vorteil, dass die Musik gespeichert und auch digital bearbeitet werden kann. Wer ein Instrument daheim hat, kann dieses auch nutzen.
- Die (automatisch) aktivierte Reduktion der Hintergrundgeräusche im Meeting-Tool muss im Einstellungsmenü deaktiviert bzw. auf ein Minimum eingestellt werden. Ansonsten kann es passieren, dass immer nur einzelne Teilnehmende zu hören sind. Falls es hier trotzdem zu Schwierigkeiten kommt, empfehlen wir, dies entweder im Frontloading anzusprechen bzw. die Gruppenmitglieder darauf hinzuweisen, dass sie diese „Einschränkung" bewusst in die Übung einbauen sollen (z.B. Solos etc.).
- Wichtig ist, Widerstände und Unsicherheiten schon im Vorfeld anzusprechen. In der Regel finden sich in jeder Gruppe Personen mit mehr oder weniger Affinität zu Musik. Je nach Ziel der Übung kann dies bereits im Vorfeld von der Trainerin oder dem Trainer angesprochen und besprochen werden oder aber später in der Reflexion aufgegriffen werden.
- Mithilfe der Aufnahmefunktion unterschiedlicher Online-Tools kann der Song – entweder nur die Audiospur, oder auch die Videospur – aufgezeichnet werden.

Variationen

- Als Variante können die Teilnehmenden angeregt werden, über den bisherigen Prozess der Teambuilding-Maßnahme (z.B. High- und Lowlights), ihre individuelle (Klang-)Qualität und die Besonderheit ihrer spezifischen Gruppenkonstellation nachzudenken und dies in Form eines Songs aufzuarbeiten.
- Die Übung kann als „Song-Battle" durchgeführt werden, in dem zwei/mehrere Teams gegeneinander antreten und einen ganz eigenen Song oder eine Variante des Teamsongs präsentieren. Eine Jury oder die Teilnehmerinnen und Teilnehmer selbst entscheiden, welches Team gewinnt.
- Die Durchführung der Übung kann mit tatsächlichen Musikinstrumenten (auch der eigenen Stimme) passieren oder ohne Gegenstände (nur mit dem Körper und der eigenen Stimme – z.B. Klatschen, Schnipsen, mit der Zunge schnalzen etc.).
- Eine weitere Option ist es, im Vorfeld des Seminars Boomwhackers an die Teilnehmenden zu schicken. Bedacht werden muss dabei, dass diese wieder zurückgeschickt werden müssen. Dies bietet sich also nur dort an, wo Sie als Seminarleitung die Möglichkeit haben, die Klangstäbe gesammelt wieder abzuholen.

Hinweise

Durch den gemeinsamen kreativen Schaffensprozess wird die Identifikation mit der Gruppe gestärkt, Motivation geweckt und die emotionale Verbindung vertieft und – ganz spielerisch – ein Wir-Gefühl erzeugt. Die relative Offenheit in Bezug auf Ergebnis und Vorgehensweise erlaubt viel Raum für kreative Zugänge, für Experimente ohne Bewertung, aber auch für gemeinsame Flow-Erlebnisse. Die Übung erfordert zudem ein hohes Maß an Eigenaktivität der Teilnehmenden.

Quellen und Ressourcen

Boomwhackers sind seit einigen Jahren ein neues Kreativtool in der Arbeit mit Gruppen, im Seminarraum und in Schulen: https://boomwhackers.com (Stand: Juli 2022). Auf der amerikanischen Homepage finden Sie neben einem Shop auch einige Einsatzideen für die Arbeit mit den bunten Klangstäben.

20

Food Faces: Die kreative Mittags-Challenge

Die Gruppe wird in eine kreative Mittagspause geschickt. Aufgabe ist es, ein Essensgesicht zu kreieren, das eine Person aus der Gruppe zeigt. Verwendet werden dürfen Lebensmittel aller Art. Von den fertigen Kunstwerken werden Fotos gemacht, die nach der Mittagspause gezeigt werden. Erraten die Teilnehmenden, um wen es sich handelt?

Organisation

Hashtags: #foodfaces #essens-challenge #whatilikeaboutyou #kreativsein

Anzahl: beliebig

Zeitbedarf: während der Mittagspause; Nachbesprechungszeit je nach Gruppengröße

Vorbereitung: keine

Medien: jedes Videokonferenz-Tool plus Online-Pinnwand

Zielsetzung und Effekte

- Gemeinsam lachen
- Sich über Teammitglieder Gedanken machen
- Komplimente machen
- Selbstbild/Fremdbild abgleichen
- Fröhliche, selbstironische Auseinandersetzung mit dem Team

Beschreibung

Kurz vor der Mittagspause schreiben Sie jeder Person eine persönliche Chatnachricht mit einem Namen aus der Gruppe. Es soll nicht verraten werden, wen man erhalten hat. In der Mittagspause gilt es nun, ein „Food Face" dieser Person zu gestalten. Dabei dürfen alle Lebensmittel verwendet werden. Herausforderung ist, die Person so gut zu gestalten, dass die anderen nach der Mittagspause die Person sofort erraten.

Während des Gestaltens sollen die Teammitglieder über die zugeteilte Person nachdenken und überlegen, was man an dieser Person gerne mag. Zumindest drei Dinge sollen gefunden werden. Diese können beim Rätseln als Hinweise verwendet werden.

Sobald das „Food Face" am Teller fertig ist, sollen die Künstlerinnen ein Foto davon machen und dieses auf eine gemeinsame Plattform (z.B Padlet) hochladen. Das Ziel ist, dass nach der Mittagspause alle Gesichter auf einer gemeinsamen Seite sichtbar sind. Machen Sie hiervon einen Screenshot als Erinnerung für das Team.

Nach der Mittagspause startet das große Raten. Gehen Sie die „Food Faces" der Reihe nach durch und achten Sie darauf, dass auch die Dinge genannt werden, die die Künstlerin oder der Künstler an der Person gerne mag, selbst wenn die Gesichter schnell erraten wurden. Die Komplimente dürfen in jedem Fall für gute Stimmung sorgen.

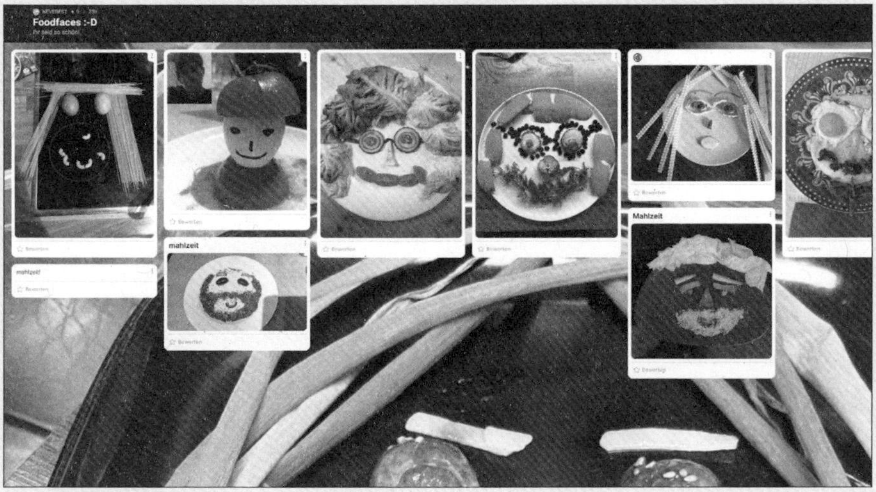

Reflexionsfragen

- Wenn ihr nun nochmals an die Komplimente denkt, die ihr bekommen habt, wie überraschend waren diese für euch? Waren es Dinge, die euch selbst bewusst sind, mit denen ihr gerechnet habt oder waren es Dinge, die ihr selbst so nicht gedacht hättet?
- Wie häufig schafft ihr es im Teamalltag, euch ernst gemeinte Komplimente zu machen?
- Wie geht es euch damit, wenn ihr Komplimente bekommt?
- Wie reagiert ihr, wenn euch Komplimente gemacht werden? Fällt es euch leicht, diese anzunehmen oder versucht ihr, diese eher herunterzuspielen? Macht ihr sofort ein Gegenkompliment?
- Wofür bekommt ihr gerne Komplimente und welche sind euch vielleicht sogar unangenehm oder empfindet ihr als unangebracht?
- Was wollt ihr euch aus dieser Übung für den gemeinsamen Teamalltag mitnehmen?

Tools und Technik

Bei Großgruppen ist es zu aufwendig, für die Zuteilung jede Person einzeln im Chat anzuschreiben. Hier empfiehlt es sich, die Breakoutrooms für das Matching einzusetzen. Schalten Sie jeweils zwei Personen wahllos zusammen. Bei einer ungeraden Zahl gibt es eine Dreiergruppe. In den Breakout Rooms haben die Teilnehmenden nun kurz Zeit, sich ihr Gegenüber einzuprägen – und dann geht es in die Übung. So wissen die Teilnehmenden zwar schon, von wem sie modelliert werden, das tut dem Ratespaß aber keinen Abbruch. Das Rätseln sollten Sie bei Großgruppen schriftlich über den Chat durchführen.

Variationen

- Da es sich hier um eine Kreativitätsübung handelt, sind auch Ihrer Kreativität als Seminarleitung keine Grenzen gesetzt.
- Sie können die Aufgabe erschweren, indem Sie nur diverse Teigwaren zum Gestalten erlauben oder nur Gemüse. Unsere Erfahrung hat allerdings gezeigt: Je vielseitiger die Lebensmittel, desto detaillierter und treffsicherer werden die Kunstwerke.
- Auch worüber sich die Teilnehmenden während der Übung Gedanken machen sollen, bleibt ihnen überlassen. Sie können etwa, statt ein Kompliment abzugeben, die Energie der Person beschreiben lassen oder den einzigartigen Wert für das Team etc.

Hinweise

- Wichtig: Diese Übung funktioniert nur, wenn alle Teilnehmenden tatsächlich zu Hause sind und Zugriff auf diverse Lebensmittel aus der Küche haben.
- Hat jemand diese Möglichkeiten nicht, können Sie die Person bitten, ihr Kunstwerk mit Naturmaterialien zu gestalten.

Foodfaces :-D

Turmbau zu Babel

21

Die Teilnehmenden erhalten den Auftrag, mithilfe von Teigwaren – unter eingeschränkter Kommunikation – einen möglichst hohen Turm zu bauen.

Zielsetzung und Effekte

- Kooperation und produktive Zusammenarbeit fördern
- Kommunikationswege und -stile sicht- und bearbeitbar machen
- Planungsprozesse beobachten, analysieren und gemeinsam reflektieren
- Beiträge einzelner Gruppenmitglieder zum Thema machen
- Erwartungen, Gruppen- und Erfolgsdruck bearbeiten
- Rollen und Rangdynamik sicht- und erlebbar machen
- Produktiver Umgang mit eingeschränkten Ressourcen; Out-of-the-Box-Denken fördern

Organisation

Hashtags: #babylonischesprachverwirrung #ressourcenschonung #führenundgeführtwerden

Anzahl: ab 6 Personen

Zeitbedarf: 30-40 Minuten

Vorbereitung: keine

Medien: jedes Videokonferenz-Tool

Beschreibung

Ohne großen Materialaufwand müssen die Teilnehmenden eine knifflige Kooperations- und Kommunikationsübung lösen. Die Schwierigkeit besteht besonders in der Notwendigkeit einer genauen Planung im Vorfeld, da es bei unzureichender Kommunikation schnell zu einem (gefühlten) Misserfolg kommen kann. Zudem braucht es in der Bauphase hohe Konzentration. Auch die Übernahme und Abgabe von Verantwortung müssen geklärt sein. Dabei werden durch die hervorgehobene Position einer einzelnen Person – und durch den Umgang der Gruppe damit – schnell die Themen Gruppendruck, (Rollen-)Konkurrenz, Versagensängste und Teamwerte greifbar und bearbeitbar.

Jede Person holt aus ihrer Küche zehn Teigwaren, die aus ihrer Sicht am besten geeignet sind, einen möglichst hohen Turm zu bauen. Im Anschluss hat die Gruppe Zeit, zu diskutieren, welche die wohl geeignetsten Teigwaren für den höchstmöglichen Turm darstellen. Am Ende der Besprechungsphase trifft die Gruppe eine Entscheidung für eine Person, die den Turm bauen soll. Bereits im Vorfeld oder erst nach dem ersten Teil der Übungserklärung erhält die Gruppe die Zusatzinformation, dass die ausgewählte Person den Turm blind bauen muss, lediglich durch die Anweisungen der anderen Mitglieder des Teams angeleitet. Zudem kann die Zusatzaufgabe gegeben werden, dass sich alle Gruppenmitglieder in irgendeiner Form mit einem Beitrag bzw. im Wechsel beim Anleitung-Geben aktiv beteiligen müssen. Nach Ende der Besprechungszeit dürfen keine weiteren Absprachen mehr getroffen werden. Nach Durchführung der Übung bzw. nach einer (ersten Reflexion) wird überprüft, ob es tatsächlich der höchstmögliche Turm ist, indem auch die anderen Gruppenmitglieder aus ihren Teigwaren einen Turm bauen.

Im Rahmen der Übung zeigt sich, dass Teammitglieder meist unterschiedliche Sicherheits- und Führungsbedürfnisse haben und auf Führungsverhalten und -stile anders reagieren. Während einigen eine kurze Anleitung reicht, brauchen andere detaillierte Informationen zu Umfeld, Fortschritt und Kontext. Für eine gelungene Zusammenarbeit, die für alle Beteiligten stimmig ist, braucht es in der Regel Einfühlungsvermögen und gegenseitiges Vertrauen, das wiederum durch die Übung gestärkt wird. Jede Rolle beinhaltet ein Geben und Nehmen: Diejenigen, die sehen, müssen Anweisung geben, führen, beobachten, nachfragen, Orientierung geben und den Rahmen im Auge behalten. Die blinden Baumeisterinnen müssen aufmerksam zuhören, fokussiert arbeiten und sich auf die Leitung einlassen bzw. Rückmeldung geben.

Reflexionsfragen

Fragen zu Kommunikation und Planung

- Wie hast du die Planungs- und Besprechungsphase erlebt? Was ist dir dabei aufgefallen? Was hast du dir gedacht? Was hast du gesagt und was hast du bewusst nicht angesprochen? Warum?
- Mit welchen Begriffen würdest du die Kommunikation in der Gruppe beschreiben? Was ist dabei auffällig? Wie kommuniziert ihr im Team im Berufsalltag? Was macht ihr dabei gut, was könntet ihr noch besser machen? Welche Aspekte stehen bei eurer Arbeitskommunikation im Vordergrund?
- Wie oft begegnet ihr euch im Berufsalltag auch persönlich? Welche Bedeutung kommt informeller Kommunikation in eurem Unternehmen/eurem Team zu? Welche Kommunikationskanäle werden überwiegend genutzt?
- Was habt ihr in der Planungsphase schon gut berücksichtigt? Was hattet ihr noch nicht auf dem Radar?

- Welche Qualitätskontroll- und Evaluationsschleifen habt ihr eingebaut?

Fragen zu Motivation, Erwartungshaltung und Vertrauen

- Wie hast du persönlich die Konkurrenzsituation erlebt? Welche Gefühle löst eine solche Situation bei dir aus? Was macht es mit deiner Motivation? Wo kennst du das aus dem täglichen beruflichen Arbeitskontext?
- Wie motiviert bist du an die Übung herangegangen? Was hat dich motiviert? Was hat dich demotiviert? Wie stark hast du dich selbst eingebracht?
- Welche Erwartungshaltung hast du an dein Gegenüber vor und im Verlauf der Übung gehabt?
- Was bedeutet Sicherheit für dich? Wann fühlst du dich sicher? Was muss dabei erfüllt sein?
- Was bedeutet Vertrauen für dich? Wie vertraut seid ihr als Team mit- und untereinander? Wie vertrauensvoll gestaltet ihr eure Arbeitsbeziehung im Berufsalltag? Siehst du hier Verbesserungspotenzial? Wie nah möchtest du mit deinen Arbeitskolleginnen und -kollegen überhaupt sein?

Fragen zu Führen und Geführtwerden

- Was bedeutet gute Führung für dich? Welche Aspekte sind dabei zentral für dich? Welche Bedürfnisse sind dabei aufgetaucht? Hast du diese an deine Führungsperson kommuniziert? Wie hat diese darauf reagiert? Welche Schlüsse kannst du daraus ziehen?
- Wie bist du mit der Einschränkung, blind zu sein, umgegangen? Welche inneren und äußeren Reaktionen hast du bei dir selbst wahrgenommen?
- Wie leicht oder schwer fällt es dir, Verantwortung abzugeben? Was erlebst du dabei?
- An welchen Punkten hättest du mehr oder auch weniger Informationen benötigt? Wo hat dir Orientierung gefehlt? Wo hast du dich umfassend und gut informiert und orientiert gefühlt?
- Was ist mit deinem inneren und äußeren Fokus während der Übung passiert?
- Wie wichtig oder unwichtig war dir das Gewinnen bzw. der Erfolg?
- Was könntet ihr das nächste Mal besser machen?
- Was wäre bei den Anweisungen ganz konkret in der Kommunikation hilfreich gewesen? Was war weniger dienlich?
- Was nehmt ihr euch aus der Übung für eure Zusammenarbeit im realen Firmenalltag mit?

Tools und Technik

- Die Teilnehmenden müssen die Möglichkeit haben, ihre Kamera in Richtung der „Baustelle" zu schwenken. Als alternative Variante kann auch ein Foto gemacht werden. Eine schlechte Bildqualität kann den Herausforderungsgrad der Übung noch einmal stark erhöhen.
- Wenn die Teilnehmenden in Kleingruppen in den Breakout Rooms arbeiten, ist es sinnvoll, dass Sie als Seminarleitung durch die Räume „gehen". Damit zeigen Sie sich präsent und stecken den Rahmen für die Übung ab. Zudem nehmen Sie damit eine subtile und unausgesprochene Kontrollfunktion ein, die die Teilnehmenden davon abhalten soll, beim Turmbau zu „schummeln". Dort, wo Sie einen Regelbruch bemerken, soll dieser unbedingt im Rahmen der Reflexion aufgegriffen und besprochen werden.

Variationen

- Wenn die Teilnehmenden nicht zu Hause sind und keine Teigwaren zur Verfügung stehen, können auch Büromaterialien für den Turmbau genutzt werden.
- Die Übung kann mit oder ohne zusätzlichen Hilfsmittel (z.B. zum Befestigen, Zusammenkleben etc.) durchgeführt werden.
- Die Gruppe kann die Aufgabe erhalten, dass sie bestimmte (Gruppen-)Werte umsetzen muss, z.B. Innovation, Ästhetik, Effizienz etc. Eine Möglichkeit ist es auch, dass die Gruppe selbst weitere Rollen bzw. Positionen entwirft, die im Rahmen der Übung ausprobiert oder umgesetzt werden sollen (z.B. Sicherheitsbeauftrage für den Bau, Beobachtende etc.).
- Als Variation sind auch weitere Einschränkungen denkbar, z.B.: Die Gruppe darf im Rahmen der Anleitung keine sinnvollen Worte oder Zahlenbegriffe verwenden und sich nur mit Lauten oder anderen Geräuschen verständigen. Zudem kann die ausgewählte Person während des Bauens keine Rückfragen stellen dürfen. Möglich ist auch, dass sie im Rahmen der Vorbesprechung nicht mithören darf und nur kurz vor der Durchführung von der Gruppe über die geplante Vorgangsweise „gebrieft" wird.
- Die Übung kann auch in Kleingruppen und in einer Konkurrenzsituation (z.B. auch: jede/r gegen jede/n) durchgeführt werden. Dies kann in Breakout Rooms gemacht werden, oder aber – im Wissen um das Gesprächschaos, das dann unbedingt Teil der Reflexion sein muss – im Plenum mit den gegebenen Einschränkungen. Methodisch kann auch in Tandems gearbeitet werden, um die Erfahrung des Führen und Geführtwerdens wechselweise noch intensiver zu ermöglichen.

- Es können im Vorfeld bestimmte Hilfsmittel als erlaubt oder als verboten vorgegeben werden. Dies kann auch eine Gruppenentscheidung sein.

Hinweise

Spannend kann es auch sein, die Teams entsprechend ihres Berufsalltags zusammenzusetzen, um den Praxistransfer noch zu intensivieren. Denkbar ist etwa, dass die Teamleiterinnen und Teamleiter ihre jeweiligen Mitarbeitenden gleichzeitig anleiten müssen. So können die Parallelen zur Berufspraxis und die realen Alltagserfahrungen schnell deutlich und im Rahmen der Übung erlebbar gemacht werden. Zudem können die Teilnehmenden vor die Aufgabe gestellt werden, Ziele im Umgang miteinander, Erkenntnisse aus anderen Übungen in Bezug auf Kommunikationsprozesse im Team aktiv in der Übung ein- und umzusetzen.

Ressourcen

Eine Variante der Turmbau-Übung, wie etwa in: Friebe, J. (2019): Reflektierbar. managerSeminare, 2. Aufl.

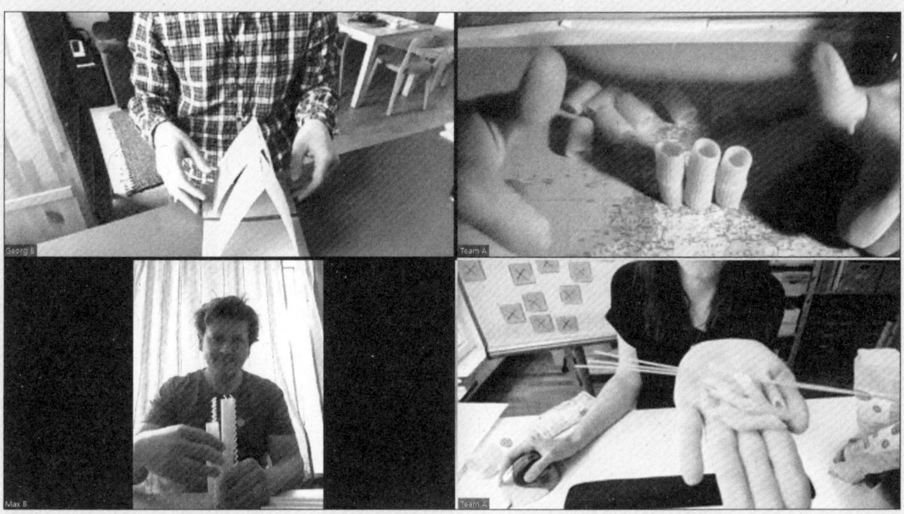

Gegenstände erzählen Geschichten

22

Mithilfe von persönlichen Gegenständen lernen sich die Teilnehmenden besser kennen und erlauben der Gruppe einen Einblick in ihre individuelle Biografie.

Organisation

Hashtags: #vertiefendeskennenlernen #indietiefegehen #persönlichebegegnung #selbstoffenbarung

Anzahl: bis zu 15 Personen

Zeitbedarf: 3-5 Minuten pro TN

Vorbereitung: keine

Medien: jedes Videokonferenz-Tool mit Chatfunktion

Zielsetzung und Effekte

- Vertiefendes Kennenlernen und persönliche Begegnung fördern
- Alle Teilnehmenden individuell zu Wort kommen lassen
- Einblick in die private Umgebung/das Homeoffice erlauben
- Teilnehmende darin schulen, über persönliche Grenzen selbst zu entscheiden
- Sich gegenseitig besser einschätzen können
- Mögliche Hintergründe zu Verhalten und Denkweisen von anderen Teammitgliedern erhalten
- Kreative Prozesse (Erzählen, Denken in Bildern) fördern

Beschreibung

Die einzelnen Teilnehmenden haben fünf Minuten Zeit, in ihrer Umgebung einen Gegenstand zu suchen, den sie mit einem Erlebnis aus ihrer Vergangenheit, einer schönen Kindheitserinnerung, einem bestimmten Lebensgefühl oder einer überwundenen Krise verbinden. Es kann auch ein Objekt gefunden werden, das etwas ganz Bestimmtes über einen selbst aussagt (z.B. ein außergewöhnliches Hobby, ein Gegenstand, den man tagtäglich benutzt etc.). Danach stellen die Gruppenmitglieder ihre jeweiligen Gegenstände vor, sie erzählen deren Geschichte und erklären der Gruppe auch, warum sie diesen Gegenstand ausgewählt haben. Die anderen Gruppenmitglieder dürfen – abhängig vom zeitlichen Umfang der Übung – vertiefende Fragen stellen. Bei zurückhaltenden Gruppen bzw. zum Beginn eines Seminars kann die Leitung sich zunächst selbst mit einem Gegenstand zu Wort melden. Bei dieser Vorgehensweise kann die Seminarleitung über die Art, wie sie selbst über sich und den ausgesuchten Gegenstand spricht, über die Dauer und auch den Tiefgang der Erzählung als Vorbild dienen und schon im Vorfeld steuernd auf den Prozess eingreifen.

Reflexionsfragen

- Was war neu für dich? Was bekannt? Wo möchtest du noch mehr erfahren?
- Was hast du über deine Kolleginnen und Kollegen erfahren, das dich berührt hat?
- Wie leicht/schwer ist es dir gefallen, einen für dich passend scheinenden Gegenstand zu finden?
- Wie viel hast du mit der Geschichte über dich preisgegeben?
- Welchen Gegenstand hättest du nun im Nachhinein gerne ausgewählt?
- Wie gestalten sich informelle Begegnungen in eurem gemeinsamen beruflichen Alltag?
- Wie wichtig sind euch als Team die persönlichen Begegnungen, auch im beruflichen Umfeld?

Tools und Technik

Die Übung ist mit jedem digitalen Tool durchführbar, das über eine Videofunktion verfügt.

Variationen

- Eine spannende kooperative Variation ist die, dass die Teilnehmenden alle vorhandenen Gegenstände in eine gemeinsame Geschichte verpacken müssen. Eine Anforderung kann sein, dass die Erzählung einem gewissen Genre entsprechen muss (z.B. Fabel, Soap Opera etc.), dass alle Teammitglieder auch als Figuren in der Geschichte vorkommen müssen, dass das Setting der Geschichte das gemeinsame Büro ist etc.
- Eine ähnliche Variante, die jedoch mit einem anderen Hilfsmittel arbeitet, ist einigen sicher aus dem Präsenzraum bekannt: Kinderfotos. In diesem Fall laden Sie die Teilnehmenden in der Informationsmail zum Seminar dazu ein, Ihnen ein Kinderfoto digital zukommen zu lassen. Für das Seminar bereiten Sie dann eine digitale Pinnwand mit den gesammelten Fotos vor. Die Teilnehmenden müssen nun erraten, zu wem welches Foto gehört. Im Anschluss erhält die Person Zeit, etwas zum Foto zu erzählen. Mögliche Fragen: „Warum hast du genau dieses Foto ausgewählt? Wer ist sonst noch auf dem Foto zu sehen? Was würden deine nächsten Bezugspersonen/Eltern über dich sagen, wenn sie das Foto sehen würden? Was gefällt dir an dem

Foto? Was weißt du über die Entstehung des Fotos? Welche Träume hattest du als Kind?“

Hinweise

Nutzen Sie die Gelegenheit, um nach Abschluss der Übung ein Erinnerungsfoto mit der gesamten Gruppe und den ausgewählten Gegenständen zu machen. Am einfachsten geht dies über ein Bildschirmfoto, einer Software bzw. App auf Ihrem Computer, bei der Sie in der Regel einen bestimmten Bildschirmausschnitt oder das ganze Fenster für ein Foto auswählen können. Eine weitere Möglichkeit wäre, dass die einzelnen Teilnehmenden mit ihrem Handy ein Foto von sich mit dem Gegenstand machen und die Fotos gesammelt auf Padlet oder in den Chat gestellt werden.

Quellen und Ressourcen

Danke an unseren Ausbildungsteilnehmer Jakob Schmidt, der die Übung anschaulich, bewegend und eindringlich in Rahmen eines Moduls vorgestellt hat. Danke dir, Jakob!

ABC auf 1-2-3 LOS!

23

Die Teilnehmenden kriegen anhand des Alphabets unterschiedliche Aufgaben gestellt, die sich mit Gegenständen lösen lassen, die sich in ihrem direkten Umfeld befinden. Schnelligkeit ist gefragt und Kommunikationsfähigkeiten unter Stress.

Organisation

Hashtags: #aktivierung #kooperation #kommunikationinstresssituationen #aufgabenverteilung

Anzahl: maximal 24 Personen

Zeitbedarf: 10-45 Minuten

Vorbereitung: gering

Medien: jedes Videokonferenz-Tool

Zielsetzung und Effekte

- Aufgabenverteilung in Stresssituationen
- Kommunikation in Stresssituationen
- Aktivierung der Teilnehmenden
- Vertiefendes Kennenlernen
- Jede Person wird zur Lösung benötigt

Beschreibung

Halten Sie eventuell einen Buzzer und eine Stoppuhr bereit, um die Zeiten jeder Runde zu stoppen.

Ziel für die Teilnehmenden ist es, obwohl die Aufgaben schwieriger werden, durch gezieltere Kommunikation schneller zu werden.

Runde 1: *„Bringt gemeinsam zu jedem Buchstaben des Alphabets genau einen Gegenstand und das so schnell wie möglich.“* – Hier können Sie auch Kategorien vorgeben wie „Naturmaterialien“ oder „Küchenequipment“ oder „unnütze Gegenstände“. Achtung: Kein Buchstabe darf doppelt vorkommen.

Runde 2: *„Bringt gemeinsam zu jedem Buchstaben des Alphabets die vorgegebenen Gegenstände von dieser Liste und jeweils nur einen davon.“* – Für diese Variante benötigen Sie eine vorbereitete Liste mit Gegenständen. Diese dürfen auch rund ums Haus wachsen wie etwa G = Gänseblümchen oder B = Birkenblatt. Es dürfen aber auch etwa H = Hund oder K = Katze gefordert sein. Hier gelten dann natürlich auch Fotos von Katzen oder Katzenaufstellfiguren und selbstverständlich Hauskatzen. Bereiten Sie hierzu eine PowerPoint vor mit allen Gegenständen, posten Sie die Liste in den Chat oder schicken Sie an alle eine E-Mail, dass sie erst auf das Kommando 1-2-3 öffnen dürfen.

Runde 3: Jetzt gilt es, nach der ABC-Liste Berufe darzustellen, inklusive Verkleidung. Hierbei geht es nicht darum, alle Buchstaben des Alphabets abzudecken, aber keinen Buchstaben doppelt einzusetzen. So viele unterschiedliche Berufe wie möglich, so gut dargestellt wie möglich, z.B.: Die „M"-Moderatorin schnappt sich eine Bürste oder einen dicken Stift als Mikrofon und zieht sich einen Blazer an, der „Z"-Zahnarzt holt sich Zahnseide und eine Zahnbürste und einen weißen Kittel. Die K-Kindergartenpädagogin eine Gitarre etc.

Runde 4: Nun sollen alle nach der ABC-Liste das größte Hobby darstellen. Achtung: Auch hier darf kein Buchstabe zweimal vorkommen. Die Hobbys sollen wieder so anschaulich wie möglich präsentiert werden: „K" in Klettermontur, W mit Wanderrucksack, S mit Stricknadeln und Wolle.

Runde 5: Die Outfit-Checkliste – sie müssen zumindest 20 verschiedene Buchstaben des Alphabets an Kleidungsstücken anziehen und an sich tragen: A wie Anzug, B wie Blazer, C wie Chanel, H wie Hochzeitskleid, M wie Minirock.

Als Spielleiterin bestimmen Sie, wie viel Beratungszeit Sie der Gruppe nach jeder Runde geben, um ihre Kommunikation und Kooperation zu optimieren. Sie können, wenn Sie möchten, auch zwischendurch bereits Reflexionsfragen einbauen oder erst im Anschluss mit der Reflexion starten. Geben Sie den Teilnehmenden auch gerne die Möglichkeit, über ungewöhnliche Gegenstände aus ihren Wohnungen zu plaudern. Und machen Sie nach jeder Runde einen Screenshot mit den in die Kamera gehaltenen Gegenständen oder Outfits.

Reflexionsfragen

Fragen zur Kommunikation

- Wie hat sich die Kommunikation durch den Zeitdruck geändert? Was wurde dadurch besser, schlechter oder einfach anders?
- Wie hat sich die Kommunikation von Runde zu Runde geändert?
- Welche Strategien waren hilfreich? Was weniger?
- Was davon würde auch im Arbeitsalltag/Teamalltag helfen?

Fragen zur Aufgabenverteilung

- Wie wurden die Aufgaben in der Gruppe verteilt?
- Habt ihr euch die Aufgaben oder Buchstaben selbst ausgesucht oder wurde eingeteilt und wie habt ihr das persönlich empfunden?
- Habt ihr euch proaktiv die Buchstaben ausgesucht, zu denen euch etwas eingefallen ist oder habt ihr eher reflektiv abgewartet, bis ihr etwas zugeteilt bekommen habt?
- Wie sehr ähnelt das eurem Verhalten in der Arbeit oder im Team?
- Habt ihr euch eher mehr Buchstaben genommen oder eher so wenig wie nötig und warum? Und wie sehr spiegelt das euer alltägliches Verhalten wider? Was sind die Vorteile und Nachteile davon?

- Welches Verhalten hätte euch als Team, rückwirkend betrachtet, noch helfen können?
- Was nimmst du dir aus dieser Übung für die Zukunft mit?

Tools und Technik

Für diese Übung benötigt es keine zusätzlichen digitalen Tools mit Ausnahme einer PowerPoint-Folie für Runde 2. Die Teammitglieder können zur vereinfachten Kommunikation Tools ihrer Wahl zur Hilfe nehmen.

Variationen

- Mit den ABC-Listen lassen sich zahlreiche Übungen anmoderieren. Sie können die Listen auch zum Reflektieren nach Übungen verwenden, um assoziativ die Lernerfahrungen zu sammeln oder um die Erfolge und Erlebnisse des Teambuildings zusammenzutragen.
- Sie können die einzelnen Teilnehmenden oder Gruppen gegeneinander antreten lassen.

Hinweise

ABC-Listen wurden von Vera F. Birkenbihl entwickelt und können in allen Bereichen des Lebens als Denk- und Kreativitätswerkzeug eingesetzt werden.

Quellen und Ressourcen

- Hintergrundinfos zu ABC-Listen: www.birkenbihl.com.

Download-Ressource

- ABC-Liste der Gegenstände

Übungen, die technische Hilfsmittel und Online-Tools nutzen

In dieser Kategorie finden Sie Übungen, für die Sie zusätzliche Online-Tools oder weiterführende technische Hilfsmittel benötigen. Derartige Tools und browserbasierte Software-Anwendungen können das Online-Teamevent bunter, vielseitiger, merkwürdiger und erlebnisorientierter machen.

Wir haben versucht, vor allem mit Tools zu arbeiten, von denen wir überzeugt sind und die wir selbst auch eingehend erprobt haben. Außerdem haben wir darauf geachtet, dass sie vielseitig für Online-Trainings einsetzbar und für den Online-Unterricht aktuell gängig sind.

So können Sie mit den Teilnehmenden rascher ins Tun kommen und verkürzen die Zeit für Erklärungen zur Handhabung der Tools, da viele bereits bekannt sein dürften.

Dennoch empfehlen wir, sich mit den verwendeten Tools vorab gut vertraut zu machen, um auch den Teilnehmenden Sicherheit zu vermitteln.

Hier empfehlen wir Ihnen, sich vorab zu vergewissern, ob Ihre Teilnehmenden mit dem jeweiligen Tool bereits umgehen können. Wenn nicht, nehmen Sie sich geduldig Zeit für Erklärungen.

Unsere Erfahrung zeigt auch, dass man es mit zu vielen Online-Tools übertreiben kann. Bei jeder Übung ein neues Tool einzuführen, überfordert die Teilnehmenden und kann für Frustration sorgen.

Ein weiterer Tipp von uns: Suchen Sie daher mit Bedacht die Übungen aus, mit denen Sie sich selber wohlfühlen und die Sie auch gerne mit dem jeweiligen Online-Tool durchführen wollen.

Da der digitale Fortschritt rasant ist, kommen auch immer neue Tools für Online-Trainings auf den Markt, die wir in diesem Buch nicht in der Geschwindigkeit aktualisieren können. Bleiben Sie daher neugierig und wandeln Sie Übungen auch gerne mit den Tools ab, die Ihnen vertraut sind oder die Sie im Netz neu entdecken.

Und wenn Sie dabei auf spannende neue Tools stoßen, die wir noch nicht kennen, melden Sie sich gerne bei uns. Auch wir freuen uns immer über neue, interessante Möglichkeiten, Online-Trainings noch interaktiver zu gestalten.

Das Team-Netzwerk

24

Die Gruppe erstellt gemeinsam ein Übersichtsbild zum Beziehungsgeflecht und den bestehenden Netzwerken innerhalb des Teams, zwischen den Abteilungen und/oder in der Organisation.

Zielsetzung und Effekte

- Beziehungsgeflecht und Verbindungen innerhalb bestimmter Gruppen sichtbar machen
- Eigene Position im Team verorten – Nähe und Distanz zu Teammitgliedern hinterfragen
- Teamkonstellationen sichtbar machen
- Bedeutung einzelner Akteure im System hinterfragen
- Bedeutung von Themen und Zielen hinterfragen
- Analyse bestehender systemischer Strukturen in der Organisation ermöglichen
- Verbesserungs- und Entwicklungspotenziale auf Beziehungsebene offenlegen
- Berücksichtigung emotionaler Aspekte in die Teamentwicklung

Organisation

Hashtags: #netzwerkanalyse #rollenklärung #verbindungenschaffen

Anzahl: bis zu 8 Personen

Zeitbedarf: mindestens 60 Minuten

Vorbereitung: gering

Medien: Videokonferenz-Tool plus digitales Kooperations-Tool oder Whiteboard mit Zeichenfunktion

Beschreibung

Leiten Sie die folgende Übung mit einigen Worten inhaltlich ein, z.B.: *„Unser persönliches Netzwerk wandelt sich ständig, immer wieder kommen neue Elemente, Personen und Beziehungen hinzu. Als Menschen stehen wir immer in Verbindung mit anderen. In Ihrer täglichen Arbeit als Team ist es dabei von großer Relevanz, die Bedeutung einzelner Netzwerkteilnehmer zu kennen, Ihre Nähe und Distanz zu bestimmten Themen und Personen zu sehen und gute Verbindungen und problematische zu unterscheiden – um langfristig Beziehungen zu stärken und zu pflegen, Konflikte zu klären und Ihr Netzwerk (auch als Team) schrittweise auszubauen."*

Für die Durchführung der Methode stellen Sie der Gruppe ein leeres Whiteboard bzw. eine weiße Seite in einem digitalen Kooperations-Tool wie Mural oder Miro zur Verfügung. Schicken Sie dazu der Gruppe den Einladungslink per Chat oder im Vorfeld per Mail. Nachdem sich alle Teilnehmenden eingeloggt haben, erläutern Sie kurz die Funktionsweise des Tools, falls dieses zum ersten Mal zum Einsatz kommt. Danach bitten Sie die Gruppe, folgendermaßen vorzugehen:

„Setzen Sie zunächst Ihr gemeinsames Kernziel oder aktuelles Thema in den Mittelpunkt des Netzwerkes. Sie können hier aber auch Ihre Teamleitung bzw. das übergeordnete Unternehmensziel setzen. Einigen Sie sich als Team zunächst darauf, was im Mittelpunkt Ihrer Betrachtungen stehen soll. Es können auch Dinge, Fragestellungen und Probleme eine Rolle im Netzwerk spielen. Es geht also darum, welche Frage Sie hier klären möchten. Es könnte etwa die Kommunikation am Arbeitsplatz im Zentrum stehen, Ihr gemeinsames Jahresziel oder ein Streitthema. Gehen Sie im Anschluss so vor, dass alle Anwesenden mit einem Symbol oder mit dem Namen in der grafischen Darstellung Ihres Team-Netzwerkes platziert werden. Nach diesem zweiten Schritt ergänzen Sie das Netzwerk - intuitiv und spontan - um weitere Elemente: Dies können Personen oder auch Dinge sein, zu denen eine Bindung oder Beziehung besteht. Auch diese können Sie in Symbolform eintragen."

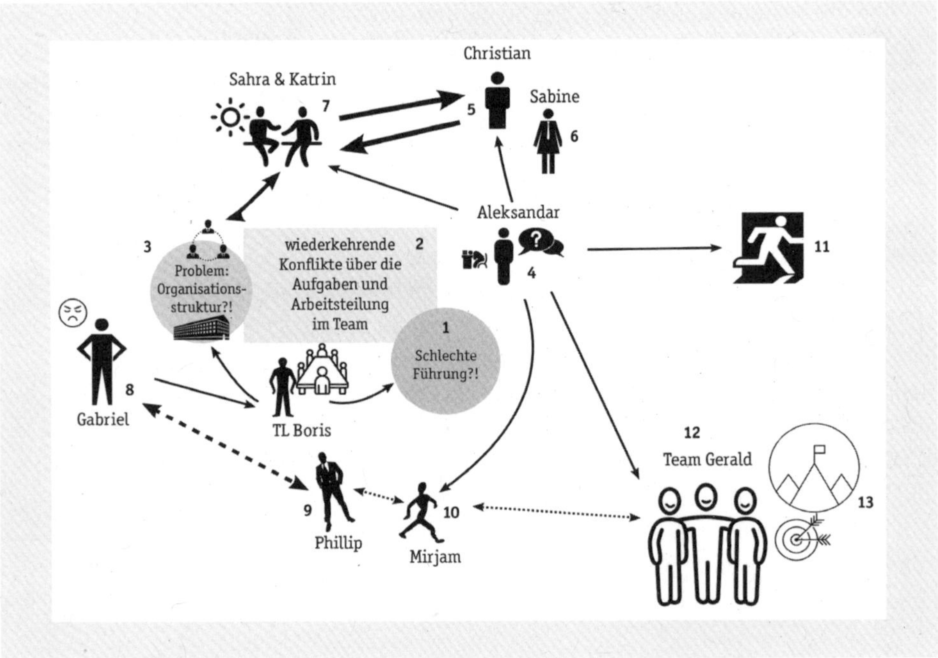

Sie können die Gruppe auch einladen, weitere Unterscheidungsmerkmale mit fixen Symbolen zu veranschaulichen (z.B. Männer und Frauen etc.). Laden Sie die Gruppe außerdem ein, die eingezeichneten

Symbole mit Ziffern zu versehen: „1“ für das Symbol, das als erstes gesetzt wurde, „2“ für das zweite etc. Zudem sollen die Symbole eine Beschriftung erhalten, wen oder was sie abbilden. Nähe und Distanz wird dabei über Entfernungen dargestellt – auch die Größe der Elemente kann Bedeutung haben. Als Abschluss ist es Aufgabe der Gruppe, die einzelnen Symbole mit dem Hauptthema und/oder untereinander mit Strichen oder Linien zu verbinden. Auch hier können unterschiedliche Stricharten für unterschiedliche Beziehungen und Verbindungen stehen, z.B. dicke Linien für intensive Arbeitsbeziehungen, geschwungene Linien für Beziehungen, die auch privat bestehen, gestrichelte oder unterbrochene Linien für Beziehungen, die derzeit in irgendeiner Form gestört sind etc. Als Abschluss reflektieren Sie gemeinsam mit der Gruppe sowohl den Prozess der Erstellung als auch das Ergebnis, also die Darstellung des Netzwerkes anhand ihrer Beobachtung, mit gezielten Reflexionsfragen.

Reflexionsfragen

Fragen zu Netzwerk, Verbindungen und Beziehungen

- Wie geht es euch, wenn ihr das fertige Netzwerk betrachtet? Was ist auffällig? Was ist neu oder überraschend?
- Welche Elemente/Personen stehen im Zentrum? Welche stehen am Rand/sind Randphänomene?
- Wie gestalten sich Nähe und Distanz im Netzwerk (zum Thema oder zwischen den Personen)?
- Welche Symbole wurden gewählt und welche Bedeutung haben sie? Könnten auch andere Symbole gewählt werden?
- Welche Verbindungen und Beziehungen werden sichtbar? Welche Linien finden sich hier? Wo sollten Beziehungen geklärt/intensiviert/besprochen werden?
- Wie zufrieden bist du mit der eigenen Position im Netzwerk?
- Wie wichtig ist das Zentrum des Netzwerkes – das Thema/der Streitpunkt – bei zweiter Betrachtung?

Fragen zum Prozess und zur Kommunikation

- Wie habt ihr den Prozess der Visualisierung des Netzwerkes erlebt? Wie gut/schnell oder schwer/langsam konntet ihr euch einigen?
- Wer hat eine Leitungsrolle in der Diskussion eingenommen? Wer hat sich zurückgezogen? Wurde das von allen wahrgenommen?
- Was ist der Vorteil so einer Netzwerkdarstellung?
- Wie schwer oder leicht war es, komplexe Prozesse und Themen auf diese Art und Weise zu Papier zu bringen?

- Wie würde das Netzwerk aussehen, wenn jede Person es individuell gestaltet hätte? Wären die Bilder deckungsgleich? Wo würdest du Unterschiede in der Darstellung vermuten?

Fragen zum Transfer

- Welche Elemente bzw. Positionen würdet ihr verändern wollen? Was würde es dazu genau brauchen? Wer könnte hier Einfluss nehmen?
- Auf einer Skala von 1 bis 10: Wie realitätsnah ist die Darstellung? Wie sehr entspricht sie deiner individuellen Wahrnehmung der aktuellen Situation im Team?
- Was hat eurer Ansicht nach oberste Priorität? Was wäre ein wichtiger erster Schritt, um das Netzwerk zu verändern? Welche Elemente müssten wohin bewegt werden? In welcher Reihenfolge?
- In welchem Zusammenhang stehen die gewählten Symbole mit eurer Arbeit? Wären auch andere Symbole denkbar?

Tools und Technik

Die Durchführung der Übung bietet sich vor allem in digitalen Kollaborations-Tools an, die viel Gestaltungsfreiraum bieten, wie z.B. Mural oder Miro. In der Einzelvariante empfehlen wir, dass Sie die Teilnehmenden zu Hause mit haptischen Materialien, also Stift und Papier, arbeiten lassen. In diesem Fall ist es gut, wenn Sie im Vorfeld ein Padlet vorbereiten, in dem die Gruppe ihre Produkte posten kann. Alternativ können Sie sich auch Fotos der Netwerkanalysen zuschicken lassen (per Chat oder Mail) und im Rahmen der Präsentation über den geteilten Bildschirm die Werke dem Plenum zeigen.

Variationen

- Als Variante kann die Übung auch von den einzelnen Teammitgliedern individuell durchgeführt und dann die Ergebnisse präsentiert werden. Hier ergibt sich eine etwas andere Dynamik, die ebenso fruchtbar sein kann. Das Verhandlungselement fällt in diesem Fall weg, Gespräche über die Struktur finden meist erst im Nachhinein statt. Planen Sie hierfür auf jeden Fall genügend Zeit ein! Wichtig ist auch, dass in diesem Fall die Person, die das Netzwerk erstellt, stets den Mittelpunkt der Aufstellung darstellt.
- Eine weitere Variante der Methode besteht darin, dass Sie das Team einladen, in den Mittelpunkt des Netzwerkes sein „Thema" zu stellen: sein Jahresziel, die anstehende und zu bewältigenden Aufgabe oder auch das Konfliktthema. In diesem Fall zeigen Nähe und Di-

stanz der einzelnen sozialen Atome in der schriftlichen Aufstellung auch, wie nah oder fern, wie involviert oder außen vor die Personen zum Thema oder Problem sind.

Hinweise

- In der beschriebenen Form verlangt das Tool von der Gruppe ein hohes Maß an Selbstorganisation, Kommunikationskompetenz und Entscheidungsfähigkeit. Achten Sie daher besonders darauf, zu welchem Zeitpunkt Sie die Methode im Seminar einsetzen und mit welchem Team Sie es zu tun haben. Wenn im Rahmen des Online-Trainings bereits ein oder zwei Kernthemen aufgetaucht sind, die die Gruppenmitglieder bearbeiten möchten, könnten Sie dies auch zu Beginn als zentralen Bezugspunkt der sozialen Atome im abzubildenden Netzwerk vorschlagen.
- Ein gut ausgebautes Netzwerk, tragfähige Beziehungen und wirkungsvolle Verbindungen sind beruflich (wie auch privat) essenziell. Sie stellen den notwendigen Rückhalt dar, den man individuell und vor allem in der Arbeit mit einem Team benötigt, um Ziele zu erreichen, Erfolge zu erzielen und im Ernstfall jemanden um Hilfe bitten zu können. Die Übung setzt da an und versucht über das Erfassen, Analysieren und Verstehen sys-temischer Verbindungen in verschiedenen Kontexten (Subgruppe, Team, Abteilung, Unternehmen etc.), das bestehe Netzwerk zu stärken, Ansprechpersonen und Verbündete sichtbar zu machen und so auch die individuelle und die Teamresilienz zu stärken. Die Handlungsfähigkeit wird dadurch erhöht.
- Die Netzwerkanalyse spricht in ihrer Darstellung von „sozialen Atomen", die anziehen, wo Personen innerhalb eines Gesamtgefüges verortet sind und wo sie persönlich stehen. Der Begriff wurde dabei von dem Psychiater und Soziologen Jacob Levi Moreno (1889-1974) geprägt. Das theoretische Konzept dahinter besagt, dass die Struktur eines Gesamtnetzwerks in immer kleinere Bestandteile zerlegt werden kann, bis zu einzelnen Person.
- Viele von Ihnen arbeiten in der Teamentwicklung sicher mit Aufstellungselementen. Wenn Sie dies verstärkt in Ihre Arbeit einbinden wollen, empfehlen wir Ihnen, sich zunächst in Form einer Fortbildung oder Schulung näher mit der Methodik bzw. dem Ansatz im Generellen zu beschäftigen, da es einige Kunstfertigkeit braucht, um gewinnbringend und verantwortlich mit dieser Methode zu arbeiten.

Quellen und Ressourcen

Die von uns variierte Originalbeschreibung der Übung heißt „Das soziale Atom". Sie finden Sie im Buch vom Meier, M. (2021): Resilienzentwicklung für Führungskräfte. Wie Sie Ihre Handlungsfähigkeit durch Optimierung Ihrer Widerstandskraft gezielt stärken. managerSeminare.

Voll ins Schwarze – Teamziele priorisieren

25

Die Gruppe verständigt sich auf Basis der individuellen Einschätzungen und Prioritäten der Teammitglieder auf Ihre wichtigsten nur gemeinsam erreichbaren Ziele sowie deren Erfüllungsbedingungen.

Organisation

Hashtags: #zielarbeitkonstruktiv #metaplan #gemeinsamemittefinden #zieleinbalance

Anzahl: bis zu 16 Personen

Zeitbedarf: mind. 45 Minuten

Vorbereitung: gering

Medien: Videokonferenz-Tool plus digitales Kooperationstool oder Whiteboard

Zielsetzung und Effekte

- Klarheit über individuell Ziele der Teammitglieder erhalten
- Gemeinsame Teamziele finden und priorisieren
- Individuelle und Teamziele aufeinander abstimmen und in Ausgleich bringen
- Transparenz über Interessenlagen im Team schaffen
- Gemeinsame Basis für Zielerreichung definieren
- Empathische Kommunikation im Team fördern – koordinierte Zielfindungsprozesse trainieren
- Commitment der Teammitglieder zur Zielerreichung einholen und absichern

Beschreibung

Bereiten Sie zunächst eine PowerPoint oder ein digitales Whiteboard/Kollaborations-Tool mit dem Bild einer großen Zielscheibe vor. Sie können die Grafik auch mit einer Überschrift versehen. Wichtig ist, dass die Grafik über einen Innenkreis, einen Außenkreis und einen Außenbereich verfügt.

Verschicken Sie dann – entweder im Vorfeld oder im Zuge des Online-Workshops – über Chat oder Mail den Einladungslink für das digitale Whiteboard/Kollaborations-Tool (z.B. Miro) an die Teilnehmenden bzw. teilen Sie Ihr Bildschirmfenster, in dem sich die PowerPoint mit der Grafik befindet. Bitten Sie nun in einem ersten Schritt die Teammitglieder, dass alle in Einzelarbeit die aus ihrer Sicht wichtigsten drei bis fünf Arbeitsziele der Teamarbeit auf eine digitale Moderationskarte (ein Post-it) schreiben. Jedes Ziel soll auf eine eigene Karte geschrieben werden. Im Anschluss stellen die Teammitglieder der Reihe nach ihre

Karten vor. Bei jeder Aussage wird überprüft, ob auch andere Personen diesem Aspekt zustimmen. Dementsprechend werden dann die erstellten Kärtchen auf die Zielscheibe „gepinnt": Aussagen, über die Einigkeit besteht, kommen in den Innenkreis. Aussagen, die nur von einigen Personen geteilt werden, in den Außenkreis. Ziele, die niemand teilt, bleiben im Außenbereich der Zielscheibe.

In einer zweiten Runde können Sie das Team einladen, nun noch Verhandlungen über die konkrete Zielpriorisierung zu führen, Kompromisse zu finden bzw. doch noch weitere Karten in die Mitte zu legen. Als dritten und abschließenden Schritt können Sie – mit Blick auf den Transfer – der Gruppe die Aufgabe geben, für die wichtigsten Ziele jeweils drei bis fünf Erfüllungsbedingungen bzw. konkrete erste Schritte zu formulieren, damit die Zielarbeit nach Rückkehr in den Arbeitsalltag nicht im täglichen Berufsstress untergeht. Zudem können Sie die Ziele auch einem Realitätscheck unterziehen, um mögliche Hindernisse und Stolpersteine gleich im Vorfeld zu antizipieren. Eine weitere Möglichkeit besteht darin, für jedes Ziel eine verantwortliche Person zu finden, die sich als Patin oder Pate der Umsetzung annimmt – nicht in dem Sinn, dass diese Person alleine für die Durchführung notwendiger Maßnahmen verantwortlich ist, sondern vielmehr, dass sie die für das Vorantreiben notwendigen Schritte im Auge behält.

Reflexionsfragen

- Wie tragfähig für eine produktive Zusammenarbeit ist unsere gemeinsame Mitte?
- Was wäre mir als Ziel noch sehr wichtig gewesen?
- Wo kann ich gut zustimmen? Wo wehrt sich etwas in mir und warum?
- Wie störend wirken sich unterschiedliche Interessenlagen und Bedürfnisse auf die Erreichung der Ziele in unserem gemeinsamen beruflichen Alltag aus?
- Welche Ziele sind für mich nicht integrierbar und was sind die Gründe?
- Wo bedarf es weiterer Klärungsprozesse?
- Wo brauchen wir Unterstützung von außen? Von wem genau?
- Wie und wann machen wir uns Gedanken über die weitere Zeitplanung? Wer übernimmt hier die Verantwortung?
- Welche Ziele scheinen mir persönlich realistisch? Welche absolut nicht und was sind die Gründe?
- Wie wollen wir die drei wichtigsten Ziele konkret angehen? Welche Schritte sind zur Umsetzung notwendig? Welche Informationen brauchen wir noch dafür?
- Wofür fühle ich mich auch persönlich verantwortlich? Was liegt außerhalb meines/unseres Einflussbereichs?
- Welchen Beitrag kann ich zur Zielerreichung leisten? In welchem Umfang? Bis wann?
- Was erwarte ich von meinen Kolleginnen und Kollegen? Wen sehe ich wo in welcher Verantwortung?
- Was hat uns bisher an der Zielerreichung gehindert?

Tools und Technik

Die Durchführung der Übung bietet sich vor allem in digitalen Kollaborations-Tools an, die viel Gestaltungsfreiraum bieten, wie z.B. Mural oder Miro. In der Einzelvariante empfehlen wir, dass Sie die Teilnehmenden zu Hause, also mit Stift und Papier arbeiten lassen. In diesem Fall ist es gut, wenn Sie im Vorfeld ein Padlet vorbereiten, in dem die Gruppe ihre Produkte posten kann. Alternativ können Sie sich auch Fotos der Netzwerkanalysen zuschicken lassen (per Chat oder Mail) und im Rahmen der Präsentation über den geteilten Bildschirm die Werke dem Plenum zeigen.

Variationen

Als Variante kann die Übung auch mit den individuellen Entwicklungszielen der Teilnehmenden durchgeführt werden. In dieser Variation kann es im Anschluss sinnvoll sein, aus diesen Entwicklungszielen ein gemeinsames Meta-Teamentwicklungsziel zu destillieren, dass die Teilnehmenden (z.B. mithilfe einer SMART-Formulierung) in Worte fassen sollen.

Hinweise

Wenn der Prozess deutlich macht, dass die Vorstellungen über gemeinsame Teamziele sehr stark divergieren, kann es sein, dass dies auch in den äußeren und organisationalen Kontexten begründet ist. Ist dies der Fall, empfehlen wir, hier unbedingt mit einem systemischen Blick zu arbeiten und auch explizit zu hinterfragen, was überhaupt im Einflussbereich des Teams selbst liegt – und auch, was nicht. Nach dem Motto „Love it, leave it or change it."

Quellen und Ressourcen

Die von uns für den Online-Raum adaptierte Originalbeschreibung der Methode stammt von Anke Loose (in Anlehnung an Gellert/Nowak) und findet sich unter dem Titel „Zielfindung und Interessenklärung" im Buch: Lüthi, Oberpriller et al. (2005): Teamentwicklung mit Diversity Management. Methoden-Übungen und Tools. Haupt Verlag.

Download-Ressource

▶ Abb. Zielscheibe

Wort-Mix: Sechs Stücke und drei Wörter

26

Gemeinsam im Team wird versucht, einzelne Wortbruchstücke zu Wörtern zusammenzusetzen. Dabei werden immer schwierigere Herausforderungen gestellt, die ein „Out-of-the-Box-Denken" erfordern.

Organisation

Hashtags: #outofthebox-denken #zusammenarbeit #motivationnichtverlieren #dranbleibenauchwennszähwird #frustrationstoleranz

Anzahl: auch für Großgruppen

Zeitbedarf: 30 Minuten – je nach Zeitvorgabe 5-10 Minuten pro Aufgabenstellung

Vorbereitung: mittel

Medien: E-Mail oder Chatfunktion im Videokonferenz-Tool

Zielsetzung und Effekte

- „Out-of-the-Box-Denken" fördern
- Zusammenarbeit ermöglichen
- Motivationssteuerungs-Fähigkeiten und Frustrationstoleranz erproben
- Gemeinsam dranbleiben und durchbeißen
- Umgang mit Hilfestellungen

Beschreibung

Die Teilnehmenden bekommen pro Runde 6 gleich lange Wortschnipsel, also Teile eines Wortes, die sie zu 3 Wörtern zusammenfügen sollen. Bei jeder Runde wird die Herausforderung schwieriger.

Sollte sich das Team sehr schwertun oder gar nicht weiterkommen, darf es einen Lösungshinweis erbitten. Sie als Trainingsperson können entscheiden, ob Sie den Teilnehmenden bei jeder Runde diesen Joker gewähren oder ob das Team nur insgesamt einen oder zwei Joker einfordern darf. So bringen Sie zusätzliche Dynamik ins Spiel. Wenn Sie dem Team gar keine Lösungshinweise anbieten, dauert es meist länger und es kann mehr in Richtung Frustrationstoleranz reflektiert werden. Sie bestimmen auch, wie viel Zeit Sie der Gruppe für die Lösung der Aufgabe geben. Wenn Sie gar kein Zeitlimit geben, können Sie die Gruppe noch intensiver bei der Lösungsfindung beobachten und die Frustrationstoleranz sowie Motivationsstrategien reflektieren. Bieten Sie Hilfestellungen an, können Sie dies zum Zentrum Ihrer Reflexion machen.

Runde 1

Wortschnipsel: TUN ABL SET AUF EIN ZEN
Lösung: TUN, ABLAUF, EINSETZEN
Lösungshinweis: *„Niemand hat gesagt, dass die Wörter gleich lang sein müssen."*

Runde 2

Wortschnipsel: ENT END IRE RET ION ATT
Lösung: ATTENTION, END, RETIRE
Lösungshinweis: *„Niemand hat gesagt, dass es Wörter in deutscher Sprache sind."*

Runde 3

Wortschnipsel: GNU ETO NAW RED OBU SAA
Lösung: WANDERUNG, UBOOTE, AAS
Lösungshinweis: *„Niemand hat gesagt, dass man die Wörter nicht rückwärts lesen darf."*

Runde 4

Für diese Runde bitten Sie die Teilnehmenden, sich die Wortschnipsel auf einzelne Zettel aufzuschreiben. So kommen sie leichter auf die Lösung.
Wortschnipsel: NNI NIH WEG NAT BEG NOI
Lösung: BEGINN, HINWEG, NATION
Lösungshinweis: *„Niemand hat gesagt, dass die Wortschnipsel nicht Kopf stehen dürfen."* Oder: *„Beweglichkeit hilft."*

Reflexionsfragen

Fragen zum Out-of-the-Box-Denken

- Was hat es gebraucht, das Out-of-the-Box-Denken anzukurbeln?
- Was hat es behindert?
- Wie sehr setzt ihr das in eurem beruflichen Alltag ein/um?
- Wie könnte man das mehr in den beruflichen Alltag integrieren?

Fragen zu Motivation und Frustrationstoleranz

- Wie sehr habt ihr euch durchgehend an der Lösung beteiligt?
- Wann habt ihr euch gedanklich ausgeklinkt und warum?
- Wie war das „Ausklinken" mancher für die restliche Gruppe?
- Wie hat sich das auf die Zusammenarbeit ausgewirkt?

- Welche Motivationsstrategien konnten beobachtet werden?
- Was hätte es gebraucht, um die Motivation durchgehend hochzuhalten und dranzubleiben?
- Wie seid ihr mit Frustration umgegangen?
- Welche Strategien von anderen, mit Frustration umzugehen, habt ihr bewundert oder als sehr positiv erlebt?
- Wie könnte man das im beruflichen Alltag mehr leben? Was braucht es dazu?

Fragen zu Hilfe annehmen

- Mit den Jokern und Lösungshinweisen wurden euch Hilfestellungen angeboten. Wie war es für euch, diese anzunehmen?
- Warum habt ihr sie angenommen?
- Warum habt ihr sie nicht angenommen?
- Wie geht es euch im Alltag/Beruf damit, Hilfestellungen anzunehmen?
- Wie fühlt ihr euch da und warum?
- Was ist das Positive daran, Hilfestellungen anzunehmen?
- Was würde es brauchen, um früher und schneller Hilfe annehmen zu können?

Tools und Technik

- Für dieses Spiel benötigt es sehr wenig. Je nach Gruppengröße empfehlen sich Breakout Rooms, damit nicht mehr als maximal 12 Personen an einer Aufgabe arbeiten. Je kleiner die Gruppen, desto aktiver sind die einzelnen Mitglieder.
- Die Angaben mit den einzelnen Wortschnipseln können Sie entweder auf einzelne PowerPoints geben, in den Chat posten oder per Mail verschicken.
- Besonders schön erscheint uns, bei dieser Übung Kollaborations-Tools wie Mural zu nutzen, um die Teilnehmenden gemeinsam auf einem Worksheet arbeiten zu lassen. Hierzu erstellen Sie ein weißes Sheet und nutzen die Stickynotes für die Wortschnipsel. Diese können die Teilnehmenden dann umreihen oder verschieben. Erstellen Sie hierfür auf Mural einen Visitorlink und posten Sie diesen in den Chat. So können die Teilnehmenden dem Link folgen und partizipieren.
- Für eine gekonntere Visualisierung können Sie Ihr Sheet in vier Sektoren unterteilen. Ein Bereich für jede Spielvariation. In diesen Bereichen haben Sie die Stickynotes für die Wortschnipsel der vier Spielrunden schon vorbereitet. Damit die Teilnehmenden immer nur die Bereiche sehen, an denen sie aktuell arbeiten sollen, können Sie über die anderen Sektoren noch unterschiedliche Farbfelder legen.

Variationen

- Je nachdem, in welche Richtung Sie die Übung reflektieren wollen, können Sie das Spiel variieren.
- Dabei können Sie vor allem die Parameter Zeitdruck und angebotene Hilfestellung heranziehen, um dem Spiel eine unterschiedliche Dynamik zu geben.
- Zusätzlich können Sie Ihre eigenen Wortschnipsel passend zu Ihrem Trainingsthema erstellen.

Hinweise

Unser Tipp: Wenn Sie Ihre eigenen Wörter und Wortschnipsel verwenden wollen, gibt es eine tolle Hilfestellung: Geben Sie einfach in Ihrer Suchmaschine „Wörter mit 3 Buchstaben", „Wörter mit 6 Buchstaben" oder „Wörter mit 9 Buchstaben" ein! So bekommen Sie eine große Auswahl an Wörtern, aus denen Sie die für Ihr Training passenden auswählen können.

Quellen und Ressourcen

Diese Übung finden Sie mit drei Varianten auch in Häfele & Maier-Häfele (2021): 101 Online-Seminarmethoden. managerSeminare, 3. Auflage. Wir haben die Übung noch um eine Variante, die Joker-Möglichkeiten, sowie um mögliche Reflexionsfragen erweitert.

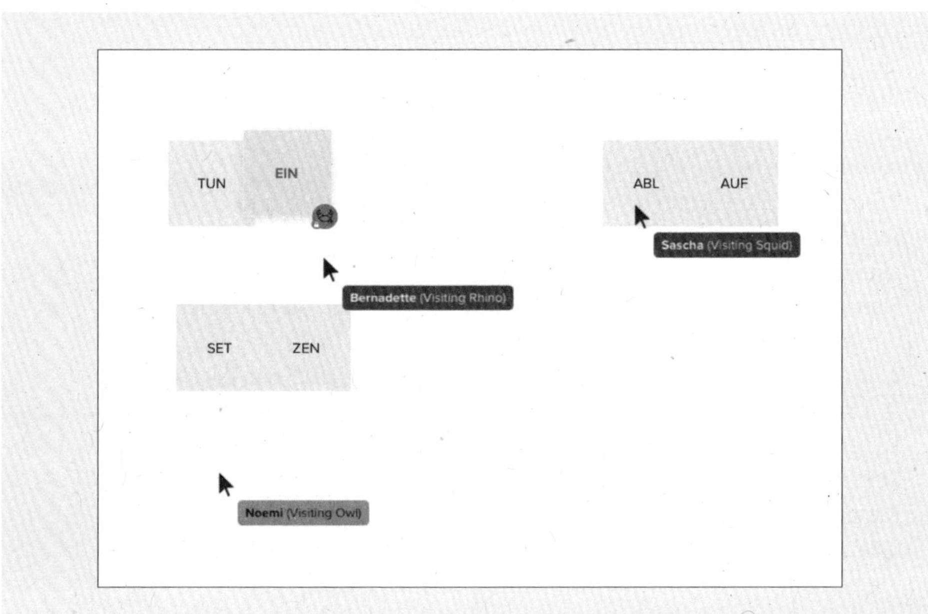

PowerPoint Run

27

Die Teilnehmenden erhalten den Auftrag, eine bzw. mehrere Teammitglieder blind, mithilfe der Maus, durch einen im Whiteboard angelegten Hindernis-Parcours zu führen.

Zielsetzung und Effekte

- Kooperation und produktive Zusammenarbeit fördern
- Kommunikationswege und -stile sicht- und bearbeitbar machen
- Planungsprozesse beobachten, analysieren und gemeinsam reflektieren
- Umgang mit Regeln/Vorgaben, Durchhalte- und Konzentrationsvermögen deutlich machen
- Beiträge einzelner Gruppenmitglieder zum Thema erstellen
- Erwartungen, Gruppen- und Erfolgsdruck bearbeiten
- Sicherheit und Vertrauen in der Gruppe zum Thema machen
- Rollen und Rangdynamik sicht- und erlebbar machen
- Produktiver Umgang mit eingeschränkten Ressourcen – Out-of-the-Box-Denken fördern
- Kommunikation sicht- und bearbeitbar machen
- Entscheidungsprozesse der Gruppe beobachten und reflektieren

Organisation

Hashtags: #führenundgeführtwerden #babylonischesprachverwirrung #vertrauensparcour #kommunikationstraining

Anzahl: bis zu 14 Personen

Zeitbedarf: 30-40 Minuten

Vorbereitung: mittel

Medien: Videokonferenz-Tool mit Whiteboard-Funktion oder digitales Kollaborations-Tool

Beschreibung

Auf einer Folie in PowerPoint, im Whiteboard oder auf Mural/Miro etc. bereiten Sie für die Teilnehmenden einen Parcours vor: Auf einer leeren Seite fügen Sie verschiedene Formen, Linien, Bilder und Symbole ein – einen Startpunkt, ein Zielsymbol und Hindernisse. Die Symbole können dabei auf den bisherigen Gruppenprozess bezogen sein (z.B. Stolpersteine, die noch überwunden werden müssen, Themen, die gerade für die Gruppe als Schwierigkeit im Raum stehen). Die Teilnehmenden müssen nun, unter Nutzung der Kommentarfunktion (bzw. mithilfe der Zeichnen-Funktion in anderen Tools) mithilfe der Bewegung der eigenen Maus einen Weg durch den Parcours ohne „Berührung" der Hindernisse zurücklegen. Aufgabe der Gruppe ist es, eine oder mehrere

Personen zeitgleich oder hintereinander – oder auch aus zwei unterschiedlichen Richtungen kommend – sicher durchzuleiten. Die jeweiligen Personen, die die Maus steuern, sind dabei blind und dürfen nicht sprechen. In einem zweiten Durchgang wird der Schwierigkeitsgrad erhöht, indem nur Laute, Klänge, aber keine Wörter verwendet werden dürfen. Bei „Kollision" mit einem Hindernis muss die Gruppe wieder an den Start zurück. Falls dies der Fall ist, kann – je nach Bedarf und Ziel der Übung – eine erneute Planungszeit gegeben werden.

Mit dieser unaufwendigen Teamübung können vor allem drei zentrale Phasen in Kooperationsprozessen erlebbar gemacht werden: Strategieentwicklung/Planung, die fokussierte Umsetzung sowie etwaige Korrekturschleifen und Optimierung in der Durchführung. Durch den gemeinsamen Planungs-, Auswahl-, Entscheidungs- und Durchführungsprozess wird das Kommunikationsverhalten der Gruppe sichtbar, Rollen und die Rangdynamik erkennbar und auch der Umgang mit Druck sowie mit Hindernissen bzw. Stolpersteinen. Die Übung selbst erfordert hohe Konzentration, Abstimmung und gezielte Koordination der einzelnen Beiträge. Durch die Situation der blinden Person können auch die Themen Führung und Geführtwerden in der Reflexion aufgegriffen werden. Unabhängig davon, ob vonseiten der Seminarleitung die „Schiedsrichterrolle" eingenommen wird oder ob die Gruppe selbst die Einhaltung der Regeln übernimmt, kann auch der Umgang mit Regelverstößen, Schummeln und unterschiedliche Wertvorstellungen dazu zum Thema gemacht werden. Zudem zeigt sich, wie gut es dem Team gelingt, ohne Vorwurf und Bewertung mit Rückschlägen umzugehen und wie das Durchhaltevermögen und die Frustrationstoleranz der Gruppe ausgestaltet ist (z.B. wie viele Anläufe die Gruppe ohne Motivationsverlust in Kauf nimmt).

Die Auswertung ermöglicht anschließend die Klärung folgender Fragen: Überprüfen wir unsere individuellen Vorannahmen oder gehen wir nur von der eigenen Sichtweise aus? Ist uns das bewusst? Denken und handeln wir als einzelne Person/als Gruppe vorausschauend? Was übersehen wir immer wieder?

Die Teamübung kann metaphorisch für ein bevorstehendes Projekt stehen – angepasst an die reale Teamsituation können die Gruppenmitglieder in Kleingruppen zusammen- oder auch gegeneinander arbeiten. Die gewonnenen Erkenntnisse lassen sich auf die gemeinsame Berufspraxis bzw. künftige Vorhaben übertragen. Dabei bieten die

Übung und die (Gefühls-)Reaktion einzelner und das Gruppenklima ausreichend Stoff für die Reflexion und den Transfer des Erlebten in die Alltagspraxis.

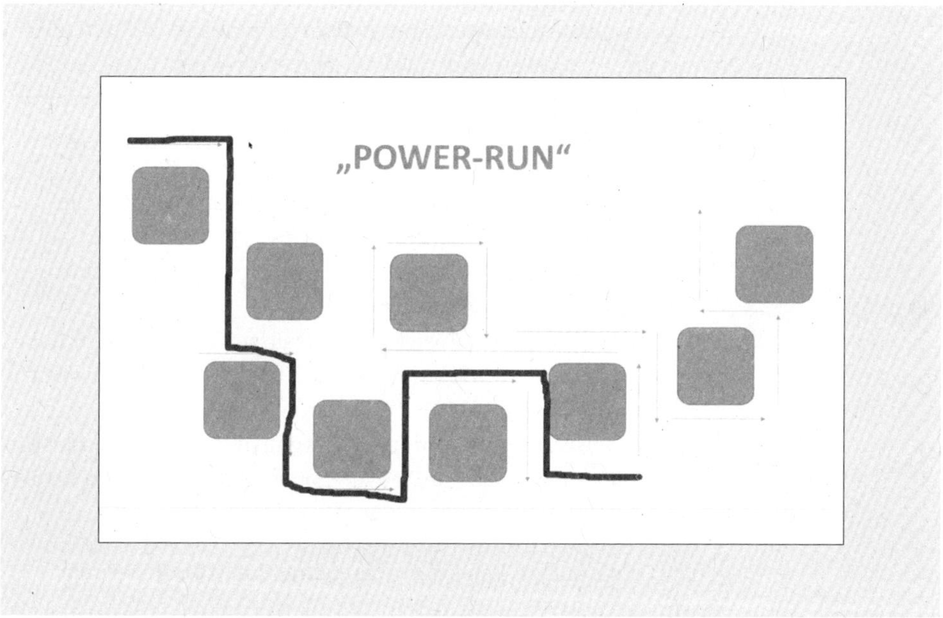

Fragen zu Führen und Geführtwerden

Reflexionsfragen

- Wie hast du die Führung während der Übung erlebt? Was ist dir dabei aufgefallen?
- Was bedeutet gute Führung für dich? Welche Aspekte sind dabei zentral für dich? Welche Bedürfnisse sind dabei aufgetaucht?
- Hast du dein Erleben und deine Bedürfnisse während der Übung an deine Führungsperson kommuniziert? Wie hat diese darauf reagiert? Welche Schlüsse kannst du daraus ziehen?
- Welche Erwartungshaltung hast du an dein Gegenüber vor und im Verlauf der Übung gehabt?
- Wie sicher hast du dich während der Übung gefühlt? Was bedeutet Sicherheit für dich? Wann fühlst du dich sicher? Welche Bedingungen müssen dabei erfüllt sein?
- Wie bist du mit der Einschränkung, blind zu sein, umgegangen? Welche inneren und äußeren Reaktionen hast du bei dir selbst wahrgenommen? Wie leicht oder schwer fällt es dir, Verantwortung abzugeben? Was erlebst du dabei?

Fragen zu Kommunikation und Strategie

- Wie hast du die Planungs- und Besprechungsphase erlebt? Was ist dir dabei aufgefallen? Was hast du dir gedacht? Was hast du gesagt und was hast du bewusst nicht angesprochen? Warum?
- Welche möglichen Schwierigkeiten habt ihr schon in der ersten Planungsphase berücksichtigt? Welche sind erst während der Übung offensichtlich geworden? Wie seid ihr dann damit umgegangen? Wo kennt ihr überraschend und plötzlich auftauchende Komplikationen aus eurem Berufsalltag? Wie geht ihr dort damit um?
- Welche Strategien und Pläne waren hilfreich? Was war nicht hilfreich?
- Mit welchen Begriffen würdest du die Kommunikation in der Gruppe beschreiben? Was ist dabei auffällig?
- Wie kommuniziert ihr im Team im Berufsalltag? Was macht ihr dabei gut, was könntet ihr noch besser machen? Welche Aspekte stehen bei eurer Arbeitskommunikation im Vordergrund?
- Welche Bedeutung kommt informeller Kommunikation in eurem Unternehmen/eurem Team zu? Welche Kommunikationskanäle werden überwiegend genutzt?

Fragen zu Fehlerkultur, Regeleinhaltung und Qualitätssicherung

- Wie seid ihr mit Fehlern und Fehlversuchen im Prozess umgegangen?
- Was hat dies mit euch individuell und mit der Gruppe gemacht?
- Wie haben sich die Fehlversuche auf eure Motivation ausgewirkt? Wie gut konntet ihr euch und die Gruppe hier selbst steuern?
- Welche Qualitätskontroll- und Evaluationsschleifen habt ihr eingebaut?
- Mit welchem Mitteln habt ihr versucht, Fehler zu vermeiden?
- Wie gut habt ihr euch an die vorgegebenen Regeln gehalten? Gab es hier aus eurer Sicht Interpretationsspielraum? Wie korrekt oder auch streng seid ihr hier in der Vorgehensweise? Warum ist es euch wichtig, euch an die Regeln zu halten?
- Wurden alternative Vorgehensweisen diskutiert?
- Welche Fehlerkultur lebt ihr in eurem beruflichen Team? Welche herrscht in eurem Unternehmen vor?

Tools und Technik

- Wenn die Übung so ausgelegt ist, dass es zu einem schnelleren bzw. gesicherten Erfolg kommen soll, besteht die Möglichkeit, zusätzliche Hinweise darauf zu geben, was die Teilnehmenden beachten sollten (z.B. Geschwindigkeit der Maus, Verzögerung der Aufzeichnung in PowerPoint, Audio-Schwierigkeiten, wenn mehrere Personen gleichzeitig sprechen etc.).
- Der Gruppe kann die Möglichkeit einer oder mehrere Trockentrainings/Probeläufe gegeben werden, um sich mit den (technischen) Einschränkungen vertraut zu machen.
- Abhängig von der Internetgeschwindigkeit und anderen technischen Aspekten der eingesetzten Geräte und Software kann es bei Durchführung in PowerPoint zu einer starken Verzögerung der Mauszeiger kommen. Dies kann als „Einschränkung" in die Übung genommen werden. Alternativ können andere Tools wie die Whiteboard-Funktion, Mural, Miro oder ein Snipping-Tool in Kombination mit Bildschirmfreigabe verwendet werden.

Variationen

- Zusätzliche Einschränkungen sind denkbar, zum Beispiel: Die Gruppe darf im Rahmen der Anleitung keine sinnvollen Worte oder Zahlenbegriffe verwenden und sich nur mit Lauten, Gesten oder anderen Geräuschen verständigen.
- Als weitere Erschwernis kann den ausführenden Personen verboten werden, während der Durchführung Rückfragen an die Gruppe zu stellen.
- Die Übung kann auch parallel im Plenum in Kleingruppen (in Kooperation oder in Konkurrenz) durchgeführt werden. Achtung: Hier muss auf das mögliche Gesprächs-Chaos und die Überschneidungen geachtet und, wenn auffällig, sollte dies in der Reflexion aufgegriffen werden. Die Teams können auch aufgefordert werden, sich gegenseitig die zu absolvierenden Parcours zu erstellen – auch dies soll dann Teil des anschließenden Reflexionsprozesses sein.

Hinweise

Unsere Erfahrung mit dieser Übung ist, dass die Wogen hier durchaus hoch gehen können. Vor allem die häufig auftretende Zeitverzögerung der Maus in Zoom oder MS Teams frustriert die Teilnehmenden rasch und legt die Argumentation nahe: „Das Programm ist schuld!" Ist dies der Fall, empfehlen wir, diesen Aspekt unbedingt in einer Zwischenreflexion aufzugreifen. Zunächst sollen die Teilnehmenden sich äußern – möglichst alle sollten kurz zu Wort kommen. Dann können auch Sie als externe Beobachterin Ihre Eindrücke schildern und dabei auch diesen konkreten Aspekt als Frage einbauen: „Wo kennt ihr das in eurem Alltag, dass ihr die ‚Schuld' bzw. Schwierigkeit in den äußeren Rahmenbedingungen, in den Vorgaben oder den beschränkten Ressourcen sucht? Welche Dynamik erzeugt diese Argumentation? Wie wirkt es sich auf die Motivation aus? Wie wollt ihr hier und jetzt damit umgehen?"

Download-Ressource

▶ Vorlage für einen Parcours

Kulturrallye digital

28

Diese Methode versetzt die Teilnehmenden in die herausfordernde Situation, innerhalb kürzester Zeit in unterschiedlichen Kontexten mit ähnlichen, jedoch nicht komplett gleichen Regeln konfrontiert zu sein.

Organisation

Hashtags: #firmenkultur #informelleregeln #gewinnenundverlieren #wettkampf

Anzahl: ab 15 Personen

Zeitbedarf: 30-45 Minuten

Vorbereitung: hoch

Medien: Videokonferenz-Tool plus Kollaborations-Tool, empfehlenswert: wonder.me

Zielsetzung und Effekte

- „Kulturschock" spür- und damit reflektierbar machen
- Eigene Reaktion, auch veränderte Regeln erlebbar machen
- Flexibilität im Umgang mit Unerwartetem aufbauen und stärken
- Veränderungs- und Change-Prozesse als Herausforderung erkennen und Strategien zum Umgang damit entwickeln
- Über formale und informelle Regeln im Team und im Unternehmen sprechen
- Interkulturalität als Kompetenz und Stärke erkennen
- Ausgrenzung und Dazugehören als Gruppenthemen besprechbar machen
- Auswirkungen von Einzelkämpfertum und einer „Jeden gegen jeden"-Dynamik spürbar machen

Beschreibung

Bei dieser Übung geht es darum, dass einzelne Spielerinnen im Rahmen eines Würfelspiels so viele Chips wie möglich gewinnen. Es wird an drei oder vier digitalen Tischen mit je zwei Würfeln gespielt: einem Aktionswürfel und einem Zahlenwürfel. Am Aktionswürfel finden sich sechs Symbole, die jeweils eine bestimmte Aktion fordern. Diese Aktionen sind auf dem Regelblatt (Download-Bereich) beschrieben. Reihum würfeln die Teilnehmenden mit beiden Würfeln gleichzeitig. Alle bis auf die Person, die gewürfelt hat, müssen nun die zum abgebildeten Symbol richtige Aktion so schnell wie möglich ausführen. Die langsamste Person verliert die Runde und muss bezahlen. Die Anzahl der zu bezahlenden Chips ist auf dem Zahlenwürfel abgebildet. Die Bezahlung geht an die Person, die die Übung am schnellsten ausgeführt hat. Nach einer Übungsphase von 3-5 Minuten werden die ausgeteilten Regelblätter entfernt, die Teilnehmenden dürfen ab diesem Zeitpunkt nicht mehr miteinander sprechen. Wichtig ist für die Anmoderation und das Setup im digitalen Raum, dass es an jedem Tisch eine Moderatorin geben muss, die würfelt, im Zweifelsfall entscheidet, wer am langsamsten war und auf die Regeleinhaltung achtet. Diese Person ist es auch, die „am Tisch" (also im Breakout-Raum, bzw. wenn Sie wonder.me nutzen, im gemeinsamen Bereich von Tisch 1, 2 und 3) die Kamera so auf die Würfel gerichtet hält, dass alle das Ergebnis klar erkennen können.

Der Clou des Spiels ist, dass die Spielerinnen nicht wissen, dass auf den anderen Spieltischen zwar die gleichen Symbole verwendet werden, diese jedoch andere Bewegungen einfordern (siehe anpassbarer Spielplan im Download-Bereich). Achtung: Sie müssen hier die Spielanleitungen anpassen – d.h., die Beschreibung und der Text sind auf jedem Tisch gleich, Sie müssen jedoch die Bewegungen jeweils anderen Symbolen zuordnen – es gibt also pro Tisch eine (andere) Anleitung, die auf den ersten Blick aber identisch aussieht.

Nach einer Spielzeit von fünf Minuten holen Sie die Gruppe ins Plenum zurück (wenn Sie mit Breakout-Räumen arbeiten) bzw. geben Sie in wonder.me über die Funktion der globalen Durchsage an alle ein „Stopp" durch und fordern Sie die Gewinner – jeweils die Person mit den meisten Chips – der einzelnen Tische dazu auf, an den benachbarten Tisch zu wechseln. Im Videokonferenz-Tool fragen Sie nach, wer gewonnen hat und verschieben diese Person (reihum) in den nächsten Breakout Room. In wonder.me können die Teilnehmenden reihum selbstständig zum nächsten Tisch wechseln. Ideal ist es, wenn Sie die verschiedenen Bereiche daher mit klaren Tischnummern versehen.

Die aktuelle Anzahl an Chips notieren sich die Teilnehmenden nach jeder Spielrunde am besten im Chat – dies kann auch von der Moderation am Tisch handschriftlich oder auf einer Tabelle gemacht werden. In jeder Runde werden dabei bei einer Person z.B. fünf Chips abgezogen, die bei der anderen Person dazukommen.

Das kann folgendermaßen ausschauen:

In Runde 1 starten alle Teilnehmenden mit der gleichen Anzahl an Chips.

- Anna: 25 Chips
- Teresa: 25 Chips
- Simon: 25 Chips
- Bernhard: 25 Chips

Der Tischmoderator Sebastian würfelt. Teresa führt die Aktion auf dem Würfel am schnellsten aus (sie gewinnt die Chips), Anna ist Zweitschnellste, Simon ist der Langsamste (er muss die Chips an die Gewinnerin bezahlen). Der Zahlenwürfel zeigt die Zahl 3 an, daher wandern drei Chips vom Verlierer dieser Runde zur Gewinnerin. Die Teilnehmenden notieren im Chat:

- Anna: 25 Chips
- Teresa: 28 Chips
- Simon: 22 Chips
- Bernhard: 25 Chips

Wie in der Realität, sind auch bei dieser Übung die Regelunterschiede auf den ersten Blick nicht erkennbar, da das Setting scheinbar gleich ist. Dies führt nach dem ersten Wechsel auf den benachbarten Tisch oft zu großer Verwirrung und Unsicherheit, zum Versuch einer Kontaktaufnahme durch nonverbale Kommunikation bis zum inneren Rückzug durch Frustration oder sogar zu einer Anfrage bei Ihnen als Seminarleitung, dass hier sicher ein Fehler vorliege. Andere reagieren nach einer ersten Irritation damit, die anderen Teilnehmenden genau zu beobachten, um die neuen Regeln so schnell wie möglich (durch Beobachtung, Nachfragen etc.) zu erlernen. Lassen Sie hier den Dingen möglichst ihren Lauf und halten Sie sich selbst mit Interventionen zurück. Das Erlebte bietet in jedem Fall viel Gesprächsstoff für die Reflexion.

Reflexionsfragen

Fragen zu formalen und informellen Regeln

- Wie seid ihr mit den Regelunterschieden umgegangen?
- Wie geht es dir damit, wenn alle die Regeln kennen, nur du nicht? Wie reagierst du?

- Wie reagierst du auf Veränderungsprozesse? Wie gehst du damit um? Wie ist das bei euch im Team? Wie erlebst du das in deinem Unternehmen?
- Wann, wo und wie erlebst du bei euch im Team, dass unterschiedliche Regeln für unterschiedliche Situationen oder auch Personen gelten?
- Welche informellen Regeln prägen die Zusammenarbeit in deinem Team und/oder Unternehmen? Stehen diese im Kontrast/Widerspruch zu den formalen Regeln?

Fragen zu Unterstützung und Hilfsbereitschaft

- Welchen Effekt hatte der Wettkampfcharakter der Übung auf die gegenseitige Unterstützung und Hilfsbereitschaft?
- Wie leistungs- und gewinnorientiert hast du in der Übung agiert? Welche anderen Werte hast du gelebt bzw. ausgeblendet?
- Wie haben sich Leistungscharakter und die Aussicht auf einen Gewinn auf den Umgang untereinander ausgewirkt?

Fragen zu Kultur und Verhalten

- Was waren deine größten Herausforderungen?
- Was waren deine größten Erfolge?
- Welche Verhaltensweisen konntest du an dir selbst in der Übung beobachten? Welche an anderen?
- Was macht Kultur deiner Meinung aus? Was ist dabei wichtig? Was geht gar nicht?
- Welche Eigenschaften weisen deiner Meinung nach interkulturell kompetente Menschen aus? Wie gut ist diese Kompetenz bei dir selbst vertreten?
- Mit welchen Worten würdest du die gelebte Teamkultur deines Teams beschreiben?

Fragen zu Transfer und Alltagsbezug

- Hast du schon einmal ähnliche Erfahrungen im Alltag gemacht? Was hast du dabei erlebt? Wie bist du damit umgegangen?
- Auf welche Situationen lassen sich die gemachten Erfahrungen dieser Übung übertragen?
- Wo und wie erlebst du dich als Einzelkämpferin im beruflichen Alltag? Woran liegt das? Wie erlebst du es bei anderen?
- Wo kennst du den Effekt „Einer gegen alle“ aus deiner beruflichen Lebenswelt? Wie sieht das dort genau aus? Wie würdest du das bewerten?

- Wie hilfsbereit und unterstützend erlebst du die Zusammenarbeit in deinem Team im beruflichen Alltag? Gibt es hier Verbesserungspotenzial? Was würdest du dir in diesem Zusammenhang wünschen?

Tools und Technik

- Als besonders schönes Tool hat sich für uns die Plattform wonder.me hervorgetan. Diese browserbasierte Anwendung ermöglicht es den Nutzerinnen, sich gemeinsam in einen digitalen Raum zu begeben, in dem sie als Avatare sichtbar sind. Sie sehen sich dort selbst und die anderen als kleine Symbole über den Bildschirm wandern. Immer dann, wenn mehrere Avatare sich annähern, öffnet die Applikation die jeweiligen Videokanäle der Personen untereinander. So kann man sich auf ganz natürlich Weise in Kleingruppen zusammenfinden, die von außen zwar sichtbar sind, wo Außenstehende jedoch weder sehen oder hören, was dort besprochen wird.
- Wichtig ist, dass Sie sich für die Durchführung dieser Übung zunächst intensiv mit der Funktionsweise des digitalen Tools wonder.me beschäftigen. Zudem haben wir die Erfahrung gemacht, dass die Arbeit mit dieser ausgesprochen tollen Anwendung am besten funktioniert, wenn Sie nicht nur die eine Übung, sondern einen längeren Block dorthin verlagern, da sonst das hin- und herswitchen viel Zeit benötigt und als umständlich und mühsam empfunden werden kann.
- Dieser Methodenklassiker lässt sich online – wenn auch mit einigem Aufwand – gut umsetzen. Sie können die Spieltische in Form von Breakout-Rooms mit fast jedem Online-Meeting-Tool simulieren. Wenn den Teilnehmenden kein Chat zur Verfügung steht, kann der aktuelle Spielstand von einer Person auf einem Zettel notiert oder von jeder Person selbst handschriftlich notiert werden.

Variationen

Variationsmöglichkeiten ergeben sich vor allem in Bezug auf Materialien und Hilfsmittel. Neben den Zeichen und Bewegungen können Sie sowohl die Höhe der Gewinne als auch die Spieldauer variieren.

Hinweise

- Da die Emotionen während dieser Übung oft sehr hochgehen, ist es sinnvoll, den Teilnehmenden im Rahmen der Reflexion zunächst genügend Raum zu geben, sie abkühlen zu lassen und ihren ersten Eindrücken Luft zu machen.
- Erschwerend kommt bei dieser Methode im Online-Raum hinzu, dass die nonverbal oder durch Beobachtung stattfindende Interaktion

zwischen den Tischen (z.B. zu sehen, dass die Gewinnerin am Nebentisch genauso orientierungslos ist) fehlt. Beobachten Sie hier gut, wie Einzelne reagieren, indem Sie von Beginn an auch in die Breakout-Räume schauen, um mitzubekommen, welche Dynamik sich entwickelt.

- Nutzen Sie für die Reflexion auch die Beobachtungen der jeweiligen Spielleiterinnen an den einzelnen Tischen!

Quellen und Ressourcen

- Vorlagengeber für diese Übung ist das Profi-Tool „CultuRalley" von Metalog. Dort wurde es als Methode für den Präsenzeinsatz von interkulturellen Trainings entwickelt. Wir haben das Spielprinzip aufgegriffen und für den Einsatz im digitalen Raum angepasst. Wir empfehlen das Tool von Metalog, die Würfel sind groß genug, dass alle das Würfelergebnis via Kameraansicht gut sehen können. Nähere Informationen zur Materialbestellung finden Sie unter: https://www.metalog.de/produkte/alle-produkte/11/culturallye (Stand: Juli 2022).

Download-Ressource

- Anpassbares Regelblatt

Kreative Baumeisterinnen

29

Die Gruppe gestaltet oder konstruiert in einem gemeinsamen Kreativprozess und mit eingeschränkten Ressourcen auf dem Whiteboard ein gemeinsames Bild, ein individuelles Bauwerk, ein Teamwahrzeichen, eine Maschine etc.

Organisation

Hashtags: #gruppenidentität #derwegistdasziel #selbstdefinition #normingphase

Anzahl: bis zu 15 Personen

Zeitbedarf: 30 Minuten

Vorbereitung: gering

Medien: Videokonferenz-Tool mit Whiteboard/Bildschirm-teilen-Funktion

Zielsetzung und Effekte

- Gruppengefühl und Teamidentität stärken und fördern – Selbstreflexionsprozesse in Gang bringen
- Rollen und Rangdynamik sicht- und erlebbar machen – Teamhierarchie sichtbar machen
- Produktiver Umgang mit eingeschränkten Ressourcen – Out-of-the-Box-Denken fördern
- Einigungsprozesse und Entscheidungsfindung besprechbar machen
- Motivation wecken – Freude am gemeinsamen, kreativen Schaffen spürbar machen
- Beteiligung aller Gruppenmitglieder stärken
- Kreativität im Team fördern
- Zusammenarbeit unter Zeitdruck beleuchten
- Konflikte über Sichtweisen offenlegen
- Balance zwischen Reden und Tun reflektieren

Beschreibung

Die Gruppe erhält die Aufgabe, auf einer leeren PowerPoint, einem Whiteboard oder auf Mural/Miro gemeinsam etwas zu zeichnen bzw. zu konstruieren. Je nach Branche oder Teamzusammensetzung kann ein architektonisch spannendes Bauwerk, ein neues Wahrzeichen für die Stadt, ein Firmengebäude, eine Gruppenstatue, eine technisch anspruchsvolle Konstruktion oder Ähnliches gefordert sein. Die Teilnehmenden können dafür alles verwenden, was die Kommentarfunktion bzw. das jeweilige Tool zur Verfügung stellt.

Nachdem Sie der Gruppe das Ziel der Übung erläutert und die Verwendung der Kommentierfunktion gezeigt haben, können Sie dem Team entweder eine Beratungs- und Planungszeit geben oder es auch gleich ins Tun schicken. Die Gruppe kann so entweder schon im Vorfeld oder erst im Verlauf der Übung besprechen, wer welche Symbole verwendet, ob alle gemeinsam zeichnen oder nacheinander – und was genau konstruiert werden soll. Abhängig davon, wird sich auch der Prozess anders gestalten. All dies kann von Ihnen als Seminarleitung vorgegeben werden, selbstgesteuert von der Gruppe ausgehandelt und dann auch in der Reflexion aufgegriffen werden.

Für die Konstruktionsphase können Sie zeitlich konkrete Vorgaben machen oder – mit oder ohne explizitem Hinweis – ein offenes Ende erlauben. Damit kommt ein zusätzlicher Aspekt hinzu, der in der Reflexion aufgegriffen werden kann: die Einigkeit der Gruppe darauf, wann es genug bzw. wann das Produkt fertig ist. Aspekte wie Perfektionismus, Kontrollschleifen oder Entscheidungsfindungsprozesse werden damit besprechbar.

Spielerisch-kreativ erleben die Teammitglieder in dieser Übung, dass kreative Prozesse meist anders verlaufen als reine „Denkaufgaben“. Jedoch sind auch hier Entscheidungen zu treffen: Wollen wir etwas Abstraktes oder etwas Konkretes schaffen? Welche Ressourcen wollen wir einsetzen? Produkt vor Prozess oder umgekehrt?

Fragen zu Prozess und Ergebnis

Reflexionsfragen

- Was hast du beobachtet? Was siehst du?
- Was siehst du in diesem Kunstwerk? Was stellt es für dich dar? Was fällt dir auf?
- Welche Assoziationen hast du, wenn du das „Produkt" betrachtest? Fehlt etwas? Wenn ja: was? Wie zufrieden bist du mit dem Ergebnis?
- Welchen Titel könnte das Bauwerk, das Symbol, das Kunstwerk tragen?
- Was würden Außenstehende sagen, wenn sie das Ergebnis betrachten würden?
- Welche Gefühlszustände hast du während des Prozesses bei dir und anderen wahrgenommen?
- Wie gefällt dir das Ergebnis? Was gefällt dir besonders gut?

Fragen zu Gruppendynamik, Kommunikation und Zusammenarbeit

- Welche Prozesse und Dynamiken hast du in der Zusammenarbeit in der Gruppe wahrgenommen?
- Wie hast du euer Team während der Konstruktionsphase erlebt? Welche Begriffe fallen dir hier ein?
- Wie ist die Übung konkret abgelaufen?
- Wie würdest du die Kommunikation im Team charakterisieren?
- Was hätte besser laufen können? Was würdest du beim nächsten Mal anders machen?
- Welche Rollen wurden sichtbar?
- Wie bewertest du für dich die Verteilung zwischen „Reden" und „Tun"?
- Wie seid ihr – mit oder ohne Absprachemöglichkeit – zu Entscheidungen gekommen?
- Hat jede/r sein/ihr Ding gemacht oder hat sich etwas Gemeinsames entwickelt?
- Ist das Ergebnis so, wie ihr es in der Besprechungsphase geplant hattet? Hattet ihr eine gemeinsame Vorstellung vom Endprodukt?

Fragen zur Selbstreflexion, zu Selbst- und Fremdwahrnehmung

- Wie bewertest du deinen eigenen Beitrag? Welche individuellen Stärken wurden sichtbar? Wo hat die Gruppe noch Entwicklungspotenzial?
- Wie wichtig war dir das Produkt während der Übung? Wie wichtig war dir der Prozess?
- Wie stark konntest du deine eigenen Vorstellungen einbringen? Bist du mit deinem Beitrag zufrieden?
- Was möchtest du der Gruppe noch sagen?

- Welche Schwierigkeiten haben sich erst im Verlauf des Konstruktionsprozesses gezeigt?

Fragen zu Kreativität und Innovation

- Wie viel Zeit habt ihr euch für den Kreativitätsprozess gegeben? Auf einer Skala – wie kreativ/innovativ empfindest du dieses Bauwerk?
- Was bedeutet für dich Kreativität/Innovation? Wo in eurem beruflichen Alltag würde mehr Kreativität/Innovation Sinn machen? Wie viel Raum hat Kreativität in eurem beruflichen Alltag? Welche Voraussetzungen müsstet ihr schaffen, um mehr Kreativität leben zu können? Was hättet ihr davon?
- Ist es euch gelungen, etwas Neues bzw. Eigenständiges zu schaffen?
- Welche Funktionen habt ihr genutzt? Hätte es noch weitere technische Tools gegeben, die ihr hättet einsetzen können? (z.B. Löschfunktion)
- Was ist für kreative Prozesse aus deiner Sicht wichtig? Was brauchst du selbst, um deiner Kreativität freien Lauf lassen zu können?

Fragen zu Transfer und Alltagsbezug

- Wie wollt ihr eure Zusammenarbeit im Rahmen der nächsten Übung/in Zukunft gestalten?
- Welche Schlüsse zieht ihr aus der Übung für euren Berufsalltag?
- Was sagt der Ablauf der Übung über euch als Team aus?
- Wo kennt ihr ähnliche Prozesse aus eurem beruflichen Alltag?
- Wie könnte man diese mit den neu gewonnenen Erkenntnissen nutzen, um eure Zusammenarbeit im beruflichen Alltag zu optimieren?

Tools und Technik

- In Zoom, MS Teams, Webex etc.: Sie als Seminarleitung müssen zunächst den Bildschirm für die Teilnehmenden freigeben. Danach können alle über die Kommentarfunktion Eintragungen vornehmen und sehen gleichzeitig über den freigegebenen Bildschirm, was die anderen Teilnehmenden machen. Achtung: Hier ist mit einer gewissen Zeitverzögerung zu rechnen.
- In Mural, Miro etc.: Sie als Seminarleitung müssen den Link zur jeweiligen Website in den Chat an alle stellen. Dort müssen sich die Teilnehmenden mit einem Namen einloggen, um auf die Kommentarfunktion zugreifen zu können.
- Im Vorfeld der Übung müssen die Teilnehmenden zu dem verwendeten Tool – die Kommentierfunktion – gebrieft werden.
- In manchen Fällen können Teilnehmende – aus technischen Gründen – nicht auf die Kommentarfunktion bzw. die entsprechenden

Tools zugreifen. In dem Fall ist die Gruppe angehalten, einen guten Workaround zu schaffen – der Umgang mit der Situation sollte dann unbedingt Teil des Reflexionsprozesses sein.

Variationen

- Es gibt viele Variationsmöglichkeiten: Neben einem kreativ lustvollen Zugang, bei dem der gemeinsame Flow, das Gestalten und die Beschäftigung mit den Gruppengemeinsamkeiten/-qualitäten im Vordergrund stehen, kann die Übung – z.B. mit konkreter Zielvorgabe, eingeschränkten Ressourcen oder Zeitvorgaben – auch als herausfordernde Kooperationsübung aufgebaut werden.
- Abhängig von der Team- oder Gruppenkonstellation kann es spannend sein, wenn nur ein Teil der Gruppe malt, ein anderer Teil zunächst „nur" beobachtet und eventuell im Anschluss ihre Assoziationen und Eindrücke spiegelt. Dies kann auch wechselweise stattfinden.
- Die Methode kann auch als kreative Aktivierung zwischendurch eingesetzt werden. Dann kann sie – nach einer kurzen gemeinsamen Betrachtung des Ergebnisses – auch ohne Reflexion stehen bleiben.
- Eine spannende Variationsmöglichkeit besteht darin, die Übung nicht nur ohne Absprachen, sondern auch völlig stumm durchzuführen. Dadurch wird das Erleben während des Prozesses meist noch viel intensiver, es bauen sich oft Gefühle und Frustrationen auf, die – in einer Reflexion gezielt aufgegriffen – vorhandene, subtil arbeitende Konflikte und Streitpunkte sichtbar machen können.
- Bei Organisationsentwicklungsprozessen kann die Übung auch mit der Frage „Was ist das Wesen eures Teams oder eurer Organisation?" sehr aufschlussreiche Ergebnisse liefern.
- Über die Vorgabe durch die Seminarleitung kann der Schwierigkeitsgrad der Übung gesteuert werden. Beispiele: Jeder Teilnehmende muss sich für nur eine Kommentarfunktion entscheiden; der Zeitrahmen wird sehr knapp angesetzt; jeder Teilnehmende darf nur mit 5 Klicks aktiv sein etc.

Hinweise

Diese Übung eignet sich auch, um die Gruppe in ihrer Norming-Phase zu unterstützen. Nachdem herausgearbeitet wurde, wo im Team „der Hut brennt" und was die „heißen Kartoffeln" sind, steht das Team nun vor den Fragen: „Was wollt ihr stattdessen?", „Wie wollen wir unsere Zusammenarbeit zukünftig gestalten?" Die Gruppe kann im Kreativprozess der Übung ihr neu entwickeltes Selbstverständnis und ihre Werte symbolisch zu Papier bringen, Erarbeitetes visualisieren und vorhandene Ideen und Bedürfnisse in einem gemeinsamen Werk festhalten. Alle Gruppenmitglieder sind dabei aktiv beteiligt. Methodisch gepaart mit einer Visions- oder Gedankenreise, kann die Übung auch am Anfang eines Prozesses der strukturellen bzw. organisatorischen Neuausrichtung des Teams stehen.

Wheel of Fortune

30

Zum vertiefenden Kennenlernen dürfen alle Teilnehmenden an einem digitales Glücksrad drehen. Die Teilnehmenden müssen Fragen beantworten oder eine Aufgabe erledigen.

Organisation

Hashtags: #vertiefendeskennenlernen #berührungsängsteüberwinden #näheaufdistanz

Anzahl: bis zu 16 Personen

Zeitbedarf: abhängig von der Gruppengröße und der Anzahl an Fragen

Vorbereitung: mittel

Medien: Online-Tool: Glücksrad

Zielsetzung und Effektee

- Vertiefendes Kennenlernen der Gruppenmitglieder untereinander
- Schwung in die Gruppe bringen
- Gemeinsam Spaß und Freude erleben – ungewöhnliche Fragen beantworten
- Berührungsängste abbauen und Eis brechen
- Fokus auf die einzelnen Teilnehmenden lenken
- Reflexion im Team anleiten – spielerischer Zugang zu vertiefenden Fragestellungen

Beschreibung

Überlegen Sie sich als Vorbereitung im Vorfeld eine Reihe von Fragen, die Sie den Teilnehmenden zum Kennenlernen stellen möchten. Diese sollen abwechslungsreich, interessant aussagekräftig sein und dem Beziehungsaufbau sowie der informellen Begegnung der Teilnehmenden dienen. Bei einer guten Auswahl können schnell anfängliche Berührungsängste abgebaut und erste gemeinsame Momente von Spaß und Freude ermöglicht werden. Neben der Auswahl der Fragen müssen Sie das digitale Glücksrad selbst vorbereiten. Hierzu finden Sie online eine große Auswahl an Tools, die sich vor allem dahingehend unterscheiden, ob sie kostenfrei oder gegen Bezahlung zur Verfügung stehen. Gratis-Anwendung sind oft in der Anwendungsart gleich wie Bezahlversionen, allerdings müssen Sie hier in der Regel entweder Werbung oder in der Anschauung und Ästhetik billig anmutende Programme in Kauf nehmen. Entscheiden Sie sich hier entsprechend Ihrer Möglichkeiten und auch der Erwartungshaltung der Auftraggebenden. Machen Sie sich im Anschluss mit der Bedienoberfläche des Tools vertraut und tragen Sie die Fragen bzw. Namen in die Felder des Glücksrads ein.

Nachdem Sie den Teilnehmenden den Ablauf der Übung erklärt haben, gibt es zwei Möglichkeiten, abhängig von der Software bzw. der Anwendung, die Sie verwenden möchten. Entweder Sie selbst teilen Ihren Bildschirm und betätigen das Glücksrad. Alternativ können Sie auch ein Tool auswählen, bei dem die Teilnehmenden sich selbst auf der Website oder über einen Code mit dem Smartphone einloggen, um das Rad selbstständig in Gang zu setzen. In diesem Fall müssen Sie den Teilnehmenden entweder den QR-Code oder die Webadresse und den Zugangscode im Chat zuschicken.

Alternativ können Sie auch ein Glücksrad mit den Namen der Teilnehmenden erstellen. Dann können Sie oder die Teilnehmenden selbst das Rad betätigen. Die Person, bei der das Rad zu stehen kommt, muss die nächste Frage beantworten, die Sie entweder aus einer Liste mündlich vorlesen oder auch auf eine PowerPoint, ein Whiteboard oder auf Padlet eintragen können. Auch hier können Sie entweder vorgeben, dass die Teilnehmenden die Fragen in einer bestimmten Reihenfolge beantworten müssen oder dass Sie sich einzelne Fragen selbst auswählen können, um hier noch Entscheidungsmöglichkeiten und Wahlfreiheit zu lassen.

Reflexionsfragen

- Was war deine Lieblingsspeise als Kind?
- Was würden deine zentralen Bezugspersonen/deine Eltern/dein Lebenspartner als deine zentralen Stärken benennen?
- Bist du Frühaufsteherin oder Nachteule?
- Was ist der „Song deines Lebens"?
- Benenne drei Dinge, die wir über dich wissen sollten, wenn wir heute einen angenehmen Tag mit dir verbringen möchten?
- Benenne drei Schwierigkeiten, die du im letzten Jahr erfolgreich überwunden hast. Was hat dir dabei geholfen?
- Wovor hast du Angst?
- Hast du Geschwister? Wenn ja: wie viele und wie alt sind sie?
- Mit welchen drei Begriffen würdest du deine eigene Erziehung charakterisieren?
- Was ist dir im Leben besonders wichtig?
- Was erlebst du in deinem derzeitigen Job als besonders erfüllend? Was als schwierig?
- Wie würdest du die Beziehungen bei euch im Team beschreiben?
- Wenn du in einem Satz ausdrücken müsstest, wie du eure Zusammenarbeit im Team erlebst, wie würde dieser Satz lauten?
- Hast du einen zweiten Vornamen? Wenn ja: wie lautet er?
- Warst du schon einmal in eine Arbeitskollegin oder einen Arbeitskollegen verliebt?
- Was ist dein liebstes Urlaubsziel?
- Was ist deine liebste Jahreszeit und warum?
- Wo sitzt du im Moment und was siehst du, wenn du aus dem Fenster schaust?
- Seit wann bist du in diesem Team tätig? Seit wann bist du Mitarbeiterin in diesem Unternehmen?
- Wie hieß deine beste Freundin, dein bester Freund in der Schulzeit? Was war das Verrückteste, das ihr gemeinsam erlebt habt?
- Hast du schon einmal etwas Verbotenes gemacht, wenn ja: was?
- Welche Tätigkeiten versetzen dich in ein Flow-Erleben?
- Was sind deine drei schwierigsten Charaktereigenschaften?
- Wie zeigt sich Arbeitsstress bei dir am häufigsten?
- Mit welchen Vorannahmen, Erwartungen oder Befürchtungen hast du dich heute zu diesem Seminar eingeloggt?
- Wie würdest du eure Teamkultur beschreiben?
- Wie erlebst du derzeit Nähe und Distanz im Team?

Tools und Technik

- Probieren Sie vor Einsatz des Glücksrads unbedingt selbst ein paar Runden aus. Vor allem die Drehdauer ist dabei ein wichtiger Faktor, da wir einige Online-Angebote gefunden haben, die sich sehr lange drehen, was Geduld und wertvolle Seminarzeit kostet.
- Am besten öffnen Sie schon vor dem Seminar ein Browserfenster mit dem entsprechenden Link und teilen dann für die Durchführung der Methode Ihren Bildschirm mit den Teilnehmenden. Einige Anwendungen bieten den Teilnehmenden auch die Möglichkeit, über das Mobiltelefon teilzunehmen und das Rad selbst zu drehen.
- Es gibt eine Vielzahl an digitalen Glücksrädern, die Sie verwenden können. Bei manchen können Sie selbst die Anzahl der Felder auswählen, bei einigen ist dies schon vorgegeben. Zudem können Sie meist nur eine bestimmte Zeichenanzahl eintippen, wodurch längere Fragen nicht eingetragen werden können. Hier empfehlen wir, dass Sie mit Stichworten arbeiten, z.B.: *„Wie viel Vorerfahrung und Wissen bringst du in Bezug auf das Seminarthema bereits mit?"* (Stichwort: Vorerfahrung), *„Mit wie viel Energie bist du heute da?"* (Stichwort: Energie), *„Was war dein schönstes Kindheitserlebnis?"* (Stichwort: Kindheitserlebnis).

Variationen

- Neben dem Kennenlernen kann die Methode auch als Teamübung und für die Reflexion genutzt werden. Hierzu müssen Sie nur die Fragen entsprechend anpassen und entweder Reflexionsfragen eintragen, die die Teilnehmenden dann reihum beantworten müssen oder Sie stellen konkrete Fragen zur Zusammenarbeit, zu Konflikten und Problemen im Team. In diesem Fall kann die Methode vor allem dazu dienen, den Ist-Zustand am Beginn von Trainingsmaßnahmen zu eruieren, Entwicklungsnotwendigkeiten aufzeigen oder Unzufriedenheiten sichtbar zu machen, z.B.: *„Welche Superkraft würdest du dir für euer Team wünschen?"* (Stichwort: Superkraft), *„Mit welchen drei Begriffen würdest du die Zusammenarbeit in eurem Team beschreiben?"*, (Stichwort: drei Begriffe) *„Mit welchen Herausforderungen ist euer Team derzeit stark beschäftigt?"* (Stichwort: Herausforderung) etc.
- Als weitere Variante können Sie statt Stichworten zu einzelnen Fragen auch Fragekategorien in das Rad eintragen, z.B.: Kindheit, Jugendzeit, Ausbildung, Familiensituation, Arbeitssituation, Freizeit. Die Teilnehmenden müssen dann eine Frage aus der jeweiligen Kategorie beantworten, die entweder Sie als Seminarleitung auswählen oder die die Teilnehmenden aus einem Pool zur jeweiligen Kategorie selbst wählen können.

- Sie können die Methode auch umdrehen: Dabei müssen die Teilnehmenden, immer wenn ihr Name an die Reihe kommt, jemand anderen aus der Runde eine Frage zum Kennenlernen, zum Team, zum Unternehmen, zur letzten Übung stellen.
- Eine weitere Variante ist es, die Methode zum Transfer zu nutzen und mit Fragen zu arbeiten, die speziell diesen Aspekt in den Fokus rücken.
- Zudem können Sie – vor allem zum Kennenlernen und um nach längeren Phasen des Sitzens wieder Bewegung in die Gruppe zu bringen – auch mit kleineren Aufgaben arbeiten, die die vom Rad „ausgewählten" Personen erledigen müssen, z.B.: *„Hole einen Gegenstand, den du mindestens dreimal am Tag in die Hand nimmst."*, *„Hole deinen Schlüsselbund und erkläre, wofür die einzelnen Schlüssel da sind."*, *„Hole einen dekorativen Gegenstand und erzähle, wo du ihn erworben/geschenkt bekommen hast."*, *„Hole eine andere Person/ein Tier vor den Bildschirm, die/das gemeinsam mit dir im gleichen Haushalt wohnt."*

Hinweise

- Wichtig ist für Sie als Seminarleitung, dass Sie spannende und abwechslungsreiche Fragen auswählen, die ein vertiefendes Kennenlernen der Teilnehmenden untereinander ermöglichen. Den Tiefgang der Fragen können Sie selbst steuern – abhängig von Auftrag und Seminargruppe.
- Entscheiden Sie selbst, ob Sie selbst an der Übung teilnehmen wollen oder ob Sie nur Hosting und Moderation übernehmen. Beides hat Vor- und Nachteile.

Quellen und Ressourcen

Sie können in Ihren Internetbrowser unter folgenden Schlagworten nach digitalen Glücksrädern suchen: „Glücksrad online", „Glücksrad digital", „Rad Spinner digital", „online wheel", „Spinnerrad online" etc. Es gibt eine unglaubliche Fülle an Tools, die Sie verwenden können. Die meisten Tools sind auch ohne vorherige Anmeldung nutzbar. Dort, wo auch ästhetischen Ansprüchen Genüge getan werden soll, lohnt es sich, einen Account zu erstellen, um das Tool auch ohne Werbung nutzen zu können. Gute Erfahrungen haben wir mit dem Tool „AhaSlides" gemacht: https://ahaslides.com (Stand: Juli 2022). In der Freeware-Version können Sie hier bis zu sieben Teilnehmende einladen.

ABAB – Knacke den Teamcode

31

Aufgabe der Teilnehmenden ist es, eine bestimmte Anzahl an Buchstaben (A und B) in so wenigen Zügen wie möglich richtig umzusortieren. Genutzt wird dazu eine gemeinsam bearbeitbare Tabelle sowie ein Set an Regeln, welche Züge erlaubt sind und welche nicht.

Organisation

Hashtags: #kollarborativesproblemlösen #teamfusionundmerger #changeprozesse #zugumzug

Anzahl: 4-8 Personen (gerade Anzahl)

Zeitbedarf: 45-60 Minuten

Vorbereitung: mittel

Medien: Videokonferenz-Tool plus Excel/Word, digitales Whiteboard, gemeinsam bearbeitbare Tabelle

Zielsetzung und Effekte

- Leistungsfähigkeit und Performance von Teams gezielt erhöhen
- Kommunikative Prozesse in und zwischen Teams fördern
- Unterschiedliche und vielfältige Denk- und Herangehensweisen an Probleme sichtbar machen
- Heterogenität im Team als Stärke erkennen
- Informationsaustausch und Interaktion als essenzielle Bestandteile kollaborativen Arbeitens erkennen und trainieren
- Zusammenarbeit neu fusionierter Teams und Abteilungen verbessern – unterschiedliche Team- und Kommunikationskulturen werden sichtbar
- Problemlösung als Kompetenz ausbauen, Notwendigkeit der Zusammenarbeit als zentralen Schlüsselmoment in der Lösung von Problemen und Bewältigung von komplexen Aufgabenstellungen erkennen
- Trial and Error vs. Planung und Strategie als unterschiedliche Herangehensweisen sichtbar machen

Beschreibung

Als Vorbereitung wird in Excel (oder einem anderen Programm Ihrer Wahl) eine Tabelle mit zehn Spalten und sieben Zeilen erstellt. Diese werden zwar zur schnellstmöglichen Lösung nicht alle benötigt, die Teilnehmenden brauchen jedoch genügend Raum für Fehlversuche. Die Tabelle soll dabei wie folgt aussehen:

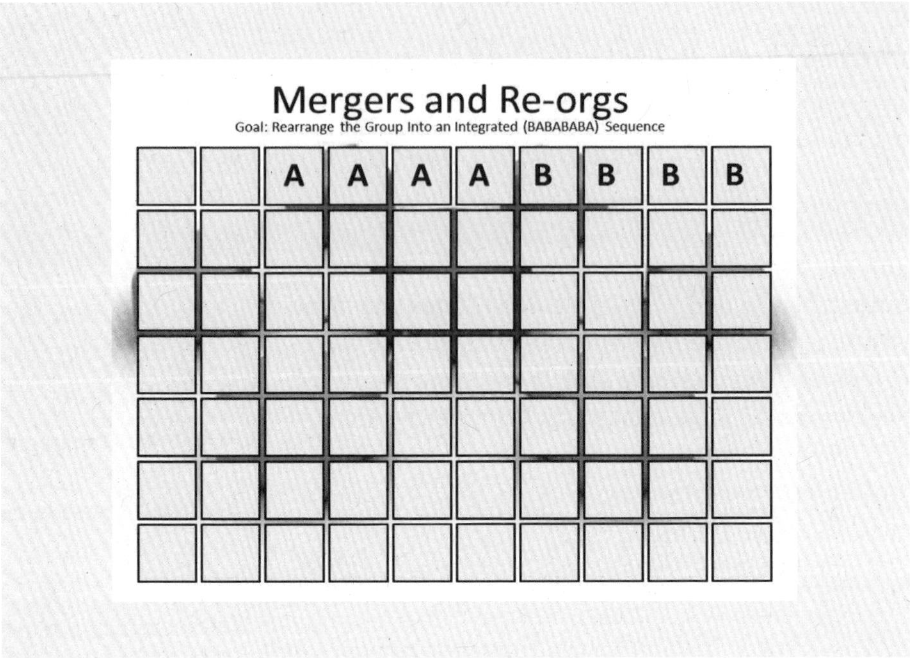

Die ersten beiden Spalten bleiben also frei, dann werden vier „A" und vier „B" eingetragen. Die Tabelle kann den Teilnehmenden über ein digitales Whiteboard (z.B. in Zoom, MS Teams, über Padlet, Mural, Miro) oder auch in Form eines gemeinsam bearbeitbaren Dokuments (z.B. in Google Drive) zur Verfügung gestellt werden. Alternativ können Sie der Gruppe auch die Datei über den Chat zuschicken oder darum bitten, dass das Team eine Schriftführerin bestimmt, die die von Ihnen gezeigte Tabelle auf ein Blatt Papier überträgt, damit es der Gruppe zur Verfügung steht.

Für die Übung werden die Teilnehmenden in zwei Teams (A und B) eingeteilt. Dies können Sie mithilfe einer Übung zur Gruppeneinteilung machen, die Teams analog zur Arbeitsrealität zusammensetzen oder den Zufall oder die Teilnehmenden selbst entscheiden lassen: z.B. Vertrieb und Produktion, lang gediente und neue Mitarbeitende, bei fusionierten Teams: ursprüngliche Teamkonstellationen. Wichtig ist, dass die Teams gleich groß sind, ideal ist eine gerade Zahl an Teilnehmenden. Nun erklären Sie diesen, worum es in der Aufgabe geht:

„Ihre Gruppe repräsentiert zwei Teams (A und B). Die einzelnen Buchstaben A und B stehen dabei für jeweils einzelne Mitglieder der beiden Teams.

Ihre Aufgabe ist es, die beiden Teams so umzusortieren, dass am Ende kein Teammitglied mehr neben einem anderen Mitglied desselben Teams steht – also nicht: AA, BB. Da Veränderungsprozesse für uns Menschen oft sehr herausfordernd sein können, gilt die Regel, dass sich kein Gruppenmitglied alleine bewegen darf, sondern nur mit einem Partner oder einer Partnerin. Das heißt, dass nur benachbarte Personen gemeinsam bewegt werden dürfen. Ganz entscheidend ist auch, dass Sie Ihre Repräsentanten immer nur auf freie Felder bewegen dürfen! Versuchen Sie, den Code in so wenigen Zügen wie möglich zu knacken."

Aufgabe der Teilnehmenden ist es also, die zunächst als AAAABBBB angeordneten Buchstaben durch Verschiebung von jeweils einem Paar nebeneinander stehender Buchstaben auf freie Felder, schrittweise so umzubauen, dass sich das Muster BABABABA ergibt.

Ziel der Methode ist es, die Leistungsfähigkeit und Performance des Teams in jedem Durchlauf weiter zu erhöhen, bis eine Lösung des Problems in nur vier Schritten erreicht ist. Als Beobachterin wird sichtbar, wie zwei Teams oder Abteilungen – mit unterschiedlichen Kulturen, Denk- und Herangehensweisen – miteinander agieren, wie sie zusammenarbeiten oder sich unter Umständen auch gegenseitig blockieren. Die Lösung der Aufgabe ist in der folgenden Tabelle dargestellt:

A	B	C	D	E	F	G	H	I	J
		A (1)	**A (2)**	**A (3)**	**A (4)**	**B (1)**	**B (2)**	**B (3)**	**B (4)**
B (2)	B (3)	A (1)	A (2)	A (3)	A (4)	B (1)			B (4)
B (2)	B (3)	A (1)	A (2)			B (1)	A (3)	A (4)	B (4)
B (2)			A (2)	B (3)	A (1)	B (1)	A (3)	A (4)	B (4)
B (2)	A (4)	B (4)	A (2)	B (3)	A (1)	B (1)	A (3)		

Lösungsweg: Zunächst werden die beiden vorletzten B von rechts (Spalte H und I) nach ganz links (Spalte A und B) bewegt. Das Schema lautet nun BBAAAAB_ _ B. Im zweiten Schritt werden die beiden zweiten A (Spalte E und F) auf die beiden leeren Plätze zwischen den hinteren B bewegt (Spalte H und I). Im dritten Schritt werden nun Spalte B und C (BA) gemeinsam auf die leeren Felder in der Mitte (E und F) bewegt und die beiden letzten Spalten (I und J, also AB) im letzten Schritt auf die frei gewordenen Felder in Spalte B und C bewegt.

Reflexionsfragen

Fragen zu Zusammenarbeit und Kooperation

- Wie würden Sie die Zusammenarbeit der beiden Teams bzw. einzelner Teammitglieder bewerten?
- Was würden außenstehende Beobachter berichten, die Sie in der Durchführung der Übung beobachtet haben?
- Wie haben Sie die Kollaboration erlebt? Was ist Ihnen dabei deutlich geworden?

Fragen zu Kommunikation und Interaktion

- Wie hat die Kommunikation geklappt? Was war besonders auffällig?
- Welche Kommunikationsstrategien haben Sie individuell und als Team verfolgt?
- Welcher persönliche Kommunikationsstil (sachorientiert vs. beziehungsorientiert, problem- vs. lösungsorientiert etc.) zeichnet Sie aus?
- Was hat Ihnen in der Kommunikation während der Übung gefehlt?
- Was fehlt Ihnen im beruflichen Austausch?

Fragen zu Teamperformance, Leistungsorientierung und Zielerreichung

- Wie zufrieden sind Sie mit Ihrem eigenen Beitrag?
- Wie zufrieden sind Sie mit dem erreichten Ergebnis?
- Haben Sie persönlich Druck erlebt, die richtige Entscheidung zu treffen?
- Wie spielerisch oder ernsthaft, wie locker oder verbissen sind Sie das Spiel angegangen?
- Welche Folgen haben sich daraus ergeben?
- Haben Sie auch Überforderung erlebt?
- Wie hat sich dies auf Sie selbst und das Team ausgewirkt?
- Wo und wie konnten Sie Ihre Stärken einbringen?
- Welche Schulnote würden Sie der Teamperformance geben?
- Wie sind sie als Team mit Frustration umgegangen?
- Stand im Team eher das Prinzip „Trial und Error“ oder strategische Planung im Vordergrund?
- Welche der beiden Vorgehensweise ist im gemeinsamen beruflichen Alltag dominant?

Fragen zu Aufgabenverteilung, Rollen und Strategie

- Wie wurden die Aufgaben im Team verteilt? Welche Rollen haben einzelne Teammitglieder eingenommen?
- Wo und warum haben Sie sich zurückgenommen?

- Ist das in Ihrem beruflichen Alltag auch so?
- Wer erlebt sich selbst mehr als handlungs-, wer mehr als strategieorientiert?

Fragen zu Transfer und Alltagsbezug

- Wo gibt es hier Verbesserungspotenzial?
- Was könnten Sie das nächste Mal als Team anders und/oder besser machen?
- Was waren Ihre Erfolgsfaktoren als Team?

Tools und Technik

- Abhängig vom verwendeten Tool kann es notwendig sein, dass die Teilnehmenden darauf hingewiesen werden, dass sie nach Eintragung in die Liste ihr Browser-Fenster neu laden, um die Änderungen anderer im gemeinsam bearbeiteten Dokument sichtbar zu machen.
- Da die Arbeitsanweisung komplex ist und zugleich nicht alles gleich verraten werden soll, kann es hier eine gute Möglichkeit sein, die Übungsbeschreibung als Arbeitsauftrag in den Chat bzw. bei Google Drive in die Kommentarfunktion zu posten. In browserbasierten Whiteboards bzw. digitalen Pinnwänden kann dies über ein Textfeld oberhalb der Tabelle erfolgen.
- Entscheidend ist für diese Übung, dass Sie die Lösung selbst rekonstruieren können. Nehmen Sie sich also in der Vorbereitung gerne die Zeit, den Lösungsweg selbstständig zu erarbeiten.

Variationen

- Als Variante kann die Übung so durchgeführt werden, dass je zwei oder drei Mitglieder im Tandem den nächsten Zug besprechen, ohne dass sich die anderen Teammitglieder einmischen dürfen.
- Eine weitere Variationsmöglichkeit besteht darin, gleich zu Beginn die konkrete Anzahl an Zügen vorzugeben, mithilfe derer das Ziel erreicht werden muss. Zudem können Sie auch eine Zeitvorgabe machen. Entscheiden Sie schon im Vorfeld, ob Sie der Gruppe die Lösung bekannt geben. Wenn Sie dies nicht tun, kann es durchaus vorkommen, dass das Rätsel noch weiter in den Köpfen der Teilnehmenden arbeitet und den weiteren Seminarverlauf blockiert.

Hinweise

- Die Originalmethode wurde als klassische Kollaborationsübung zur Integration zweier Teams von Karl Rohnke unter dem Namen „2 x 4“ entwickelt.

- Rechnen Sie bei dieser Aufgabe unbedingt damit, dass die Gruppe das Ziel nicht erreicht. Die Übung ist schon alleine herausfordernd, kommen dann noch Aushandlungsprozesse und mehrere Beteiligte mit unterschiedlichen Ideen dazu, wird es noch schwieriger. Zudem findet oft ein „Ausklinken" einzelner Gruppenmitglieder statt – auch das sollten Sie im Rahmen der Reflexion unbedingt aufgreifen.
- Als Seminarleitung ist es Ihre zentrale Aufgabe, jenen Schlüsselmoment abzupassen, in dem sich zwei Personen aus Team A und B gemeinsam „bewegen" müssen und damit die alte Gruppenkonstellation von A und B aufgebrochen werden muss. Dies kann dann auch in der Reflexion vertiefend aufgegriffen und bearbeitet werden (z.B. „Welche AHA-Momente haben Sie in der Übung erlebt?", „Welche Gedanken und Gefühle hat die Erkenntnis, dass die Lösung nur gemeinsam erreichbar ist, in ihnen ausgelöst?", „Wie gestaltet sich die Zusammenarbeit Ihrer beiden Teams/Abteilung im beruflichen Alltag?").

Quellen und Ressourcen

- Die Originalbeschreibung der Methode finden Sie unter dem Titel: „Mergers and Reorgs – Getting Two Teams to Collaborate and Integrate Rapidly?" im Buch: Chen, J. (2021): 50 Digital Team-Building-Games. Fast, Fun Meeting Openers, Group Activities and Adventures using Social Media, Smart Phones, GPS, Tablets and More. John Wiley & Sons.
- Eine fertige Grafik kann unter http://tinyurl.com/mergerandreorgs heruntergeladen werden (Stand: Juli 2022).

Download-Ressource

- Vorlage für Tabelle (ABAB)
- Lösungsschema

Die Kontaktanzeige

32

Die Teilnehmenden verfassen eine Kontaktanzeige zu ihrer eigenen Person: „Angenommen, Sie wären in einer neuen Stadt und suchen Menschen für gemeinsame Aktivitäten. Wie würde Ihre Kontaktanzeige in einer Zeitung lauten?"

Organisation

Hashtags: #werbinich #wasmacheichgerne #kontaktanzeige

Anzahl: 3-20 Personen

Zeitbedarf: 15-30 Minuten

Vorbereitung: gering

Medien: Kollaborations-Tool wie Miro oder Mural, bei dem Teilnehmende mit „Sticky Notes" gleichzeitig bearbeiten können

Zielsetzung und Effekte

- Vertiefendes Kennenlernen über den beruflichen Rahmen hinaus ermöglichen
- Pausengespräche anregen, über die man sprechen kann, während andere den Bildschirmplatz verlassen, um sich etwa einen Kaffee zu holen
- Sanfter Einstieg für das Verwenden der Kollaborations-Tools, wenn diese im Lauf des Trainings häufiger gebraucht werden

Beschreibung

In einem Kollaborations-Tool bereiten Sie leere Notizzettel in Gruppenstärke vor, die nun von den Teilnehmenden mit Text befüllt werden sollen. Geben Sie dazu folgende Anleitung:

„Stellt euch vor, ihr seid neu in einer Stadt und sucht Gleichgesinnte für eure Freizeitgestaltung. Dafür schaltet ihr in einer lokalen Zeitschrift eine Kontaktanzeige. Diese soll kurz, knackig und spannend formuliert sein, sodass sich möglichst viele passende Kandidatinnen auf eure Annonce melden."

Eine beispielhafte Annonce von Ihnen als Trainerin kann den Teilnehmenden als Vorlage dienen.

Geben Sie den Teilnehmenden zwischen drei und fünf Minuten Zeit. Im Anschluss werden die Kontaktanzeigen laut vorgelesen. Die anderen Teammitglieder dürfen gerne vertiefende Fragen stellen.

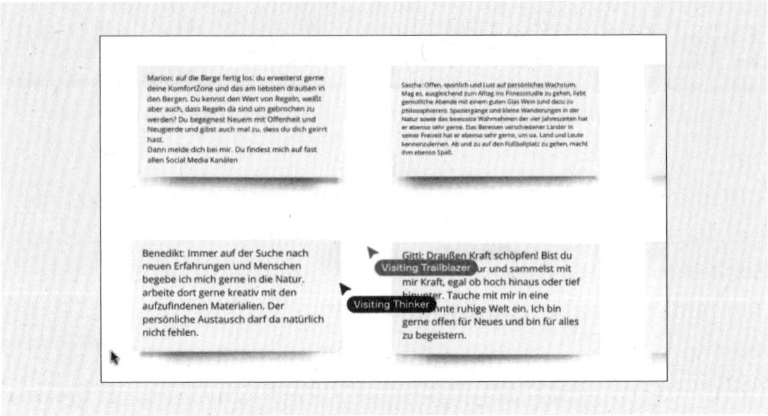

Reflexionsfragen

Da diese Übung noch dem Kennenlernen dient, ist es nicht zwingend nötig, die Ergebnisse ausführlich zu reflektieren. Gerne können Sie aber etwa folgende Fragen stellen:

- Welche Kontaktanzeige hat dich besonders überrascht?
- Gibt es Tätigkeiten, die euch verbinden, ohne dass ihr davon wusstet?
- Auf welche Beschreibung hättet ihr sofort geantwortet und warum? (Bedenkt, dass ihr die Person hinter der Zeitschriftannonce noch nicht kennt.)

Tools und Technik

- Als Online-Kollaborations-Tool empfehlen wir hierfür Miro oder Mural, da die Teilnehmenden zeitgleich und für alle sichtbar ihre Annoncen bearbeiten können.
- Wichtiger Hinweis: Nehmen Sie sich vorab kurz Zeit, um die wichtigsten Funktionen des Tools zu erklären. In diesem Fall, wie man die Post-its bearbeitet und wie man hinein- oder hinauszoomen kann, um alle Beschreibungen zu sehen.

Variationen

Es könnte auch die Beschreibung einer Freizeit-Anzeige sein oder die Suche nach einer mitreisenden Person für eine Wunschreise.

Quellen und Ressourcen

Diese Übung wird gerne bei online durchgeführten Design-Thinking-Prozessen angewandt, da sie sich sehr gut dazu eignet, die Kreativität gleich zu Beginn des Kurses anzuregen. Wir kennen die Übung von der Design-Thinking-Expertin Marion Heinzelmann, die diese Übung gerne am Beginn ihrer Kurse einsetzt. Danke Marion!

Die Würfel sind gefallen

33

Mit Symbolwürfeln stellen sich die Teilnehmenden einander vor. Die zufällig gewürfelten Symbole müssen verwendet werden, um etwas über sich selbst zu erzählen. Dies ermöglicht ein vertiefendes Kennenlernen mit unerwarteten Erzählungen durch Assoziationen.

Organisation

Hashtags: #assoziativesvorstellen #aleaiactaest #storycubes

Anzahl: 2-20 Personen

Zeitbedarf: 15-30 Minuten

Vorbereitung: gering

Medien: Online-Symbolwürfel oder alternativ zugeschickte Story Cubes

Zielsetzung und Effekte

- Vertiefendes Kennenlernen über den beruflichen Rahmen hinaus ermöglichen
- Pausengespräche anregen, über die man sprechen kann, während andere den Bildschirmplatz verlassen, um sich etwa einen Kaffee zu holen
- Überraschende Einblicke in das Leben der Teammitglieder bekommen
- Interesse für das Leben der Teammitglieder generieren

Beschreibung

Die Teilnehmenden würfeln entweder online oder mit zugeschickten Symbolwürfeln. Nun soll die Person anhand des zufälligen Würfelergebnisses etwas über sich erzählen. Die anderen Teilnehmenden dürfen nun nachfragen, um das vertiefende Kennenlernen anzukurbeln.

So geht es nun reihum, bis alle mindestens einmal gewürfelt haben.

Sie entscheiden, wie viele Würfel jede Person bekommt. Bei Gruppen mit etwa zehn Teilnehmenden empfehlen wir maximal zwei Würfel pro Person. Bei kleineren Gruppen können Sie gerne auch drei Würfel verwenden und bei Gruppen über zehn Personen eher nur einen Würfel. Falls es flott geht, können Sie natürlich jederzeit noch eine weitere Runde spielen. Manche Teilnehmende brauchen beim Antworten etwas länger, wissen nicht, was das Symbol bedeutet oder finden nicht gleich eine Verbindung zu ihrem Leben. Geben Sie hier gerne etwas Zeit und unterstützen Sie mit Fragen wie: *„Was könnte dieses Symbol denn darstellen?“*, *„Womit hat das Symbol denn eine Ähnlichkeit“* – oder: *„Ganz* *egal, was es in Wirklichkeit ist, was könnte es denn für dich sein?"*, *„Es gibt keine richtigen oder falschen Antworten, wo hast du das Symbol denn das letzte Mal gesehen?"*

Gerne können Sie den Teilnehmenden vor dem Würfeln auch zusätzliche Fragen stellen: *„Bitte erzähle uns beim ersten Symbol etwas darüber, was es über dich aussagt und beim zweiten Würfel, was du dir vom heutigen Tag erwartest bzw. was du dir für euer Team wünschst."* Da diese Übung noch dem Kennenlernen dient, ist es nicht zwingend nötig, die Übung ausführlich zu reflektieren.

Reflexionsfragen

- Was wisst ihr jetzt über eure Teamkolleginnen, was ihr zuvor noch nicht wusstet?
- Welche Antworten haben euch besonders überrascht und warum?
- Welche Wünsche fürs Team sind euch jetzt noch in Erinnerung geblieben und woran wollen wir heute arbeiten?

Tools und Technik

Falls Sie lieber mit echten Würfeln arbeiten, empfehlen wir Ihnen, die inzwischen weithin bekannten „Story Cubes" zu verwenden. Diese Symbolwürfel gibt es in zahlreichen Ausführungen. Gerne können Sie vorab an die Teilnehmenden pro Person zwei bis drei Würfel verschicken. So kann jeder selbst würfeln. Alternativ können Sie als Trainerin für die Gruppe würfeln. Hierbei ist vor allem auf die Kameraeinstellung zu achten, damit die Teilnehmenden das Würfelergebnis auch wahrnehmen können. Für uns ist dies für diese Übung allerdings die „Notlösung", da die Teilnehmenden häufig mehr Beteiligung und Begeisterung zeigen, wenn sie selbst würfeln können.

Variationen

- Die Würfelassoziationen eignen sich auch hervorragend, um Geschichten zu erzählen: Lassen Sie das Team mit den gewürfelten Symbolen eine gemeinsame Team-Erfolgsgeschichte erzählen, in dem jedes Teammitglied pro Symbol einen Satz ergänzt.
- Sie können aber auch Brainstorming-Prozesse ankurbeln oder das Team gezielte Fragestellungen beantworten lassen, wie: *„Welche Fähigkeiten hat unser Team bereits?", „Worauf sollten wir in Zukunft unseren Fokus legen?", „Was macht gute Teamarbeit aus?"*
- Besonders lieben wir auch Reflexionen mit den Story Cubes. Anhand der gewürfelten Symbole sagen die Teilnehmenden, was sie für sich aus der Übung mitnehmen oder wie sie sich gefühlt haben. Hierfür nehmen wir die Maximalanzahl an Symbolen und lassen die Teilnehmenden das für sie Passende herauspicken.

Hinweise

Assoziationsarbeit ist Grundlage vieler Kreativitätstechniken (vgl. dazu auch Hütter & Lang (2017): Neurodidaktik für Trainer. managerSeminare). So eignen sich Übungen mit Assoziationsarbeit besonders, wenn in weiterer Folge kreative Lösungsansätze für bestehende Herausforderungen gefunden werden sollen.

Quellen und Ressourcen

Für diese Übung empfehlen wir den Online Storyteller von NEVEREST Lifelong Learning: https://www.neverest.at/storyteller. Hier können Sie vorsortieren, wie viele Symbole pro Runde gewürfelt werden sollen.

Team-Stadt-Land-Fluss

34

Nach vorgegebenen Kriterien wie „Unser Teamspirit/Teamwerte“, „relevante Person fürs Team“, „Teamaktivität“, „Herausforderungen des Teams“, „Wunsch fürs Team“ versuchen die Teilnehmenden, so schnell wie möglich anhand eines genannten Buchstabens die Spalten zu füllen.

Organisation

Hashtags: #teamidentität #arbeitamteam #perspektivenaufsteam

Anzahl: 2-12 Personen

Zeitbedarf: variabel, zumindest Zeit für 3-5 Runden

Vorbereitung: gering

Medien: Jedes Videokonferenz-Tool mit Chatfunktion oder Stadt-Land-Fluss in der Online-Version

Zielsetzung und Effekte

- Die Mitarbeitenden erleben unterschiedliche und vielseitige Perspektiven der Einzelpersonen auf das Team
- Die Trainingsperson bekommt in kurzer Zeit einen schnellen Eindruck des Teams
- Die Seminarleitung bekommt überraschende Einblicke, die sonst selten bei Teambuildings genannt werden
- Hinweise, wo es beim Team hakt und wo angesetzt werden kann, zeigen sich
- Aktivierung des Teams durch den Zeitdruck und den Wettbewerbscharakter
- Das Team kann im Anschluss an diese Übung über genannte Punkte sprechen
- Teamidentität und Teamwerte des bisherigen Teams werden durch Übereinstimmungen und ähnliche Antworten gut sichtbar

Beschreibung

Das „Stadt, Land, Fluss“-Prinzip ist vielen bekannt. Es wird auch in exakt dieser Weise gespielt. Es wird ein Buchstabe genannt, zu diesem Buchstaben gilt es, so schnell wie möglich passende Wörter zu den vorgegebenen Kriterien zu finden. Wer zuerst alle Felder befüllt hat, ruft „Stopp“. Nun müssen alle aufhören zu schreiben und es werden die Punkte gezählt. Für Begriffe, die doppelt oder mehrfach genannt wurden, gibt es fünf Punkte, für verschiedene Worte 10 Punkte – und findet man als einzige Person ein Wort zu diesem Buchstaben, gibt es dafür 20 Punkte. Ziel ist es, pro Person so viele Punkte wie möglich zu sammeln.

In unserer Online-Variation bleibt das Spielprinzip dasselbe. Der Unterschied besteht darin, dass die Teilnehmenden kein ausgedrucktes Handout mit vorgegebenen Spalten bekommen, sondern dass es in einer Gratis-Online-Version gespielt werden kann. Etwa auf https://stadtlandfluss.cool. Alternativ werden die Antworten in den Chat gepostet, sobald jemand alle vorgegebenen Kategorien mit Begriffen versehen hat.

Was ist bei der Anmoderation zu beachten? Zuerst erklären Sie das Stadt-Land-Fluss-Spielprinzip, inklusive der Bewertungspunkte und achten darauf, dass etwas Wettbewerbscharakter entsteht. Dieser sorgt hierbei für die gewünschte Aktivierung und dafür, dass schnelle Assoziationen gewählt werden. So bekommen Sie häufig ehrlichere Eindrücke, als wenn zu lange über Punkte nachgedacht wird.

Dann führen Sie die von Ihnen gewählten Kriterien ein. Für uns haben sich die Kriterien „Unser Teamspirit/Teamwerte", „Relevante Person fürs Team", „Aktivitäten unseres Teams", „Herausforderungen des Teams", „Wunsch fürs Team" sehr bewährt. Diese bieten einen guten Überblick über das Feld, in dem sich das Team bewegt und lassen auch Raum für unterschiedliche Interpretationen und Auslegungen. So kann ein Wunsch fürs Team etwas Materielles wie „Ein Tischfußball-Spiel" sein oder etwas Abstraktes wie „Mehr Tagesstruktur".

Relevante Personen fürs Team können natürlich auch spezielle Kundinnen, Coachs, Stakeholder, Kantinenpersonal etc. sein.

Unter dem Punkt „Aktivitäten unseres Teams" können die Teilnehmenden „Kaffeetrinken" genauso nennen wie „Kundendatenbank überarbeiten".

Bei „Teamspirit/Teamwerte" gilt „Zusammenhalt" genauso wie „zaghaft". Hier geht es vor allem darum, einen guten Überblick über die Energie des Teams sowie die gelebten Werte zu bekommen.

Eine Sache ist bei der Anmoderation abschließend besonders wichtig: Weisen Sie die Teilnehmenden darauf hin, dass sie nur Begriffe nennen dürfen, die auch tatsächlich etwas mit ihrem konkreten Team zu tun haben und dass es nur Punkte gibt, wenn sie ihre Antworten auch plausibel erklären können. Dies ist wichtig, damit Sie auch tatsächlich einen guten Überblick und Eindruck des Teams bekommen.

Während des Spiels ist es wichtig, dass die Teilnehmenden ihre Antworten auch erklären können, um Bedürfnisse im Team zu erfahren und unterschiedliche Wahrnehmungen mitzubekommen. Mit den Ergebnissen der Kategorien kann man nun weiterarbeiten.

Reflexionsfragen

- Welche Antworten waren überraschend?
- Wo sind die meisten Übereinstimmungen genannt worden?
- Was kann man nach diesen Spielrunden über unser Team mit ziemlicher Sicherheit sagen?
- Was von den Wünschen könnte man tatsächlich umsetzen? Was würde es dafür brauchen?
- Welche Herausforderungen wollen wir als Nächstes angehen? Was ist dafür nötig?

Tools und Technik

- Tool: Die Chatvariante: Hierbei werden die Antworten ganz unkompliziert in den Chat gepostet. Sollten Sie sich für diese Variante entscheiden, bitten Sie die Teilnehmenden, sich die von Ihnen vorgegebenen Kategorien auf einen Zettel zu notieren und vor sich zu legen. So haben die Teammitglieder immer einen Blick auf die vorgegebene Reihenfolge und sehen dennoch während des Spiels die anderen Teammitglieder. Alternativ können Sie etwa eine PowerPoint mit den Kategorien einblenden. Dies hat aber den Nachteil, dass bei der Bildschirmfreigabe nur wenige Personen zu sehen sind oder diese in kleineren Kästchen angezeigt werden. Achtung: Bei der Chatvariante sollten Sie die Teilnehmenden instruieren, nicht jedes Wort einzeln zu posten, sondern immer nur gesammelt! So ist sofort ersichtlich, wenn jemand fertig ist – und damit endet diese Runde. Nun bittet man alle, ihre Antworten ebenfalls zu posten und es kann bewertet werden. Der Nachteil dieser Variante: Die Teilnehmenden müssen ihre Punkte selbst zählen und im Überblick behalten.
- Tool: Die Online-Spielversion: Es gibt mehrere Online-Varianten von Stadt, Land, Fluss. Achten Sie darauf, dass Sie sich für eine entscheiden, bei der Sie die Kategorien selbst auswählen können und dass Sie mehrere Mitspielende einladen können. Dies funktioniert etwa auf https://stadtlandfluss.cool. Bei dieser Gratisversion können Sie zuerst die Kategorien erstellen und dann mittels Link zusätzliche Spielende einladen. Dies funktioniert sehr einfach, indem Sie den Link kopieren und in den Chat posten. Weisen Sie die Teilnehmenden darauf hin, dass diese tatsächlich ihren eigenen Namen angeben sollen und keinen Kunstnamen, sonst wird es sehr unübersichtlich in der Nachbesprechung. Der Vorteil dieser Variante: Die Ergebnisse sind sofort sichtbar und Sie können Screenshots mit den Ergebnissen machen und diese dem Team im Anschluss zur Verfügung stellen. Der Nachteil dieser Variante: Während des Spiels sehen Sie die Teilnehmenden wenig bis kaum, da es auf einer eigenen Seite gespielt wird und nicht im Rahmen des Videokonferenz-Tools. So müssen Sie häufig zwischen den benutzten Tools wechseln. Hier machen sich zwei Bildschirme beim Training wirklich bezahlt.

Variationen

- Das Stadt-Land-Fluss-Prinzip ist so bekannt, sodass auch Spielvariationen leicht eingeführt werden können. Sie bestimmen, wie viele Runden gespielt werden, welche Kategorien Sie auswählen und wie Sie nach dem Spiel weiterarbeiten.
- Sie können dieses Prinzip auch für Wiederholungen und Reflexionen am Ende des Teamtages einsetzen, um nochmals etwas Schwung hineinzubringen. Hierfür eignen sich Kategorien wie: „AHA-Momente", „Lernerfahrung", „Besonders gefallen hat mir", „Danke für", „Das lasse ich hier", „Das nehme ich mir mit" etc.
- Sie können es aber auch als Brainstorming-Methode nutzen oder um die Ziele für den Teamtag zu erarbeiten.
- Das Team-ABC: Eine sehr vereinfachte Variation dieser Methode ist es, dem Team einen Buchstaben zu nennen. Daraufhin schreiben alle Teilnehmenden so schnell wie möglich eine Eigenschaft ihres Teams zu dem genannten Buchstaben in den Chat. Wichtig: Es müssen Eigenschaften sein, die wahr und tatsächlich im Team erlebbar sind.
- Auch die ABC-Listen nach Vera Birkenbihl lassen sich hier gut anwenden. Aufgabenstellung: Zu jedem Buchstaben des Alphabets wird ein Begriff gefunden, der zu dem Team passt. Auch hier ist wichtig, dass es tatsächlich gelebte und beobachtbare Werte/Eigenschaften/Fähigkeiten sind.

Hinweise

Das Bemerkenswerte an dieser Übung ist, wie schnell man durch die Assoziationen und den Zeitdruck zu Knackpunkten für das Team kommen kann. Lassen Sie daher Gespräche und Austausch zu!

Quellen und Ressourcen

https://stadtlandfluss.cool

Der Gerüchtebild-Klassiker online

35

Wie wichtig eine klare Kommunikation ist, wird mit dieser Übung immer wieder schnell sichtbar. Fünf Teammitglieder werden in eine Breakout-Session geschickt und nacheinander ins Plenum geholt. Nachein-ander beschreibt jeder der nächsten Person das Bild. Die letzte Person zeichnet dann auf, was sie erzählt bekommen hat. Nun können Sie die Bilder vergleichen und herausfinden, welche Kommunikations-Missgeschicke passiert sind ...

Organisation

Hashtags: #communicationkey #gerüchtebild #immerguterklassiker #auchonlineeinhit

Anzahl: Plenumsgröße ist egal

Zeitbedarf: 60 Minuten inklusive Reflexion

Vorbereitung: 5 Minuten fürs Malen des Bildes

Medien: PowerPoint, Whiteboard oder Kollaborations-Tool

Zielsetzung und Effekte

- Kommunikationsherausforderungen erleben
- Für gelingende Kommunikation sensibilisieren
- Die Entstehung von Gerüchten begreifen
- Die eigenen Kommunikationsfähigkeiten verbessern
- Optimierung der Teamkommunikation
- Vorbeugen von Missverständnissen
- Klatsch und Tratsch im Team hinterfragen

Beschreibung

Sie bereiten in einer Pause oder vorab eine einfache Zeichnung mit einem Tool ihrer Wahl vor, in dem es zumindest einen Stift zum Zeichnen und Farbe gibt. Ob Whiteboard, PowerPoint, Mural oder Miro, spielt dabei keine Rolle. Sie malen zu Beginn einen Rahmen und vier Fenster. Darin befinden sich je vier Zeichnungen. Achten Sie darauf, dass das Bild einfach genug zum Nachzeichnen ist und doch zahlreiche interessante Details enthält, um im Anschluss Kommunikationsmechanismen und -modelle erklären zu können. Sie brauchen hier keine künstlerischen Fähigkeiten. Es genügen symbolhafte Zeichnungen. Bei den Zeichnungen entscheide ich mich meist für eine Mischung aus Zeichnungen die emotional behaftet sind (Tod, Urlaub, trauriger Fisch), für skurrile Dinge (Willst du ein Spiel spielen? Der Hahn ist NICHT tot, mit einer Ente am Grabstein), ganz einfache Symbolzeichnungen (Schiff, Insel, Sonne) und ein paar einfache Details (Grashalme, Vögel, Striche am Schiff etc.). Da diese Dinge meist unterschiedliche Wirkung haben und bei den Erzählungen unterschiedlich gewichtet werden, obwohl die Bilder in den Kästchen etwa gleich groß sind, ergeben sich dann schöne Reflexionsergebnisse, die für AHA-Erlebnisse sorgen.

Achten Sie darauf, dass das Team die Zeichnung vorab noch nicht sehen kann. Sie starten die Übung, indem Sie fünf Freiwillige bitten, sich zu melden. Diese schicken Sie ohne weitere Erklärung in eine Breakout-Session mit dem Hinweis, sie einzeln wieder zurückzuholen.

Nun erklären Sie dem restlichen Team die Übung. Sie sagen kurz, dass Sie ein Bild gezeichnet haben, das der erste der Freiwilligen kurz ansehen wird. Dann wird es abgedeckt. Nun wird es den restlichen vier Freiwilligen der Reihe nach weitererzählt. Immer von einer Person zur Nächsten. Die Aufgabe des Plenums ist es dabei, zu beobachten und mitzunotieren, wann sich die Geschichte zu ändern beginnt und wann welche Informationen verloren gehen. Ebenso, welche unterschiedlichen Kommunikationsstile sie beobachten können und welche davon hilfreich sind und was eher hinderlich war, um die Informationen weiterzugeben. Das Plenum darf allerdings keine Tipps geben und hat ausschließlich eine beobachtende Rolle.

Erst jetzt zeigen Sie dem Plenum das Bild und holen die erste Person aus der Breakout-Session zurück. Diese bitten Sie, sich das Bild gut einzuprägen. Hat die Person das Gefühl, sich alles gemerkt zu haben, decken Sie das Bild ab oder nehmen die Bildschirmfreigabe zurück, auf der das Bild zu sehen war. Nun holen Sie die zweite freiwillige Person aus der Breakout-Session und bitten sie, sich gut anzuhören und zu merken, was Person 1 ihr zu erzählen hat. Ist die Geschichte beendet, bitten Sie Person 1, sich nun ruhig zu verhalten und sich in die Beobachterhaltung zu begeben. Person 2 wird nun zur Erzählerin für Person 3, die nun aus dem Breakout Room geholt wird. Dies geht so lange, bis Person 5 die Geschichte gehört hat. Diese bekommt nun die Aufgabe, aufzuzeichnen, was sie gehört hat. Unterstützen Sie die Person mit Tipps, welche Zeichenwerkzeuge sie am besten verwenden kann, um Zeit zu sparen.

Nun vergleichen Sie die beiden Bilder, gönnen der Gruppe ein paar herzliche Lacher und bitten dann das beobachtende Plenum, die Erkenntnisse zu teilen. Notieren Sie die wichtigsten Faktoren für alle sichtbar mit.

Erkenntnisse, die sich häufig in unseren Seminaren zeigen, sind:

- Details gehen verloren. Details können aber für gewisse Aufträge von großer Wichtigkeit sein. Ist Ihnen als Sender der Botschaft ein Detail wichtig, dann sollten Sie es verbal unterstreichen, damit Ihr Gegenüber es im Gedächtnis behält.
- Skurriles bleibt oft im Gedächtnis und wird in Erzählungen oft stärker betont.
- Emotion vor Information. Emotionen berühren uns stärker als Informationen, darum werden häufig mit Emotionen behaftete Geschichten stärker gewichtet oder leichter behalten. Der Tod allerdings wird meist als unangenehm empfunden und daher häufig aus den Geschichten verdrängt.
- Deine Landkarte ist nicht meine Landkarte. Beim Begriff Baum hat jeder einen anderen Baum im Kopf. Wichtig ist es daher, die Landkarten bei „Universalien“ gut abzugleichen.
- Information geht verloren, wenn sie über mehrere Stationen geht, da wir Menschen dazu neigen, Information vorzufiltern, je nachdem, was für welche empfangende Person wichtig ist, eine höhere Relevanz hat oder wo schon mehr Vorwissen besteht. Michael Birkenbihl beschreibt es in seinem Buch „Train-the-Trainer“ mit folgenden Worten: „Kein Mensch erfasst und empfindet als Empfänger den Inhalt einer Nachricht genauso, wie dies der Sender beabsichtigte – auch wenn dieser sich glasklar ausdrückt.“

- Nachfragen hilft.
- Zu viele Fakten und Zahlen (3 Vögel, 3 Grashalme, 6 Sonnenstrahlen, 2 Wellen etc.) in einer Geschichte sind schwer zu behalten.
- Nach dem Sammeln der Erkenntnisse starten Sie die Reflexion über die Kommunikation im Teamalltag.

Reflexionsfragen

Fragen zur Kommunikation

- Was hat sich für das Behalten und Weitergeben von Informationen als nützlich herausgestellt?
- Wie sehr wird das bei euch in der Arbeit/im Team bereits angewandt?
- Was an der Kommunikation hat begünstigt, dass Informationen verloren gegangen sind?
- Was davon beobachtet ihr auch bei euch im Team?
- Wo möchtest du selbst deine Kommunikation nachschärfen? Was genau möchtest du ab dem nächsten Arbeitstag gezielt ausprobieren?
- Was würdest du dir im Hinblick auf eine gelungene Kommunikation von deinem Team wünschen?

Fragen zu Gerüchten

- Wie sehr war es dir bewusst, dass sich Informationen so schnell wandeln können?
- Wie sehr hast du bis jetzt dazu geneigt, Gerüchte zu glauben und auch weiterzutragen?
- Was möchtest du ab jetzt anders machen?
- Was wünschst du dir im Hinblick auf Tratsch und Klatsch von deinem Team?

Tools und Technik

Es gibt zahlreiche Tools mit Zeichenwerkzeugen. Achten Sie nur darauf, dass die letzte freiwillige Person in etwa die gleichen Zeichenwerkzeuge zur Verfügung hat wie Sie. So sind die Bilder vergleichbarer.

Variationen

Sollten Sie mit dem Zeichnen online nicht warm werden, können Sie Ihr Bild auch mit Zettel und Stiften malen und in die Kamera halten. Dafür sollten Sie aber vorab in die Runde fragen, wer ebenfalls wie Sie ein Set Buntstifte oder Filzstifte sowie einen Zettel Papier greifbar hat. Diese Person wird automatisch zu einem der Freiwilligen und ist die letzte, die aus der Breakout-Session zurückgeholt wird.

Hinweise

- Diese Übung eignet sich in Kommunikationstrainings hervorragend, um in einem weiteren Schritt Kommunikationsgrundlagen wie „Das Sender-Empfänger-Modell" die „Wahrnehmungsfilter" oder die „5 Axiome der Kommunikationstheorie" von Paul Watzlawick zu erklären – sowie die Aussage „Wahr ist nicht, was A sagt, sondern B versteht".
- In unseren Teambuildings verwenden wir den Gerüchtebild-Klassiker vor allem bei Teams, in denen es häufig zu Kommunikationsschwierigkeiten kommt. Hier helfen meist das Erleben der Übung und die darauffolgende Besprechung/Reflexion schon, ein besseres Verständnis über Kommunikationsabläufe zu erzielen und Ideen für die eigene künftige Kommunikation daraus abzuleiten.

Quellen und Ressourcen

Anmerkung Jennifer: Diesen Gerüchtebild-Klassiker habe ich erstmals in meiner Trainerinnenausbildung im Jahr 2001 kennengelernt und seitdem immer wieder in Seminarräumen erlebt. Zum ersten Mal beschrieben fanden wir die Übung damals im Buch „Train-the-Trainer" von Michael Birkenbihl. Bei ihm heißt die Übung „Der Weg einer Nachricht". Birkenbihl beschreibt in seinem Buch nicht nur die Übung ausführlich, sondern erörtert auch seine Erkenntnisse für die Kommunikation sehr genau. Ein Blick in den Trainingsbuchklassiker zahlt sich daher in jedem Fall aus. Hinweis: Unsere vier gezeichneten Bilder unterscheiden sich allerdings von denen von Michael Birkenbihl. Birkenbihl, M. (2018): Train the Trainer. 23. Aufl., Redline.

Download-Ressource

- Bildvorlage „Schiff"

Blind führen

36

Zwei Teilnehmende rufen sich gegenseitig via Videocall auf dem Handy an. Eine Person macht die Augen zu. Die andere führt mit Worten zu einem von ihr ausgewählten Gegenstand, der dann zur Seminar-Session mitgebracht wird.

Organisation

Hashtags: #blindführen #vertrauen #verantwortung #sicherheit #kommunikation

Anzahl: beliebig, wichtig ist eine gerade Anzahl

Zeitbedarf: 45 Minuten

Vorbereitung: keine

Medien: Smartphone mit Videocall-Funktion

Zielsetzung und Effekte

- Führung erproben, sich auf Führung einlassen
- Verantwortungsbewusste Kommunikation erproben und erleben
- Vertrauen erfahren und Vertrauen schenken
- Verantwortung übernehmen
- Eigene Kontrollmechanismen erleben
- Bildschirmpause für die Augen der geführten Person

Beschreibung

Je zwei Personen bilden eine Übungsgruppe. Sie fragen vorab, ob jede Person ein Smartphone hat, das videotelefonieren kann. Danach erklären Sie die Aufgabenstellung:

„Eure Aufgabe ist es nun, euch in einen etwas größeren Raum oder in die Natur zu begeben, wo ihr etwas Bewegungsspielraum habt. Nun sollt ihr euch gegenseitig blind führen. Zuerst ist eine Person die Geführte und schließt die Augen. Sollte man sich nicht sicher fühlen, ist es erlaubt, jederzeit die Augen zu öffnen. Die geführte Person gibt dann Feedback zur Führung und die Art der Kommunikation. Danach wird gewechselt.

Wie funktioniert das genau mit dem Handy? Die geführte Person dreht ihr Handy um und hält es sich, im Hochformat, vor den Körper. So sollte die führende Person alles sehen, was sich vor der geführten Person befindet. Nun sucht sich die Führungsperson einen jetzt sichtbaren Gegenstand aus, der klein genug ist, dass man diesen zum gemeinsamen Kurs mitbringen kann und führt die blinde Person mit ihren Ansagen und Kommandos zum

Gegenstand, ohne der geführten Person mitzuteilen, um welchen Gegenstand es sich handelt. Gebt euch nach dieser Runde kurz Feedback und Anregungen. Danach wird gewechselt."

Die Gegenstände werden im Anschluss zum Teamtraining mitgebracht. Mit diesen entsteht nun noch ein Screenshot als Erinnerung für das Team.

Wenn ausreichend Zeit ist, kann man anhand der Feedbacks und Anregungen noch eine zweite Runde machen, bei der man die Inputs umzusetzen versucht.

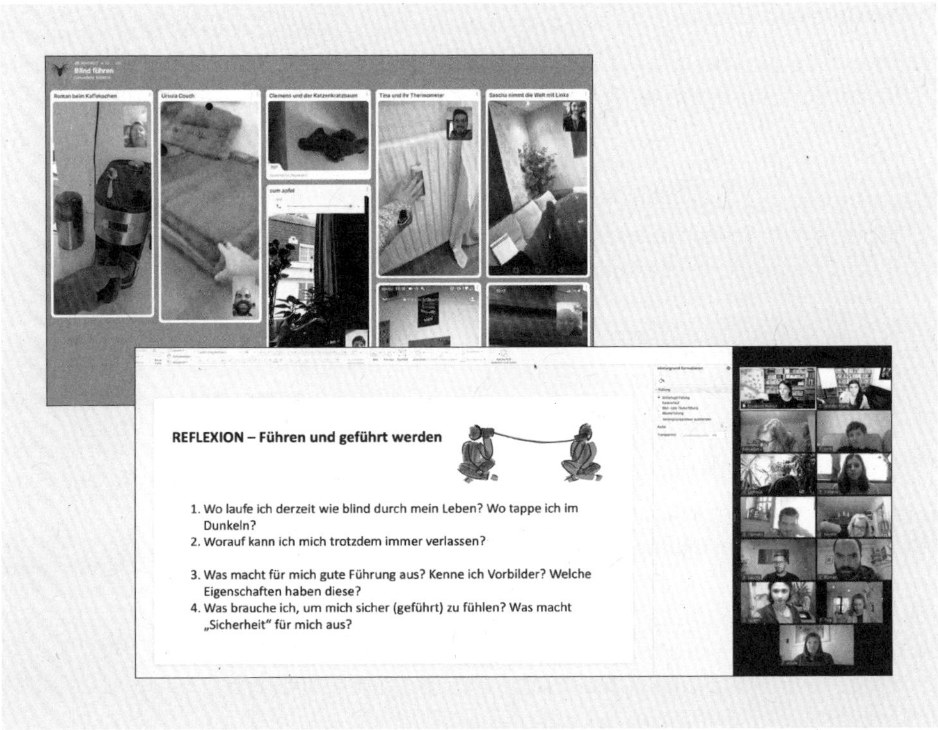

Fragen für die Führungsrolle

Reflexionsfragen

- Wie ist es dir in dieser Rolle gegangen? Was war leicht/schwer?
- Wie ist es dir mit der Verantwortung für die Sicherheit einer anderen Person gegangen?
- Wie geht es dir damit, anderen das Gefühl von Sicherheit zu vermitteln?
- Was hat das in deinem Verhalten und deiner Kommunikation geändert?
- Was hast du für deine Kommunikation aus dieser Übung gelernt?
- In welchen Kontexten könnte diese verantwortungsorientierte Kommunikation von Nutzen sein?
- Wie gut konntest du dein Gegenüber trotz Distanz führen und was war dafür nötig?
- Was davon könnt ihr euch für den Teamalltag mitnehmen?

Fragen für die passive Rolle des Geführtwerdens

- Wie ist es dir in dieser Rolle gegangen? Was war leicht/schwer?
- In welchen Momenten musstest du die Augen aufmachen und warum?
- Welche Art der Kommunikation hat dir das Gefühl der Sicherheit vermittelt?
- Welche Art der Kommunikation hat Unsicherheit ausgelöst?
- Was davon könnte auch in beruflichen Kontexten/unserem Teamkontext wichtig sein?
- Wie gut konntest du der Führungsperson trotz Distanz vertrauen und was hat es ausgemacht?
- Was brauchst du, um dich sicher (geführt) zu fühlen? Was macht „Sicherheit" für dich aus?
- Was macht für dich gute Führung aus? Kennst du Vorbilder? Welche Eigenschaften haben diese?
- Wo läufst du derzeit wie blind durchs Leben? Wo tappst du im Dunkeln?
- Worauf kannst du dich trotzdem immer verlassen?

Tools und Technik

- Optimal ist die Übung mit Videofunktion am Handy, da man sich damit relativ flexibel bewegen kann und bewusst Abstand vom Computer nimmt. Es empfiehlt sich auch, um mal wieder Frischluft zu atmen. Handys lassen gut und einfach vor den Körper halten, ohne zu schwer zu werden.
- Sie können die Teilnehmenden auch nach bevorzugten Kanälen (WhatsApp, Signal, Telegram, Facetime, Discord) einteilen.

- Sollte jemand seine Telefonnummer nicht weitergeben wollen, geht es grundsätzlich auch mit dem Computer. Für diese Variante schickt man die Teilnehmenden in Breakout-Sessions und lässt sie den Laptop in den Raum hineindrehen, sodass man mehr sieht. Nun kann von hier aus geführt werden. Damit ist man allerdings deutlich unbeweglicher und die Führungsperson sieht viel weniger. Eine besondere Herausforderung sind hier Desktop-Geräte, da sich diese nur wenig bewegen lassen.

Variationen

„Finde den Ort“: Als Variation kann man die Teilnehmenden blind zu einem Ort im Raum oder in der Natur führen. Diese soll dort mit geschlossenen Augen alles abtasten und versuchen, sich den Ort blind einzuprägen. Erst wenn man wieder weit genug vom ausgesuchten Ort ist, werden die Augen geöffnet. Die geführte Person muss nun den Ort sehend wiederfinden.

Hinweise

- Übungen zum blinden Führen sind erlebnispädagogische Klassiker. Mit dieser Anleitung können Sie die Stärken dieser Methode auch für den Online-Raum nutzen.
- Bei einer ungeraden Personenzahl wird die dritte Person zur Sicherheitsperson, die einschreiten würde, bevor es zu einer brenzligen Situation kommt.

Online-Wichteln

37

Gegen Ende des Teamevents bekommt jeder Teilnehmende ein Teammitglied zugelost. Für diese Person sucht man nun im Netz nach einem „Geschenk". Vom passenden Witz, über ein aufmunterndes Bild oder einem Cartoon bis hin zum Rezepttipp darf alles dabei sein.

Organisation

Hashtags: #wichteln #schenken #freudebereiten #positiverabschluss #fürandereinteressieren #inanderehineinversetzen

Anzahl: beliebig

Zeitbedarf: mind. 15 Minuten

Vorbereitung: keine bis mittel

Medien: Videokonferenz-Tool und E-Mail zum Zuschicken der Geschenke

Zielsetzung und Effekte

- Positiver gemeinsamer Abschluss
- Anderen etwas Gutes tun, anderen eine Freude machen
- Sich in andere hineinversetzen
- Positive Stimmung auch über das Teamtraining hinausgehend erhalten

Beschreibung

Das Prinzip des Wichtelns ist weithin bekannt, daher bedarf es keiner sehr langen Erklärung: Zwei Personen werden zusammengelost und beschenken sich gegenseitig. Ziel ist es, für die andere Person im Netz etwas zu finden und ihr das Geschenk per Mail zukommen zu lassen. Das kann eine Playlist sein, ein Kochrezept, ein Foto, das gute Stimmung verbreitet, ein GIF, ein Urlaubstipp … Wichtig ist, dass es der Person wirklich Freude bereiten soll.

Zum Zusammenlosen der Personen kann man etwa die Breakout-Funktion einsetzen oder tatsächlich ein Gläschen mit Namenszetteln vorbereiten und aus diesen die Kärtchen zusammenlosen. Wenn es eine ungerade Zahl ist, gibt es eine Dreiergruppe.

Sind die Tandems gebildet, bitten Sie die Teilnehmenden, sich ihre E-Mail-Adressen in den Privatchat zu schreiben, sollten diese nicht bekannt sein.

Nun können Sie den Teilnehmenden entweder im Rahmen des Kurses noch 15-20 Minuten Zeit geben, etwas für die Person zu finden und dieser das Geschenk per E-Mail zu schicken. Oder Sie verlegen es auf die Zeit nach dem Kurs. Hier lautet die Anweisung, dass die Tandems sich die Geschenke bis zum nächsten Arbeitstag schicken sollen. Beide Varianten haben Vor- und Nachteile. Wenn es noch während des Kurses geschieht und die Tandems die Geschenke noch während des Kurses öffnen können, endet der Tag meist mit sehr positiven Gefühlen.

Lassen Sie die Aufgabe nach dem Seminar erledigen, haben die Teilnehmenden beim Öffnen der E-Mail im beruflichen Alltag eine schöne Erinnerung an den Teamtag.

Reflexionsfragen

- Da es sich um eine Abschlussübung handelt, stehen bei dieser Übung die positiven Gefühle im Vordergrund und weniger die Reflexion.
- Wenn man möchte, kann man nach dem Öffnen der E-Mails die Tandems nochmals in Breakout-Sessions schicken. So können sich diese gegenseitig bedanken und die Geschenke, wenn nötig, erklären.

Tools und Technik

Bei dieser Tandemvariante benötigen Sie keine zusätzlichen digitalen Tools. Suchmaschine und E-Mail sind völlig ausreichend.
Sie können aber auch eine Online-Pinnwand erstellen und die Teilnehmenden bitten, alles auf diese hochzuladen und den Namen der Person dazuzuschreiben, für die das „Geschenk" gedacht ist.

Variationen

Das „Team-Wichteln“: Bei dieser Variante beschenkt man nicht eine Einzelperson, sondern das gesamte Team. Hierbei erstellen Sie als Trainerin eine Online-Pinnwand (etwa mit Padlet) und posten den gemeinsamen Bearbeitungslink an alle in den Chat oder versenden ihn per Mail. Hier lautet die Aufgabe, dem Team als Abschluss noch eine gemeinsame Pinnwand zu schenken, mit Dingen, die man dem Team noch sagen möchte, Fotos, die einen ans Team erinnern, Videotipps für den weiteren gemeinsamen Alltag, Buchtipps, eine coole Playlist, Dinge, die im Teamalltag Freude bereiten könnten, wenn es mal wieder stressig wird etc. Spielen Sie dazu Musik ein, die „Dankbarkeit“ auslöst, einen Neuanfang symbolisiert oder für Verbindung steht. Das Tolle an dieser Online-Pinnwand ist, dass die Teilnehmenden Bilder, Videos, Playlists, GIFs direkt in dieser Pinnwand suchen und hochladen können. Man erspart sich das Downloaden, Abspeichern und Hochladen. Außerdem können die Teilnehmenden auch direkt in dieser Pinnwand Videos, Fotos und Audiodateien aufnehmen und gleich posten. Alle können die Wand gleichzeitig bearbeiten und auch gleich ansehen, was die anderen gepostet haben. Sie als Trainerin können die Pinnwand im Vorhinein schon dem Anlass entsprechend gestalten. Etwa mit einem Screenshot des Teams, den Sie im Lauf des Teamtages gemacht haben oder mit Weihnachtsbildern, Osterhasen – oder was auch immer Ihnen passend erscheint.

Hinweise

Je ansprechender Sie die Übung gestalten, desto feierlicher wird diese auch zelebriert. Wenn Sie etwa vor der Übung weihnachtliche Musik einspielen oder sich eine Wichtelmütze aufsetzen oder ein paar schöne Worte über „Dankbarkeit“ fürs Team finden, fühlen sich die Teilnehmenden animierter, sich bei der Übung stark einzubringen.

Quellen und Ressourcen

Der Brauch des Wichtelns wird in vielen Variationen und Abwandlungen in vielen Ländern dieser Erde praktiziert. Seinen Ursprung dürfte er in Skandinavien haben. Dort nennt sich dieser Brauch „Julklapp“.

Online-Wichteln
für Clemens
KEIN WLAN,
In der Ruhe liegt die Kraft
Für Sascha, weil du immer so motiviert und motivierend bist, was mir sehr mag :) Hier ein Lied, das momentan auf meiner Laufliste ist und selbst wenn ich keine Lust hab, mich motiviert zu sporteln :) Möge dein inneres Licht weit scheinen :)
YouTube
an die liebe Lynn, die immer auf mich so ausgeglichen wirkt
an Noemi: super süße Katze hast du :)
An Larissa: Geniese jeden sonnigen Moment in deinem Leben.
Berni.. war schön dich wieder mal zu sehen - Das Lagerfeuer steht für deine "inneres Feuer" und das Brennen für deine

Das Team als Superheld und das Superhelden-Bankett

38

Wäre unser Team ein Superheld oder eine Superheldin, dann wären wir ...! Welche besonderen Fähigkeiten hätten wir oder sollten wir haben? Hierfür sucht das Team nach Eigenschaften von anderen Superheroes und artikuliert, warum das Team diese spezielle Fähigkeit hat oder brauchen würde.

Organisation

Hashtags: #bestesteam #unserteamschafftalles #teamidentität #waskönnenwirundwasbrauchen-wir

Anzahl: bis 12 Personen

Zeitbedarf: 45-60 Minuten

Vorbereitung: gering

Medien: Videokonferenz-Tool und Online-Pinnwand, die gemeinsam bearbeitet werden kann

Zielsetzung und Effekte

- Erkennen der bereits vorhandenen Teamstärken
- Erkennen der noch notwendigen Fähigkeiten
- Generieren von Ideen, wie man diese Fähigkeiten und Kompetenzen erlangen könnte
- Teamidentität stärken

Beschreibung

Als Trainerin können Sie die Übung etwa so anmoderieren:

„So, wie ich euch hier sehe, sehe ich sofort, dass hier das WELTBESTE Team vor mir steht. Mit zahlreichen Fähigkeiten und Talenten und der Möglichkeit, allen Herausforderungen zu trotzen, so, wie es auch echte Superhelden tun. Darum bitte ich euch, nun zu überlegen, welcher Superheld bzw. welche Superheldin ihr als Team wärt.

Dazu ersuche ich euch, an die Helden und Heldinnen eurer Kindheit und Jugend zu denken und an alle bekannten Superhelden, die euch einfallen, aber natürlich auch an persönliche Mentorinnen oder prägende Persönlichkeiten.

Überlegt euch pro Person einzeln die Antworten auf die folgenden beiden Fragen:

- *Welche Eigenschaft von welchem Superhero hat euer Team bereits?*
- *Von welcher Superheldin, welchem Superhelden hättet ihr gerne noch eine Fähigkeit?"*

Mögliche Antworten könnten sein: „Wir haben die Schnelligkeit von Flash: Wir sind extrem schnell, wenn es darum geht, Projekte umzusetzen.", „Wir sollten wie Captain Planet häufiger in Richtung Nachhaltigkeit und Ressourcenschonung denken oder uns wie Pippi Langstrumpf mehr Zeit für kreative Spinnereien nehmen."

„Nehmt euch nun pro Person 10-15 Minuten Zeit, um Antworten auf diese Fragen zu finden und im Internet zu recherchieren. Postet dann die Bilder eurer Superhelden auf unsere gemeinsame Online-Pinnwand und schreibt auch die Superkraft dazu."

Im Anschluss wird besprochen, welche Superheldenfähigkeiten das Team bereits hat, welche es noch benötigen würde und wie es diese Fähigkeiten erlangen könnte.

Damit kann dann natürlich weitergearbeitet werden.

Es kann aber in einem weiteren Schritt auch ein Bild des Teamsuperheroes gemeinsam angefertigt werden, mit all den Fähigkeiten, die schon vorhanden sind und auch mit denen, die sich leicht erwerben oder umsetzen lassen.

Reflexionsfragen

- Wie gefällt euch euer gemeinsamer Team-Superhero?
- Zu welchen Fähigkeiten, die ihn/sie auszeichnen, trägst du im Speziellen bei?
- Wodurch unterscheidet sich eure Team-Superheldin, euer Team-Superheld von anderen?
- Wozu ist euer Teamhero imstande?
- Was kann er/sie alles schaffen?
- Wie könnt ihr die Fähigkeiten erlangen, die ihr euch noch wünscht?
- Was benötigt es dazu?
- Gibt es eine Kompetenz, die für euch besonders dringend/wichtig wäre?
- Was kann jeder dazu beitragen, diese so schnell wie möglich zu erlangen?

Tools und Technik

- Bei dieser Übung arbeiten wir gerne mit einer Online-Pinnwand, da alle Teammitglieder gleichzeitig ihre Superhelden hochladen können. So sehen es auch die anderen und werden davon wieder inspiriert. Für uns hat sich hier Padlet sehr bewährt.
- Die Teilnehmenden können hier zu den Superhelden Bilder, Videos, Memes, GIFs, Titelmelodien etc. hochladen.

Variationen

Das Superhelden-Bankett

Bei dieser Variation schlüpft jedes Teammitglied in eine Superhelden-Persönlichkeit seiner Wahl, die für ihn oder sie besonders für das Team steht. Jedes Teammitglied hat nun 20 Minuten Zeit, sich selbst in diesen Superhelden oder diese Superheldin zu verwandeln. Etwa mit Verkleidung und Umgestaltung des Bildschirmausschnittes, z.B wie Flash (Schnelligkeit) in Laufschuhen und Sportmontur oder Captain Planet (Nachhaltigkeit) von Pflanzen umgeben etc.

Bitten Sie hierfür alle, die Kameras auszuschalten, damit beim Start der Präsentation der Überraschungseffekt größer ist. Dann laden Sie alle Superhelden im Gremium feierlich ein, sich vorzustellen und zu sagen, womit sie das Team repräsentieren und mit welcher Superkraft sie dies tun.

Beim Superhelden-Treffen sind der Art der Präsentation keine Grenzen gesetzt. Sie können die Teammitglieder bitten, die Titelmelodie des zugehörigen Filmes zu summen oder einen eindeutigen Schrei des Superhelden oder der Heldin nachzuahmen, damit die anderen leichter erraten, um wen es sich handelt. Aus all diesen Liedern und Schreien kann dann ein eigener Teamschrei kreiert werden, der in Zukunft Kraft geben soll. Lassen Sie hier auch gerne Ihrer Kreativität und Fantasie freien Lauf. Für diese Variation benötigen Sie auch keine zusätzlichen Online-Tools.

Hinweis Die meisten von uns sind mit Superhelden aufgewachsen. Viele von uns haben sich als Kinder mit diversen Helden identifiziert und diese nachgespielt. Da diese meist für das Gute kämpfen, lassen Sie sich auch bei Teambuildings gut mit dem eigenen Team und der eigenen Teamidentität verknüpfen. Warum nicht also auch dem Team eine starke, beinahe unbesiegbare Persönlichkeit verleihen.

Team-Resilienz messen und steigern

39

Das Team überprüft, wie widerstands- und leistungsfähig es ist – auch in Krisenzeiten. Die Übung erfasst die Ausprägung einzelner Resilienzfaktoren durch eine umfassende Selbsteinschätzung der Teammitglieder über Ist- und Soll-Zustand.

Organisation

Hashtags: #gemeinsamstatteinsam #wieeinfelsinderbrandung #teamidentität #starkundkrisensicherindiezukunft

Anzahl: bis 12 Personen

Zeitbedarf: 30-45 Minuten

Vorbereitung: mittel

Medien: Videokonferenz-Tool mit Whiteboard- und Kommentarfunktion, ergänzend: Abfragetool

Zielsetzung und Effekte

- Analysefähigkeit und Selbstreflexionskompetenz stärken
- Ist-Situation in Bezug auf Teamstärke und Leistungsfähigkeit analysieren
- Widerstandskraft des Teams messen und konkrete Entwicklungspotenziale aufzeigen
- Faktoren für Leistungsfähigkeit erkennen
- Teamstärken und Resilienzfaktoren im Team erkennen – Resilienzfaktoren stärken
- Vorhandene Teamkompetenzen sichtbar machen
- Diskussion und Austausch im Team anregen
- Erfolgreiche Bewältigung von Krisen fördern – mit Krisen umgehen lernen

Beschreibung

Vor Durchführung der eigentlichen Methode kann es sinnvoll sein, mit dem Team einen kurzen Selbstreflexionsprozess durchzuführen und einen Blick auf aktuelle Herausforderungen und mögliche Belastungssituationen zu werfen. Fragen, die hier leitend für die Analyse sein können, finden Sie in der nächsten Rubrik. Auch diesen Prozess können Sie durch eine geeignete Reflexionsmethode unterstützen.

Für den Einsatz der eigentlichen Methode bereiten Sie im Whiteboard oder auch über ein Online-Abfragetool wie Mentimeter eine Grafik mit einer Skalierung vor. Diese reicht von „Trifft nicht zu/Hier stehen wir ganz am Anfang" bis zu „Trifft völlig zu/Haben wir komplett und professionell umgesetzt". Sie können dazwischen eine Reihe von Abstufungen wählen oder im Endweder-oder-Schema bleiben, womit Sie von den Teilnehmenden einerseits eine klare Entscheidung verlangen (was gut sein kann, da damit kein „Reden um den heißen Brei" möglich ist), aber damit auch kein Graubereich bzw. kein „Es kommt darauf an" in die Diskussion kommen kann. Je nachdem, ob Sie mit Mentimeter arbeiten (hier können die Teilnehmenden ihre Antworten per Mausklick abgeben) oder mit einer Grafik, die Sie ins Whiteboard hochladen und in das die Teammitglieder ihre Antworten mit der Kommentarfunktion eintragen können, bitten Sie die Gruppe, folgende Aussagen mit einem „digitalen Klebepunkt" auf der Skalierung zu versehen:

1. **Fokus**: Wir halten uns nicht mit Dingen auf, die wir nicht ändern können. Sich nur zu beklagen, bringt nichts.
2. **Optimismus**: Wir blicken mit positiver Energie in die Zukunft und stärken bei uns selbst und im Team die Einschätzung, dass es besser werden wird.
3. **Unterstützung**: Wir achten im Team aufeinander und berücksichtigen dabei auch individuelle Bedürfnisse.
4. **Verantwortung**: Wir stecken nicht in einer Opferhaltung fest, sondern suchen nach neuen Handlungsmöglichkeiten und nehmen diese auch wahr.
5. **Hilfe suchen**: Wo notwendig, nehmen wir Hilfe von außen an und sind uns nicht zu stolz, auch im Team aktiv darum zu bitten.
6. **Beharrlichkeit**: Wir geben nie auf, sondern bestärken uns darin, es immer wieder neu zu versuchen, so lange, bis wir eine Lösung gefunden haben.
7. **Lösungsorientierung**: „Wo ein Wille, da auch ein Weg" – so lautet unser Teammotto für den Umgang mit herausfordernden Problemen und schwierigen Situationen.

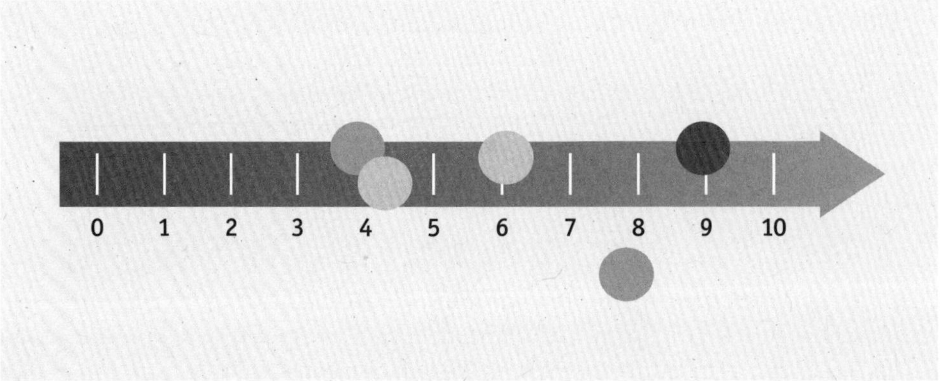

Wichtig ist, dass dabei alle Teammitglieder pro Aussage zwei Stimmen haben bzw. zweimal voten können, z.B. 1. (mit einem blauen Stempel im Kommentar): Ist-Stand: Hier stehen wir aktuell, 2. (Rot): Soll: dort wollen wir hin. Sie können dies in zwei getrennten Runden durchführen und dann die Ergebnisse vergleichen. Die zweite Bewertung dient vor allem dazu, abzufragen, welche Bedeutung Einzelne bzw. das Team den einzelnen Themenbereichen beimisst. Dort, wo sich die größte Abweichung zwischen Ist und Soll zeigt, besteht für das Team der größte Handlungsbedarf. Es hat sich gezeigt, dass dort, wo das Ergebnis sehr uneinheitlich ist, auch eine mangelnde Kohärenz im Team der Grund sein kann – und auch ein Hinweis auf mögliche Teamkonflikte. Ist dies der Fall, empfehlen wir, dies unbedingt im Rahmen einer separaten Reflexion aufzugreifen und mit weiteren kooperativen Methoden dort anzudocken. Wichtig ist es, die durch die Übung angeregte Diskussion im Team, dort, wo sie produktiv ist, laufen zu lassen und sie gegebenenfalls zu moderieren. Auch die Teamführung können Sie in den Prozess mit einbinden. Im Anschluss an die Methode können Sie mit dem Team etwa die bekannte WOOP-Methode anknüpfen.

Reflexionsfragen

Selbstreflexionsfragen für das Team vor der Durchführung der Befragung

- Welche Art von Stress erleben wir aktuell im Team? Ist akute Hilfe notwendig oder die Entwicklung langfristiger Strategien?
- Wie ist es generell um den Zusammenhalt im Team bestellt? Gibt es große Diversität im Denken und Handeln?
- Ziehen alle an einem Strang oder gibt es Untergruppen oder vielleicht sogar Machtspiele?
- Erleben wir uns aktuell als hilflos oder als handlungsfähig?

Reflexionsfragen nach Auswertung der Befragung

- Was bedeutet es für uns als Team, resilient zu sein? Was ist uns dabei besonders wichtig?
- Welche Bedeutung hat Widerstandskraft in unserer derzeitigen Arbeits- und Berufssituation?
- Wo erleben wir uns als besonders resilient und widerstandsfähig? Welche Stärken werden dabei sichtbar?
- Welche Gedanken kommen Ihnen bei Betrachtung der Auswertungsergebnisse? Was fällt auf?
- Wo findet sich die größte Divergenz zwischen Ist- und Soll-Zustand?
- Wo sehen Sie den größten Handlungsbedarf?
- Was könnten mögliche erste Schritte in Richtung Verbesserung sein?

- Ist sich das Team einig über die Bereiche, in denen der größte Handlungsbedarf besteht?
- Welche Verbesserungspotenziale werden deutlich, wenn Sie die Auswertungsergebnisse betrachten?
- Wo herrscht Einigkeit, wo ist das Team nicht einer Meinung? Wo liegen unterschiedliche Bewertungen vor? Was sind die Gründe?
- Wo benötigt man noch weitere Gespräche und genauere Analysen?
- Wo und wie zeigen sich die abgefragten Denk- und Verhaltensweisen im beruflichen Alltag des Teams? Welche Beispiele können Sie finden?
- Welche ersten Schritte können unternommen werden, um einzelne Bereiche zu verbessern?

Tools und Technik

Grundlegend erfordert diese Methode keine besonderen technischen Skills oder Voraussetzungen. Wenn Sie ein digitales Abfragetool wie Mentimeter einsetzen möchten, sollten Sie sich im Vorfeld mit dessen Funktionen vertraut machen und selbst einen ersten Probelauf durchführen, so, als ob Sie selbst Teilnehmender wären. Vergessen Sie dann nicht, die eingetragenen Daten wieder zu löschen, bevor Sie der Seminargruppe den Link über den Chat oder auch den QR-Code zur Verfügung stellen. Nach Durchführung der Übung können Sie den Teilnehmenden für die spätere Weiterverwendung ein Foto der Auswertung bzw. die Auswertung als Datei zur Verfügung stellen.

Variationen

Dem Grundprinzip dieser Methode folgend, können Sie auch mit individuellen Fragestellungen arbeiten. Diese können Sie entweder auf Basis des Auftragsklärungsgesprächs oder aber aus Ihren ersten Beobachtungen des Teams im Zuge des Trainings entwickeln. Denkbar ist auch eine Variante, in der Sie die Methode noch offener gestalten und lediglich mit Schlagworten arbeiten (z.B. Durchhaltevermögen, Zukunftsorientierung, Selbstkritik etc.). In diesem Fall ist es wichtig, dass Sie konkret nachfragen, was sich einzelne Teammitglieder unter den Begriffen genau vorstellen, dass Sie Beispiele finden und mögliche Differenzen von der Wahrnehmung und Deutung der Begriffe deutlich machen.

Hinweise

- Verstärkt durch die Corona-Krise, aber auch schon in den Jahren zuvor, hat das Forschungsfeld der individuellen und organisationalen Resilienz an Bedeutung gewonnen. Was macht Personen und Organisationen widerstandsfähig und flexibel, wodurch zeichnet sich persönliche Stärke im Umgang mit Herausforderungen und Krisen aus? Diese und ähnliche Fragen beschäftigen dabei die psychologische Forschung zu einzelnen Resilienzfaktoren ebenso wie den Trainingssektor, der vor allem daran interessiert ist, Methoden zum Ausbau und zur Kräftigung von resilienzförderlichen Denkmustern und Verhaltensweisen zu entwickeln und einzusetzen. Die jüngste Entwicklung überträgt dabei den Resilienzbegriff auch auf Gruppen und Teams, auf Gemeinschaften und Organisationen und untersucht, welche Faktoren diese widerstandsfähiger und krisensicher machen. Gerade nach langen Phasen im Homeoffice lohnt es sich, auch im Teambuilding gemeinsam einen Blick auf die jeweilige Team-Resilienz zu werfen und Entwicklungspotenziale offenzulegen.

- Die Bearbeitung und Reflexion von Resilienzfaktoren hat sich aus unserer Erfahrung nicht nur im Bereich Stressmanagement und im Resilienz- und Achtsamkeitstraining bewährt. Vielmehr gehört sie heute zum grundlegenden Repertoire im Teamtraining, da diese in Zeiten der viel zitierten VUKA-Welt mit all ihren Veränderungen, wie neuen Formen der Zusammenarbeit, verstärkt notwendig gewordenen Selbstmanagements von Mitarbeitenden und Teams, flexiblen Arbeitszeiten und Homeoffice etc., immer stärker an Bedeutung gewinnen.

Quellen und Ressourcen

- Die beschriebene Methode basiert auf einem im Magazin managerSeminare für den analogen Raum beschriebenen Methode „Soundcheck“, die Teams auch selbstständig in Teamsituationen anwenden können. Siehe dazu www.managerseminare.de/MS277AR03 (kostenpflichtig).
- Weiterführende Literaturempfehlung zum Thema „Resilienz“: www.managerSeminare.de

Download-Ressource

- Skalierungsgrafik

WOOP-Methode

40

Mithilfe der WOOP-Methode stärkt und erweitert das Team seine eigene Handlungsfähigkeit. Im Selbstcoaching erarbeitet das Team kooperativ Wenn-dann-Pläne zur Bearbeitung von Problem- und Aufgabenstellungen, die auch einem umfassenden Realitätscheck standhalten.

Organisation

Hashtags:#woopwoop #selbstcoaching #esgibtnichtsgutesaußermantutes #wiegehtesweiter?

Anzahl: bis zu 12 Personen

Zeitbedarf: 30 Minuten

Vorbereitung: gering

Medien: jedes Videokonferenz-Tool plus Padlet oder PowerPoint

Zielsetzung und Effekte

- Erkennen und Erweitern der eigenen Handlungsmöglichkeiten – Ausbau der Handlungs- und Entscheidungskompetenz
- Selbstcoaching-Kompetenz entwickeln und stärken
- Hindernisse und Stolpersteine schon im Vorfeld antizipieren
- Wenn-dann-Pläne entwickeln
- Zukunftsvorstellungen im Team über das Team austauschen und verstetigen
- Stress- und Belastungssituationen gemeinsam bewältigen – Schwierigkeiten überwinden

Beschreibung

Für die Durchführung der Übung ist es wichtig, dass Sie genügend Zeit einplanen, vor allem, wenn das Team das erste Mal mit der WOOP-Methode arbeitet. Hat die Gruppe schon Erfahrung mit den vier Schritten dieses Programms, können Sie schneller vorgehen. In jedem Fall ist es wichtig, sich gut zu überlegen, zu welchem Zeitpunkt im Training Sie die Methode einsetzen.

Als Vorbereitung erstellen Sie zunächst in einem digitalen Kooperationstool vier digitale Pinnwände bzw. Flipcharts (z.B. in Padlet, Miro oder aber auch eine PowerPoint-Folie, die Sie mit der Seminargruppe über Ihren Bildschirm teilen). Ob Sie alle vier Schritte auf einer Folie bzw. auf einem „Blatt" darstellen oder vier einzelne Seiten gestalten, ist Ihnen überlassen. Der Vorteil einer Vierteilung besteht darin, dass der Wechsel von einer Fragestellung zur nächsten sehr bewusst und gezielt erfolgen kann. Da für jede der vier Fragen auch unterschiedliche

Denkweisen bzw. Energien erforderlich sind, empfehlen wir aus unserer Erfahrung ein schrittweises Vorgehen. Nachdem Sie der Gruppe die grundlegende Vorgehensweise erläutert haben, können Sie die Methode folgendermaßen anmoderieren:

Wunsch	**Ergebnis**
Hindernis	**Plan**

Vier-Felder-Matrix: Wunsch, Ergebnis, Hindernis, Plan

„Zunächst bitte ich Sie, sich in einem ersten Schritt als Team über individuelle und gemeinsame Zielvorstellungen für die Zukunft Ihrer Zusammenarbeit Gedanken zu machen und in einen Austausch zu gehen (Wunsch). Zentrale Leitfrage ist dabei diese: ‚Was möchten wir gemeinsam als Team erreichen?' Oder: ‚Was wünschen wir uns für uns als Team in Zukunft?' Überlegen Sie gemeinsam, was Ihnen dabei am Herzen liegt, der Wunsch darf auch anspruchsvoll oder eine Idealvorstellung sein. Wichtig ist aber, dass Sie ihn als Team innerhalb einer bestimmten Zeit auch erreichen können (z.B. ein Monat, ein halbes Jahr, ein Jahr). Visualisieren Sie das Ziel gemeinsam wie vor einem inneren Auge.

Im zweiten Schritt überlegen Sie bitte gemeinsam, was das bestmögliche Ergebnis der Wunscherfüllung sein könnte (Ergebnis). Malen Sie sich als Team aus, was passiert und wie es sich anfühlen wird, wenn der Wunsch erfüllt und das Ergebnis erreicht ist. Schränken Sie sich hier nicht ein, sondern lassen Sie Ihren Gedanken freien Lauf und spüren Sie auch nach, wie sie sich fühlen werden, wenn das Ziel erreicht ist. Leitfrage dabei ist: ‚Welche Vorteile ergeben sich durch die Zielerreichung für das Team, seine

Teammitglieder und die ganze Organisation?' Welche Vorteile ergeben sich durch die Zielerreichung für das Team, die Teammitglieder und die Organisation?'

Im dritten Schritt ist es nun wichtig, Ihre Wunschvorstellungen mit der Realität in Übereinstimmung zu bringen. Listen Sie dafür als Team alle Hindernisse auf, die beim Erreichen des Ziels auftreten können (Hindernis). Leitend soll hier die Frage sein: ,Was hält uns noch davon ab, was hindert uns an der Wunscherfüllung?' Seien Sie dabei so offen und ehrlich wie möglich. Denken Sie dabei aber nicht nur an externe und äußere Umstände, sondern identifizieren Sie auch eigene Verhaltensweisen, Denkmuster und Gewohnheiten. Stellen Sie sich auch hier die ungünstigen Bedingungen möglichst lebhaft vor.

Im vierten und letzten Schritt wird es darum gehen, für jedes mögliche Hindernis einen konkreten Plan zu entwickeln, nach dem Schema: ,Wenn X passiert/eintritt, machen wir Y.' Fragen Sie sich hier als Team: ,Was können wir tun, um das Hindernis zu überwinden? Wie können wir diese Schwierigkeit in den Griff bekommen? Was können wir konkret machen?' Überlegen Sie dabei auch, welche Handlungsweisen Sie für besonders Erfolg versprechend halten. Diskutieren Sie dann noch, wann und wo Sie mit dem Auftreten des Hindernisses rechnen und formulieren Sie abschließend einen Wenn-dann-Plan in schriftlicher Form. Halten Sie bitte für alle vier Schritte die wichtigsten Diskussionspunkte und Ergebnisse in schriftlicher (oder symbolischer) Form fest, um später damit weiterarbeiten zu können."

Mithilfe dieser sehr einfachen, aber effektiven Methode erkennt das Team, dass durch die Verbindung von Hindernis und geplanter Aktivität mögliche Stolpersteine schon im Vorfeld antizipiert und überwunden werden können. Die positive Energie, die dadurch freigesetzt wird, erhöht zudem das Selbstwirksamkeitserleben und fördert eine ganze Reihe an Resilienzfaktoren wie Lösungsorientierung und Optimismus. Außerdem stärkt es die Fähigkeit, strukturiert und konkret zu planen sowie strategische Entscheidungen im Team zu treffen. Dort, wo Teams die WOOP-Methode auch nach dem Training, z.B. in Teamsitzungen, bei Planungsmeetings etc. einsetzen, erleben sie langfristig, wie die Rückerlangung der eigenen Handlungskompetenz auch beim Auftauchen von Problemen und Schwierigkeiten vereinfacht wird, da die dahinterliegende Strategie auf bereits antizipierte und geplante Lösungswege zurückgreift und immer mehr ins tägliche Tun und Planen übergeht.

Reflexionsfragen

- Wo erleben Sie Ihr derzeitiges Handlungsrepertoire als eingeschränkt? Welche Gründe sind dafür erkennbar?
- Wo möchten Sie als Team Ihr Handlungsspektrum erweitern? Wo sehen Sie hier eine zwingende Notwendigkeit? Wo kommen Sie als Team nicht weiter?
- Wie hat sich die (aktuelle) Krise auf Sie als Team ausgewirkt? Welche Folgewirkungen haben sich für Ihre Zusammenarbeit ergeben?
- Wo sehen Sie Vorteile oder auch mögliche Nachteile dieser vierteiligen Vorgehensweise?
- Wie könnten Sie die Methode in Ihren eigenen Teamalltag einbauen?
- Wo und wie könnten Sie den Viererschritt auch in Ihrem persönlichen Alltag anwenden?
- Wie bewerten Sie die Ergebnisse des WOOP-Teamprozesses?
- Ist noch etwas offen geblieben? Wo braucht es noch weiterführende Prozesse?
- Wie haben Sie die Kommunikation über Wünsche und Bedürfnisse erlebt?
- Was ist Ihnen im Rahmen des „Realitätschecks" aufgefallen? Welche Wertvorstellungen und Denkmuster werden sichtbar?
- Wie leicht/schwer ist es Ihnen gefallen, sich im Team über die gemeinsame Teamzukunft auszutauschen?
- Wer ist für welche Aspekte der Planung verantwortlich? Wer kümmert sich im Ernstfall um die Umsetzung des Wann-dann-Planes?
- Was gibt es noch zu bedenken? Ist noch etwas offen?
- Was ist Ihnen nach dieser Übung klarer bzw. deutlicher als vorher? Was hat Sie überrascht?
- Welche Gemeinsamkeiten und Unterschiede in den Wunschvorstellungen sind deutlich geworden? Wie sind Sie zu einer Einigung gekommen?
- Wie haben Sie den Prozess der kooperativen Entwicklung von Vorstellungen für die Teamzukunft erlebt? Was ist für Sie persönlich dabei sichtbar geworden?

Tools und Technik

Hilfreich kann es sein, wenn Sie die Leitfragen noch einmal separat notieren, in den Chat schreiben oder auf der Folie/im Kooperationstool selbst noch einmal schriftlich anführen.

Variationen

- Bei einer größeren Gruppe können Sie im Vorfeld mit dem Team besprechen, in Kleingruppen zu arbeiten (jede Gruppe macht alle

Schritte durch) – die Ergebnisse werden danach im Plenum ausgetauscht. Planen Sie in diesem Fall unbedingt mehr Zeit ein.

- Sie können die Methode auch noch stärker auf das Thema „Krise“ bzw. „Krisenbewältigung“ hin anpassen. Nutzen Sie hierzu die Leitfragen, um diese noch konkreter darauf zuzuschneidern.
- Wie genau Sie die Leitfragen formulieren, ist auch von den konkreten Trainingszielen bzw. auch von aktuellen Herausforderungen im und für das Team abhängig. Die grundlegenden vier Denk- bzw. Planungsrichtungen sollten jedoch eingehalten werden.

Hinweise

- Die aus dem Selbstcoaching stammende Methode wurde von den Psychologen Gabriele Goettingen und Peter Gollwitzer unter dem Namen „WOOP“ entwickelt. Die Abkürzung steht für: 1. Wish (Wunsch), 2. Outcome (Ergebnis), 3. Obstacle (Hindernis) und 4. Plan (Maßnahmen). Das Selbstcoaching erfolgt dabei in Form einer strukturierten Selbstbefragung. Die Methode kombiniert dabei den Ansatz des Mental Contrasting (Schritte eins bis drei) mit dem von Peter Gollwitzer entwickelten Konzept der Implementation Intentions (Schritt vier: Wenn-dann-Plan).
- Hintergrund der entwickelten Methode sind psychologische Erkenntnisse, wonach positive Zukunftsvorstellungen uns zwar helfen, uns in eine positive und lösungsorientierte Stimmung zu versetzen, jedoch oft die eigentliche Erfüllung der Wünsche verhindern, da wir sie zwar im Hier und Jetzt – in unserer idealisierten Vorstellung genießen – die eigentliche Mobilisierung und Freimachung der notwendigen Energie für die Umsetzung aber ausbleibt. Kontrastieren wir hingegen die positive Vorstellung der Zukunft mit Hindernissen der Realität, sind wir dazu gezwungen, unsere Wünsche zu priorisieren und sie in machbare Wünsche umzuwandeln, Kompromisse zu finden und Unerreichbares loszulassen. Kombiniert mit Methoden, die konkrete Durchführungsvorsätze (Wenn-dann-Pläne) anregen und zum Ziel zu haben, eignet sich diese megakognitive Selbstregulationsstrategie hervorragend, um Einsicht in die eigenen Wünsche und Bedürfnisse zu erlangen, Verhaltensweisen erfolgreich zu verändern und anzupassen und konkrete Handlungspläne für die Zukunft des Teams zu entwickeln.

Quellen und Ressourcen

- Eine ausführliche Beschreibungen zur WOOP-Methode und ihren Einsatzmöglichkeiten finden Sie unter anderem in: managerSeminare, Heft 236, November 2017: managerSkills: Selbststeuerung.
- Literaturempfehlung: Oettingen, Gabriele (2015): Die Psychologie des Gelingens. Pattloch Verlag.
- Link: www.woopmylife.org (Stand: Juli 2022): Hier wird die neue Motivationstechnik WOOP vorgestellt – u.a. mit einem Audio-Kurs und einer App, die kostenlos downloadbar sind.
- Quelle 1: Tutorial „Soundcheck“: Download des Artikels „Gemeinsam cool bleiben“ und des Tutorials (in der PDF-Variante): www.managerseminare.de/MS277AR03.
- Quelle 2: Krott, Marheinecke & Oettingen: Mentale Kontrastierung und WOOP fördern Einsicht und Veränderung. https://www.psy.uni-hamburg.de/arbeitsbereiche/paedagogische-psychologie-und-motivation/personen/oettingen-gabriele/dokumente/krott-marheinecke-oettingen-2019-mentale-kontrastierung-und-woop-foerdern-einsicht-und-veraenderung.pdf (Stand: Juli 2022).
- Quelle 3: Sylvia Lipkowski, in Anlehnung an: G. Oettingen: Die Psychologie des Gelingens. Pattloch, München 2015 – in: managerSeminare, Heft 236, November 2017: managerSkills: Selbststeuerung. https://www.managerseminare.de/Dossiers/Selbststeuerung,260352 (Stand: Juli 2022).

Teamgeräusche

41

Die Teilnehmenden denken um die Ecke und nehmen Geräusche auf, die sie mit dem Team verbinden. Diese werden auf eine gemeinsame Pinnwand hochgeladen. Die anderen sollen erraten, um welches Geräusch es sich handelt und was es mit dem Team zu tun haben könnte.

Organisation

Hashtags:#thinkoutsidethebox #assoziationsarbeit #teamgeräusche #teamidentität

Anzahl: bis zu 12 Personen

Zeitbedarf: 45-60 Minuten

Vorbereitung: gering

Medien: Videokonferenz-Tool und Online-Pinnwand mit Aufnahmefunktion (z.B Padlet)

Zielsetzung und Effekte

- Sich über das Team Gedanken machen
- Durch Assoziationsarbeit neue Impulse und Gedankenanstöße zum eigenen Team bekommen
- Kreative Annäherung, wenn es um Teamidentität geht
- Viele verschiedene Sichtweisen bekommen
- Aktivierung der Teilnehmenden
- Aktivierung anderer Sinneskanäle für neue Impulse

Beschreibung

In einem ersten Schritt erstellen Sie eine Online-Pinnwand und posten den Link zu dieser gemeinsamen Seite in den Chat des Videokonferenz-Tools.

Nun bitten Sie die Teilnehmenden, diesem Link per Smartphone zu folgen. Hierfür kann es nötig sein, dass sich die Teammitglieder den Link zuerst selbst per Mail schicken. Erklären Sie den Teammitgliedern noch, wie und wo sie die Aufnahmefunktion direkt im Pinnwand-Tool finden – und die Übung kann losgehen.

Die Aufgabe lautet, in 10-15 Minuten ein Geräusch mit dem Smartphone aufzunehmen, das besonders gut zum Team passt, an das Team erinnert oder einen Teamwert widerspiegelt. Bitten Sie die Teilnehmenden, nichts zu Offensichtliches, wie etwa den Sound der Kaffeemaschine, zu nehmen, sondern tatsächlich um die Ecke zu denken. Etwa: Uns zeichnet aus, dass wir besonders gut darin sind, Projekte erfolgreich abzuschließen. Das Geräusch dazu könnte ein Schlüssel sein, der eine Tür abschließt.

Da die Teilnehmenden ausreichend Zeit haben, können Sie das Team auch ermutigen, das Haus zu verlassen und Geräusche in der Natur aufzunehmen. So sorgen Sie gleichzeitig für etwas Aktivierung an der frischen Luft.

Nach 10-15 Minuten beginnt das große Raten. Sie können nun entweder Ihren Bildschirm freigeben oder die Teammitglieder gleich bitten, sich die Geräusche am eigenen Handy anzuhören, dann sehen Sie die Teilnehmenden weiterhin in größeren Bildausschnitten.

Raten Sie der Reihe nach mit dem Team, um welche Geräusche es sich handelt und was das Geräusch mit dem Team zu tun haben könnte.

Da Sie etwa auf Padlet die einzelnen Posts bearbeiten können, schreiben Sie die Bedeutung der erratenen Geräusche zu den einzelnen Soundfiles dazu. So haben Sie eine schöne Erinnerung, die Sie dem Team anschließend zur Verfügung stellen können.

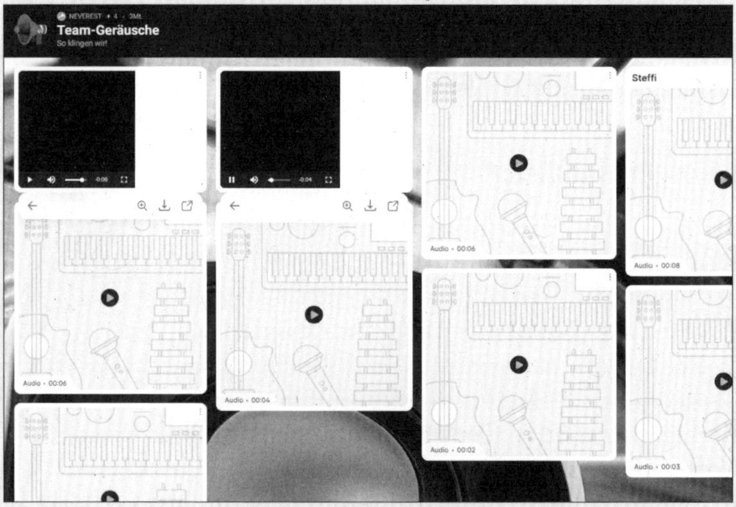

Reflexionsfragen

- Bei all den Geräuschen, die ihr jetzt gehört habt, wie zufrieden seid ihr mit dem Klang eures Teams? (Skala von 0-10)
- Was hat gefehlt?
- Was war neu für euch?
- Welche Teameigenschaften haben wir besonders häufig in ähnlicher Form gehört?
- Sind das die Dinge, die euch auch im Teamalltag besonders oft auffallen oder war das eher Zufall?
- Welche Eindrücke könnte eine außenstehende Person von eurem Team bekommen, wenn sie diese Geräusche mit den Erklärungen hört?
- Ist das auch der Eindruck, den ihr vermitteln wollt?
- Was oder welche Erkenntnisse über euer Team könnt ihr aus dieser Übung mitnehmen?

Tools und Technik

Bei der Online-Pinnwand hat sich für uns Padlet sehr bewährt. Das direkte Aufnehmen der Soundfiles vom Computer oder vom Handy aus auf die gemeinsame Seite ist ein großer Pluspunkt, der die Übung sehr einfach umsetzbar macht und auch für weniger geübte Online-User leicht verständlich ist.

Variationen

- Je konkreter Sie die Frage stellen, desto klarer sind häufig auch die „Geräusch-Antworten".
- Bei kleineren Teams können Sie den Mitgliedern auch mehrere Fragen mit auf den Weg geben und pro Frage ein Geräusch einfordern, z.B: 1. Was zeichnet uns als Team besonders aus? 2. Was fehlt unserem Team noch? 3. Was könnte die nächste wichtige Aufgabe sein, die unser Team nun angehen sollte?

Hinweise

Unser Tipp: Je weniger Personen, desto mehr Geräusche. Bei etwa 12 Personen lassen wir jedes Teammitglied nur ein Geräusch hochladen, während bei kleineren Gruppen 2-3 Geräusche pro Person absolut sinnvoll sind. Da über jedes Geräusch gerätselt und über die Bedeutung gesprochen werden sollte, ist die Anzahl der Geräusche von großer Bedeutung, um die Übung nicht langatmig werden zu lassen.

Quellen und Ressourcen

Geräusche zu erraten, ist von diversen Radiogewinnspielen bekannt. Diese Rätselfreude machen wir uns hier zunutze und fordern das Team auf, sich auf ungewöhnliche Weise mit der eigenen Teamidentität auseinanderzusetzen.

Das Raster-Desaster

42

Das Team bekommt gemeinsam eine einfache Zeichnung in einem Raster gezeigt und muss diese nach einer kurzen Besprechungszeit gemeinsam reproduzieren. Beim Nachzeichnen in ein leeres Raster haben die Teammitglieder die Vorlage allerdings nicht mehr zur Verfügung ...

Organisation

Hashtags: #arbeitsverteilung #werübernimmtwieviel #rasterdesaster #allesindwichtig

Anzahl: 3-15 Personen, auch mit Großgruppen durchführbar

Zeitbedarf: 30-60 Minuten

Vorbereitung: mittel

Medien: Videokonferenz-Tool mit vorbereiteter PowerPoint, Whiteboard, Mural oder Miro

Zielsetzung und Effektee

- Aufgabenverteilungen beobachten und reflektierbar machen
- Kommunikationsprozess beleuchten
- Jedes Teammitglied ist wichtig und wird benötigt, um die gesamte Aufgabe zu schaffen
- Gemeinsam Arbeiten unter Zeitdruck
- Gegenseitige Hilfestellung vs. klare Aufgabenverteilung

Beschreibung

Je nachdem, wie lange Sie diese Übung spielen und wie viel Steigerungspotenzial Sie der Gruppe ermöglichen wollen, bereiten Sie unterschiedlich viele Rasterzeichnungen vor. Sie benötigen jeweils eine vorgegebene Rasterzeichung auf einer PowerPoint und ein leeres Raster auf dem nächsten Slide.

Das Team bekommt nun die Aufgabe, sich die Rasterzeichnung genau anzusehen und zu besprechen, wie es diese in ein leeres Raster so genau wie möglich reproduzieren kann. Beim Nachzeichnen mithilfe der Kommentierfunktion steht den Künstlerinnen die Vorlage aber nicht mehr zur Verfügung. Sie müssen sich die Zeichnung gut einprägen. Wichtig: Es dürfen keine zusätzlichen Hilfsmittel verwendet werden. Also kein schnelles Abzeichnen mit Zettel und Papier, Abfotografieren mit dem Handy oder Erstellen eines Screenshots.

Wie viel Besprechungszeit Sie der Gruppe geben, bleibt Ihnen überlassen, ebenso, wie Sie die Übung reflektieren wollen.

Reflexionsfragen

Fragen zur Aufgabenverteilung

- Wie zufrieden seid ihr mit dem Ergebnis?
- Wie habt ihr euch die Arbeit aufgeteilt und warum habt ihr euch für diese Lösung entschieden?
- Wie zufrieden seid ihr mit dieser Entscheidung?
- Wie fair habt ihr die Arbeitsverteilung gefunden?
- Wer hat sich zu viel vorgenommen?
- Was hat dich daran gehindert, dies der Gruppe mitzuteilen oder um Hilfe zu bitten?
- Wer hätte noch Kapazitäten gehabt die ungenutzt geblieben sind?
- Wie hätte man der Gruppe noch zur Verfügung stehen können?
- Habt ihr euch gegenseitig unterstützt oder euch eher auf eure eigenen Parts konzentriert? Warum?
- Was aus dieser Übung könnt ihr auch im beruflichen Alltag beobachten?
- Was könnt ihr euch für die Zukunft daraus mitnehmen?

Fragen zum Kommunikationsprozess

- Wie gut und angenehm habt ihr die Kommunikation beim Besprechungsprozess und während der Übung gefunden?
- Wenn es ein Zeitlimit gegeben hat: Wie habt ihr die Kommunikation unter Stress erlebt?
- Wie hat sich die Kommunikation durch den Zeitdruck geändert?
- Erlebt ihr das auch in eurem Arbeitsalltag?
- Was hättet ihr euch für die Kommunikation gewünscht?
- Wie könnte man die Kommunikation für die Zukunft auch in Stresssituationen optimieren?

Fragen zur Teamarbeit

- Wie wichtig war die Arbeit jedes Einzelnen?
- Wie war das für euch, zu wissen, dass die Leistung jeder Person für den Teamerfolg ausschlaggebend ist?
- Hat euch das in eurem Tun bestärkt oder eher unter Druck gesetzt?
- Wie gehst du generell damit um, wenn du weißt, dass sich andere auf deine Leistung verlassen?
- Was würdest du von den anderen brauchen, damit dir das leichter fällt?

Tools und Technik

- Wir verwenden für die Übung am liebsten PowerPoint. Die Slides lassen sich einfach vorbereiten und nachdem sich das Team die Vorlage angesehen hat, wird einfach auf die nächste Slide mit dem leeren Raster darauf weitergeklickt.
- Wichtiger Hinweis: Geben Sie den Teilnehmenden in jedem Fall vorab die Möglichkeit, sich mit den Kommentierfunktionen vertraut zu machen, indem Sie sie eventuell ein leeres Raster vorab bearbeiten lassen!

Variationen

- Als besonders knifflige Variante können Sie das leere Raster umdrehen, sodass das Team nun das Bild verkehrt herum malen muss. Hierfür sollten Sie aber ein paar Raster bereits vorgeben, damit dem Team auf den ersten Blick klar ist, dass das Bild nun auf dem Kopf stehend gemalt werden muss. Später können Sie die Übung z.B. in Richtung „Umgang mit Unvorhergesehenem" reflektieren.
- Weiterhin können Sie den Schwierigkeitsgrad steigern und mehrere Durchgänge spielen, bei dem das Team die Aufgabenverteilung und die Kommunikation jeweils optimieren soll.

- Diese Übung funktioniert auch bei Großgruppen. Hierbei empfiehlt sich folgendes Vorgehen: Teilen Sie die Großgruppe zuerst in Kleingruppen und schicken Sie diese in Breakout-Sessions mit dem Hinweis, dass Sie gleich ein Rasterbild gezeigt bekommen. Sie verraten aber noch nicht, welches. Sie können aber schon Beispielbilder zeigen, oder das leere Raster. In den Breakout-Sessions haben alle nun 5 Minuten Zeit, zu überlegen, wie sie sich dieses Bild optimal einprägen wollen, das sie im Anschluss an die Beratungszeit für 30 Sekunden gezeigt bekommen. Nach den 5 Minuten holen Sie alle zurück, geben Ihren Bildschirm für 30 Sekunden frei und zeigen in Mural oder Miro das Bild. Dann decken Sie es ab oder geben eine neue Seite frei, zu der alle bereits eingeladen wurden. Auf der neuen Seite befinden sich nun so viele leere Raster, wie es Kleingruppen gibt, mit der Gruppenbezeichnung, damit jedes Team weiß, in welches Raster sie zeichnen müssen. Das Team, das zuerst fertig mit dem Bild ist, gewinnt.

Hinweise

Sie können auch Firmenlogos der Teams verwenden, da Logos meist einfach gestaltet sind.

Quellen und Ressourcen

Wenn Sie Ihre Bilder nicht selbst zeichnen wollen, finden Sie im Internet sehr viele nützliche Rasterzeichnungen aus dem Grundschulbedarf. Geben Sie „Gitterbilder" oder „Gittertiere" als Suchbegriff ein und wählen Sie das für Sie Passende aus. Einfach die Bilder mit den Quellenangaben abspeichern, eventuell zuschneiden und verwenden.

Zehn Gemeinsamkeiten

43

Das Team macht sich Gedanken über mindestens 10 Gemeinsamkeiten, die alle Teammitglieder verbinden. Die Ergebnisse sollen dann auch kreativ umgesetzt werden und können dem Team im Anschluss als Erinnerung zur Verfügung gestellt werden.

Organisation

Hashtags: #teamidentität #vertiefendeskennenlernen #gemeinsamkeitenentdecken #verbindendesvortrennendes

Anzahl: 2-15 Personen

Zeitbedarf: 30-45 Minuten

Vorbereitung: keine

Medien: Videokonferenz-Tool und Whiteboard, PowerPoint, Mural oder Miro zum Gestalten

Zielsetzung und Effekte

- Kennenlernen ermöglichen und vertiefendes Kennenlernen anregen
- Gemeinsamkeiten im Team entdecken
- Für Gesprächsstoff sorgen
- Das Verbindende vor das Trennende stellen
- Erstes Sichtbarwerden von rangdynamischen Positionen und Teamrollen
- Die Energie des Teams wird spürbar
- Handlungsweisen des Teams können beobachtet werden
- „Thinking outside the Box" anregen

Beschreibung

Das Team bekommt die gemeinsame Aufgabe gestellt, mindestens 10 Gemeinsamkeiten zu finden, die auf alle zutreffen und diese im Anschluss auf einem Whiteboard oder einer weißen PowerPoint gemeinsam niederzuschreiben oder zu gestalten: „Je überraschender die Gemeinsamkeiten sind, desto besser!" Meistens beginnen die Gruppen damit, sich über den Familienstand auszutauschen und zu Hobbys zu befragen. Es dauert meist ein paar Minuten, bis sie sich wirklich trauen, ungewöhnliche Fragen zu stellen. Geben Sie daher rund 30 Minuten Besprechungszeit. Sie entscheiden, ob das Gestalten nach oder während des Prozesses geschieht.

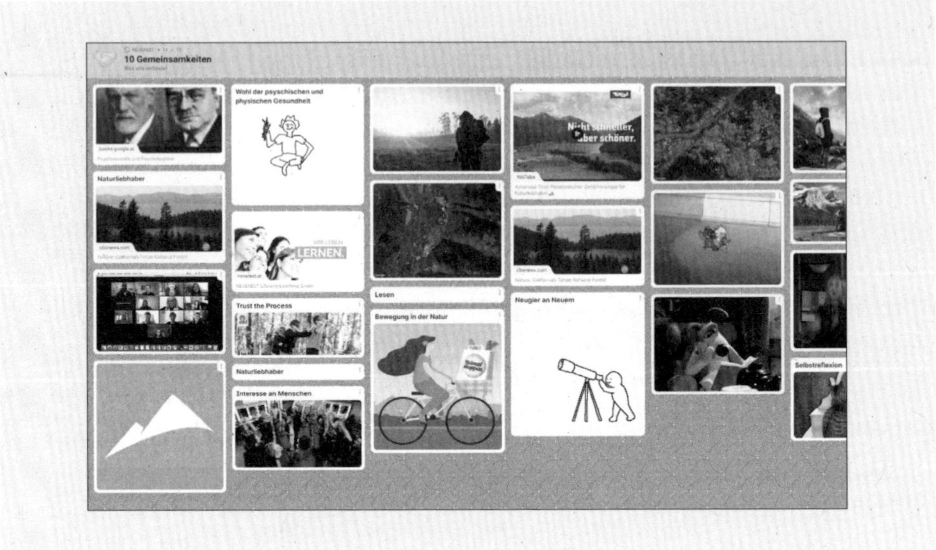

Reflexionsfragen

- Wie leicht oder schwer ist es euch gefallen, Gemeinsamkeiten zu finden?
- Welche Fragen haben es begünstigt, zu ungewöhnlicheren Antworten zu kommen?
- Was hat das im Team bewirkt?
- Was macht es jetzt mit euch, dass ihr diese Gemeinsamkeiten kennt?
- Wie habt ihr den Gruppenprozess erlebt?
- Wie sehr hattet ihr das Gefühl, euch in den Gruppenprozess einbringen zu können?
- Was hättest du gebraucht?
- Was wollt ihr euch für weitere Übungen und gemeinsame Prozesse mitnehmen?
- Was wollt ihr das nächste Mal ausprobieren?

Tools und Technik

Online empfiehlt es sich, zuerst den Gesprächsprozess abzuschließen und erst dann den Bildschirm für die kreative Gestaltung zu teilen. So sehen sich die Teilnehmenden zuerst in größeren Fenstern, was den verbalen Austausch begünstigt. Meistens findet das gemeinsame Gestalten auch harmonischer und freudvoller statt, wenn es im Anschluss passiert. So hat auch das gemeinsame Bild mehr Kraft.

Variationen

- Sie können, wenn Sie unter Zeitdruck stehen, auch weniger Gemeinsamkeiten suchen lassen. Meistens sind die erstgenannten Gemeinsamkeiten allerdings häufig offensichtlich und noch nicht sehr identitätsstiftend.
- Sie können es den Teilnehmenden überlassen, ob sie zuerst besprechen und dann gestalten oder beides parallel durchführen. Dies lässt spannende gruppendynamische Prozesse entstehen, die wiederum gut reflektiert werden können.
- Die Gruppe kann mit den gefundenen Gemeinsamkeiten ein Teamwappen gestalten.
- Die Gruppe sucht zu ihren Gemeinsamkeiten passende Bilder im Netz und gestaltet damit eine Fotocollage auf Mural oder Miro.
- Besonders spannend ist auch die Variante „3 Menschen, 3 Minuten, 3 Gemeinsamkeiten“. Schicken Sie immer 3 Personen in Breakout-Sessions, die nun 3 Minuten Zeit haben, sich auf 3 Gemeinsamkeiten zu einigen.

Hinweise

- Diese Übung eignet sich besonders als eine der Einstiegsübungen in Teamtrainings. So richten wir den gesamten Teamtag schon darauf aus, das Verbindende vor das Trennende zu stellen und sich für die anderen Teammitglieder zu interessieren.
- Wir zeigen den Teilnehmenden als Mindopener sehr gerne noch vor der Anmoderation das Video „All that we share“ eines dänischen Fernsehsenders. In diesem Video geht es um Gemeinsamkeiten, die nicht auf den ersten Blick offensichtlich sind und uns dennoch verbinden.

Quellen und Ressourcen

- Zwei Filmempfehlungen, wie wir mit vermeintlich „wildfremden“ Menschen verbunden sein können: Suchen Sie auf YouTube nach „TV2 – All that we share“, https://www.youtube.com/watch?v=jD8tjhVO1Tc (Stand: Juli 2022).
- Auch die Fortsetzung „TV2 – All that we share – connected“ ist sehr zu empfehlen, https://www.youtube.com/watch?v=UQ15cqP-K80 (Stand: Juli 2022).

Übungen mit Hilfsmitteln, die man zuschicken muss

Übungen aus dieser Kategorie funktionieren mit Materialien, die Sie den Teilnehmenden vorab zuschicken. Dies hat natürlich einen großen Vorteil: Ein Geschenk vor einem Teamtag zu erhalten, sorgt schon vorab für positive Stimmung, erhöht die Vorfreude und die Spannung.

Sie können die Box liebevoll zusammenstellen, zusätzlich einen sympathischen Einladungstext verfassen und Ihre persönliche Freude auf das Team darin ausdrücken. Sie können es auch mit dem Hinweis versehen, dass die Box erst am Morgen des Teamtages geöffnet werden soll, wenn Sie das möchten.

Der Nachteil besteht darin, dass der Vorbereitungsaufwand nicht zu unterschätzen ist.

Sie müssen die benötigten Dinge selbst bestellen/kaufen, und zwar in der richtigen Teilnehmerstärke. (Kaufen Sie immer ein paar Stück mehr ein!)

Dies erfordert eine gute Absprache mit den Auftraggebern sowie ein gutes Timing. Bestellte Materialien können Lieferverzögerungen haben. Es können kurzfristig noch zusätzliche Teilnehmende dazukommen etc. Bestellen Sie daher rechtzeitig!

Sie müssen die Boxen selbst befüllen, zur Post bringen und rechtzeitig in Auftrag geben. Dafür benötigen Sie vorab die Adressen der Teilnehmenden und den Hinweis, dass an die von ihnen angegebene Adresse eine Überraschung geschickt wird, die für den Teamtag benötigt wird.

Auch eventuelle Zustellschwierigkeiten sollten Sie einplanen und auch hier Optionen parat haben, was die Teilnehmenden tun können, die versehentlich keine Box erhalten haben, um größere Enttäuschungen zu vermeiden. Auch hier finden Sie von uns Tipps und Vorschläge bei den Übungsbeschreibungen.

Der Vorbereitungsaufwand zahlt sich allerdings aus. Denn so können Sie Übungen durchführen, die teilweise kniffliger sind, oder Übungen, die vor allem haptische, handlungsorientierte Menschen ansprechen.

Extratipp: Geben Sie ein kleines Geschenk als Erinnerung an den Teamtag mit in die Box, das sich die Teilnehmenden etwa auf den Schreibtisch stellen können. So denken sie häufig an das gemeinsame Training zurück. Auch Nervennahrung in Form von Studentenfutter oder Schokolade ist meist eine willkommene Aufmerksamkeit.

Farbenblind

44

Aufgabe der Teilnehmenden ist es, gemeinsam „blind“ und nur auf die verbale Kommunikation und ihren Tastsinn angewiesen, eine knifflige Denkaufgabe zu lösen: Welche Teile fehlen? Dieser herausfordernde Übungsklassiker der Erlebnispädagogik fordert die Seminargruppe digital ebenso wie im analogen Raum. Genaues Hinhören, Austausch und Kooperation stehen im Fokus. Dabei müssen sich alle beteiligten Personen gleichermaßen einbringen – nur, wenn sich alle beteiligen, ist die schwierige Aufgabe zu schaffen.

Organisation

Hashtags: #denkaufgabe #vernetzungundkooperation #hörgenauhin #aktiveszuhörenistalles

Anzahl: 4-16 Personen

Zeitbedarf: 30-45 Minuten

Vorbereitung: hoch

Medien: jedes Videokonferenz-Tool

Zielsetzung und Effekte

- Konfrontation mit dem eigenen Gesprächsstil
- Etablierung von Kommunikationswegen innerhalb eines Teams
- Erhöhung des Verständnisses der Gruppenmitglieder untereinander
- Bedeutsamkeit von Abhängigkeiten und Vernetzung zwischen Arbeitsbereichen und Denkwelten erkennen
- Teilinformationen zusammentragen, filtern – Training klarer Kommunikation
- Fokus und Blick auf das Wesentliche schulen – Struktur ins Chaos bringen
- Herausforderungen einer schnelllebigen Arbeitswelt managen
- Feedback-Kompetenz trainieren
- Schulung von Wahrnehmung und Detailsinn
- Bedeutung und Bedeutsamkeit von Informations- und Ideenaustausch erkennen
- Training und Weiterentwicklung von Organisations- und Strategieentwicklungskompetenz

Beschreibung

Die Seminarleitung (oder auch ihre Kontaktperson im Unternehmen, die HR-Anteilung, die Teamleitung etc.) schickt den einzelnen Teilnehmenden vorab eine kleines Paket mit den für die Übung notwendigen, farbigen Spielteilen zu. Das Methodenset umfasst insgesamt 30 solcher farbigen Spielteile: jeweils sechs unterschiedliche Symbole in fünf verschiedenen Farben.

Je nach Gruppengröße können für die Durchführung der Übung zwei, drei oder mehr Farbsets (z.B. grün, rot, blau, schwarz, orange) genutzt werden. Je mehr Sets benutzt werden, umso schwieriger ist die Aufgabe für die Gruppe. Verschickt werden die Einzelteile in kleinen Säckchen oder in Kuverts mit dem Hinweis, dass diese vor Seminarbeginn verschlossen neben den Computer bzw. Arbeitsplatz gelegt werden sollen. Wichtig ist die strenge Warnung, dass das Säckchen erst nach Aufforderung während des Seminars geöffnet werden darf. Dies hat den positiven Effekt, dass es ein Spannungsmoment aufbaut und auf die Teilnehmenden schon vor der Veranstaltung motivierend wirkt. Zudem wird jeweils eine Augenbinde benötigt. Diese können Sie zuschicken oder die Teilnehmenden per Vorabmail darauf hinweisen, dass sie eine blickdichte Augenabdeckung bereitlegen sollen.

Pro Säckchen/Briefkuvert erhalten die Teilnehmenden eine gewisse Anzahl an zufällig ausgewählten Einzelteilchen beliebiger Form und Farbe. Wenn Sie etwa mit fünf Farbsets arbeiten, sind dies insgesamt 30 Spielteile (fünf Farben, je sechs Symbole). Bevor Sie die Spielteile verschicken, ist es zentral, dass bei Ihnen selbst, als Spielleitung, mindestens zwei Teile (auch hier ist es egal, welche) bleiben. Legen Sie diese für das Seminar in Griffweite auf Ihren Schreibtisch.

Wenn Sie nun etwa eine Teilnehmerzahl von 14 Personen haben, verschicken Sie die restlichen 28 Teilchen an die Teilnehmenden, das wären dann pro Person zwei Spielteile. Ziel der Übung ist es nun, dass die Teilnehmenden „blind" die Farbe und die Form der zwei fehlenden Teilchen ausfindig machen. Dazu setzen sich zunächst alle Personen ihre Augenbinden auf und ziehen die Spielteile aus dem Säckchen/Kuvert. Durch Erfühlen und Beschreiben der Teilchen und dem Austausch in der Gruppe versucht das Team, ausfindig zu machen, welche und wie viele verschiedene Symbole im Spiel vorhanden sind. Zudem darf eine Frage immer wieder gestellt werden, die Sie als Seminarleitung beantworten müssen: „Welche Farbe hat dieses Teilchen?" Die Teilnehmenden halten dazu das jeweilige Spielteil in die Kamera. Aufgabe der Gruppe ist es nämlich, nicht nur die Formen zu erfühlen, sondern herauszufinden, welche zwei Spielteile fehlen.

Im digitalen Seminarraum könnte die Übung mit folgender Anmoderation starten:

„Sie finden vor sich auf dem Tisch ein Säckchen mit jeweils zwei Spielteilchen, die unterschiedliche Farben und Formen haben können. Auch ich selbst habe hier bei mir zwei Teilchen liegen, die ich nicht verschickt habe, die ich Ihnen jetzt aber noch nicht zeigen werde. Denn: Ihre Aufgabe als Team ist es, herauszufinden, welche Form und welche Farbe diese zwei Teile haben. Wichtig für Sie zu wissen, ist dabei noch Folgendes: Es sind nicht lauter unterschiedliche Formen und Farben, sondern Sets – also jeweils eine bestimmte Anzahl von Teilchen pro Farbe."

Oft ist die Gruppe zunächst überfordert und es werden Zweifel geäußert, wie bzw. ob diese Aufgabe gelöst werden kann. Wichtig ist dann, dass Sie den Teilnehmenden die Sicherheit geben, dass die Aufgabe machbar ist.

Die Komplexität der Übung ermöglicht es, im Rahmen der Reflexions- und Transferphase eine Vielfalt an Themen (z.B. Gesprächsführung,

Rollenklärung, Engagement und Beteiligung, Durchhaltevermögen, Planung und Strategieprozesse etc.) zu fokussieren: Mithilfe der Übung werden die Teilnehmenden mit ihren eigenen Kommunikationsstilen und Fähigkeiten im aktiven Zuhören konfrontiert, beides wird in der Übung deutlich spür- und damit bearbeit- und veränderbar. Ein zentraler Aspekt dieser Methode ist der, dass alle Gruppenmitglieder aktiv beteiligt sein müssen, um die Aufgabe zu lösen.

Die Übung unterstützt die Gruppe dabei, eigene und angepasste Gesprächsstile und Kommunikationswege zu erarbeiten und zu etablieren – Stärken und Entwicklungspotenziale werden deutlich sichtbar. Die Übung erfordert von der Gruppe zudem die Entwicklung einer klaren Strategie und der Planung des weiteren Prozesses. Auf einer Metaebene kann sie zudem dazu dienen, dass Gruppen- und Teammitgliedern die Bedeutsamkeit von Abhängigkeiten und Vernetzung zwischen Arbeitsbereichen und Denkwelten deutlich wird. Für eine erfolgreiche Durchführung braucht es sowohl effektive Teamarbeit als auch die individuellen Fähigkeiten und die Beiträge Einzelner. Teilinformationen müssen gefiltert, zusammengetragen und klar kommuniziert werden, um gemeinsam ein Problem zu lösen. In der Durchführung und Reflexion werden spielerisch Feedback-Kompetenz und Kritikfähigkeit gestärkt, sowohl aktiv als auch passiv.

Der herausfordernde und spannende Charakter der Übung weckt dabei Motivation und ein Gefühl von Ernsthaftigkeit. Mit dem Ziel, Struktur in das Chaos zu bringen und gemeinsam an einem Strang zu ziehen, können Herausforderungen der Arbeitswelt (Datenflut, parallel laufende Kommunikationstools und -kanäle) durch echte Kollaboration trainiert werden: Informationsaustausch und das Teilen von Ideen ist essenziell. Die Übung macht zudem nachvollziehbar, wie in Teams ein gemeinsames Verständnis von Sachverhalten sowie geteilte Vorstellungen entwickelt werden. Analog zur Arbeitswelt wechseln sich Phasen der Verwirrung, des Verlusts gemeinsamer Visionen und das Hinterfragen gelebter Strategien sowie Phasen des Mutfassens und der Lösungsorientierung im Rahmen der Übung ab.

Reflexionsfragen

Fragen zu Kommunikation und Strategieentwicklung

- Wie ist die Kommunikation abgelaufen? Welche Informationen waren relevant?

- Wie haben Sie die Kommunikation mit eingeschränkten Sinnen erlebt? Was hat hier gefehlt? Was macht es schwer? Hat es auch Vorteile?
- Welche Kommunikationsmuster und -stile waren beobachtbar?
- Wie konnte eine gemeinsame Ebene der Verständigung erreicht werden? War Ihnen klar, worum es geht? Was hätten Sie von den anderen, von der Gruppe gebraucht?
- Wann und wie wurden Ideen ausgetauscht? Haben Sie sich in Ihren Beiträgen gehört gefühlt?
- Wo kennen Sie die beobachtete Art der Kommunikation aus Ihrem Berufsalltag?
- Wie würden Sie Ihren eigenen Kommunikationsstil charakterisieren? Wie den der Gruppe?
- Wann und wie kam es zur Entwicklung einer Strategie?
- Was war hilfreich, was hat blockiert?
- Haben Sie als Gruppe die Strategie stringent verfolgt?
- Wie gehen wir als Team damit um, wenn wir in unseren Ressourcen eingeschränkt werden? Welche Kompensationsstrategien konnten wir entwickeln?
- War ihnen selbst klar, wie vorgegangen werden soll?

Fragen zu Gefühle, Verhalten und persönlichem Beitrag

- Was haben Sie bei sich selbst wahrgenommen? Wie geht es Ihnen, wenn Sie in Ihren Sinnen eingeschränkt sind?
- Welche Gefühle haben Sie im Verlauf der Übungsdurchführung bei sich selbst erlebt? Welche Handlungsimpulse verspürt?
- Wie würden Sie Ihren persönlichen Beitrag bewerten? Wie den Beitrag von anderen?
- Welche Rolle haben Sie in der Durchfuhren der Übung gelebt? Was haben Sie eingebracht, was für die Gruppe hilfreich war? Was hätten Sie gerne eingebracht?
- Wenn Sie an ein imaginäres Teammitglied denken, das dem Team dabei helfen könnte, weiterzukommen, welche Eigenschaften und Kompetenzen würde dieses Teammitglied mitbringen?
- Wo und wann erleben Sie ähnliche Gefühle in der Arbeit in Ihrem Team?

Fragen zu Motivation, Stimmung und Gruppengefühl

- Wie hat sich Ihre Motivation im Verlauf der Übung entwickelt?
- Wie war die Stimmung in der Gruppe?

- Wie ist die Gruppe aus dem anfänglichen Zustand der Überforderung in ein produktives Arbeiten gekommen? Was hat hier geholfen? Was war ausschlaggebend?
- Was hilft Ihnen, sich wieder neu zu motivieren, wenn etwas schwierig ist/nicht gleich gelingt?
- Was war leicht/was war schwierig? Warum?
- Wo kennen Sie ähnliche Situationen und/oder Herausforderungen in Ihrer beruflichen Zusammenarbeit?

Fragen zur Einhaltung von Spielregeln

- Wie sind Sie mit den vorgegebenen Regeln umgegangen? Haben Sie sich an die Regeln gehalten?
- Sind Sie zum Schummeln/zum Regelbruch verleitet gewesen?

Tools und Technik

Der Einsatz der Methode erfordert einige Vorbereitung, da die Materialien entweder im Vorfeld versendet oder firmenintern verteilt werden müssen. Planerisch kann es zudem nötig sein, einen Joker einzubauen: Nämlich dann, wenn es zu kurzfristigen Absagen einzelner Seminarteilnehmenden kommt, da dann Teile fehlen, die zur Lösung notwendig sind (z.B. eine blaue Form und eine grüne). In diesem Fall können Sie überlegen, wie Sie damit umgehen. Eine Möglichkeit könnte sein, dass Sie im Vorfeld ankündigen, dass ein zusätzliches Erschwernis eingebaut ist oder dass Sie der Gruppe – gleich zu Beginn oder erst auf Nachfrage – die fehlenden Teile beschreiben.

Variationen

- Es können sowohl das Material, die Anzahl der Teile, die Art der Form und die Farben variiert werden. Das Spielprinzip bleibt immer gleich. Das Spielset kann im Original im Internet erworben werden. Seit einiger Zeit gibt es die Methode übrigens auch in einer digitalen Version zu erwerben.
- Erleichtert werden kann der Schwierigkeitsgrad der Übung, wenn den Teilnehmenden in der Anmoderation der Methode die Anzahl der Teilchen pro Set und/oder die Anzahl der Farbsets, die im Spiel sind, bekannt gegeben wird.

Hinweise

- Die Originalmethode wurde als (Lern-)Tool mit dem Namen „Colorblind" aus einer Idee des Lern-Designers Geoff Cox im Jahr 1991 entwickelt.

- Vertiefende Informationen zur Methode sowie zu Auswertungs- und Reflexionsmöglichkeiten finden Sie in einem Artikel von Sarah Lambers der Zeitschrift „Training aktuell“, mit dem Titel „Praxistest ‚Colorblind‘: Das Wesentliche im Fokus“ aus dem Jahr 2018.

Quellen und Ressourcen

- Quelle für das Material: RSVP Design Ltd, Paisley: „Colorblind“ (Versand aus Großbritannien)
- Oder Ziel-Verlag: Box Geometrie Genie – ein echter Vielseiter: Sieben Tangramquadrate in sieben verschiedenen Farben aus jeweils sieben Teilen inklusive Anleitung; oder: Verleihmaterial der Katholischen Jugend (Österreich): 43 Holzteile inklusive Anleitung.
- Die von uns adaptierte Originalbeschreibung der Methode findet Sie auf: https://rsvpdesign.co.uk/colourblindr.html (Stand: Juli 2022). Ein Review zur Methode unter: https://www.managerseminare.de/ta_Artikel/Praxistest-Colorblind-Das-Wesentliche-im-Fokus,268291 (Stand: Juli 2022).

45

Fingerprints fürs Team

Mit Fingerfarben bemalt jedes Teammitglied seine eigenen Fingerspitzen zur Aufgabenstellung: „Was sind die einzigartigen Dinge, die du in dieses Team einbringst?“

Zielsetzung und Effekte

- Sich über den eigenen individuellen Beitrag fürs Team Gedanken machen
- Selbstwirksamkeit erfahren
- Teamidentität schaffen
- Gegenseitige Wertschätzung generieren
- Einzigartigkeit des Teams erfahren und wertschätzen
- Commitment zum Team erzeugen
- Zugehörigkeit zum Team spüren

Organisation

Hashtags: #meinimpact #selbstwirksamkeit #kreativesgestalten #fingerfarben #jederistwichtig

Anzahl: bis 15 Personen, geht aber auch mit Großgruppen

Zeitbedarf: 45-60 Minuten

Vorbereitung: Zuschicken der Fingerfarben

Medien: Videokonferenz-Tool

Beschreibung

Jeder Mensch hat einen individuellen Fingerabdruck, den niemand sonst auf dieser Welt besitzt. Wir verwenden diese Metapher, um auf die Einzigartigkeit jedes Teammitglieds hinzuweisen und darauf, dass jedes Team durch die Einzigartigkeit seiner Mitglieder ebenfalls einzigartig ist.

Bei dieser Übung machen sich die Teilnehmenden daher Gedanken über ihre individuellen Beiträge für das Team zu folgender Frage: „Was ist das Individuelle, Einzigartige, das ich im Speziellen in dieses Team einbringe?“

Das darf alles sein, von fachlicher Expertise bis hin zum Backen von Kuchen, der regelmäßigen Wartung der Kaffeemaschine oder der Erstellung der besten PowerPoint-Präsentationen.

Die Aufgabe kann nun lauten, fünf solcher Antworten zu finden und alle fünf Finger einer Handinnenseite kreativ mit den vorab zugesendeten

Fingerfarben zu gestalten. Pro Antwort kann ein Finger oder die gesamte Hand mit einer individuellen Fähigkeit gestaltet werden.

Im Anschluss werden die bunten Finger der Gruppe präsentiert. Hier lässt sich ein schöner Screenshot machen, den Sie dem Team als Erinnerung zur Verfügung stellen können.

Jedes Teammitglied schildert dann natürlich, was seine individuellen, einzigartigen Beiträge fürs Team sind.

Ermutigen Sie die anderen nach jeder Schilderung, sich bei der Person für das individuell Eingebrachte zu bedanken.

Reflexionsfragen

Fragen zur Wertschätzung

- War euch bewusst, wie viele unterschiedliche individuelle Dinge ihr ins Team einbringt?
- Wie hat es sich angefühlt, für das, was man einbringt, gewürdigt zu werden?
- Macht es einen Unterschied und wenn ja, welchen?
- Ändert sich etwas an der Motivation, sich für das Team einzusetzen, wenn die Leistungen gesehen werden?
- Wie sehr habt ihr auch im Teamalltag die Möglichkeit, persönliche Leistungen wertzuschätzen? Was würdet ihr dafür brauchen?
- Was wäre im Teamalltag eine angemessene, angenehme Art, diese gegenseitige Wertschätzung zu zeigen?

Fragen zu Teamidentität und Zugehörigkeit

- Wie fühlt es sich nun an, Teil dieses Teams zu sein?
- Hat sich im Vergleich zu vor der Übung etwas geändert?
- Wenn ihr an euer spezielles Team denkt, so wie ihr jetzt da seid, was macht euch als Team einzigartig?
- Was sind die besonderen Stärken, die euer Team hat, im Vergleich zu anderen Teams?

Tools und Technik

Bitten Sie die Teilnehmenden, vor der Schilderung der persönlichen Fingerprints die Sprecheransicht auszuwählen. So wird die Person, die ihre Hand präsentiert, größer angezeigt, und die bemalten Finger sind für alle besser zu sehen.

Variationen

- Diese Übung funktioniert auch mit größeren Gruppen und ergibt besonders schöne Screenshots.
- Hier empfiehlt es sich allerdings, die individuellen Beiträge fürs Team nicht mündlich zu schildern, sondern diese in den Chat zu schreiben. Sie als Trainerin können diese vorlesen und nur bei Unklarheiten Nachfragen stellen. Das spart Zeit und dennoch erleben alle, wie vielseitig die individuellen Leistungen fürs Team sind.

Hinweise

Viele Menschen wünschen sich Wertschätzung für ihre Arbeit und für das, was sie ganz persönlich in das Team einbringen. In vielen Fällen geht dies über die reine Job-Beschreibung hinaus. Häufig wird dies aber im Alltag übersehen oder es fehlt „vermeintlich“ die Zeit – oder es ist nicht Teil der Team- oder Organisationskultur. Diese Übung führt häufig zu besonders schönen Teammomenten, wenn die Leistungen plötzlich wahrgenommen und gewürdigt werden.

Quellen und Ressourcen

- Bei den Fingerfarben empfehlen wir, kleinere Einheiten mit etwa vier Farben zu nehmen. Diese sind deutlich günstiger, haben ein geringeres Packmaß und sind für diese Übung absolut ausreichend.
- Alternativ zu den zugeschickten Farben können Sie jedes Teammitglied bitten, seinen Handabdruck auf ein Blatt Papier zu malen und diesen auszuschneiden. Nun können die Finger mit Filzstiften oder Buntstiften bemalt werden.

Unsere Lego-WG

46

Mit Legosteinen baut jedes Teammitglied sein eigenes „WG-Zimmer" und macht sich Gedanken über die persönlichen Werte. Wir stellen die Frage: Bei welcher Werteverletzung würdest du dich ins eigene Zimmer zurückziehen?

Organisation

Hashtags: #persönlichewerte #teamwerte #eigenebedürfnisse-kommunizieren #verständnisgenerieren

Anzahl: bis 15 Personen

Zeitbedarf: 45 Minuten

Vorbereitung: Zuschicken von Legosteinen

Medien: Videokonferenz-Tool

Zielsetzung und Effekte

- Sich der persönlichen Werte bewusst werden
- Sich selbst als Teil eines diversen Teams wahrnehmen
- Die eigenen Bedürfnisse artikulieren lernen
- Die Bedürfnisse der anderen hören und verstehen
- Persönliche Werte und Teamwerte abgleichen
- Verständnis im Team generieren
- Werte und Erfüllungsbedingungen für Werte unterscheiden lernen

Beschreibung

Wir arbeiten hier mit der Metapher einer Wohngemeinschaft, kurz „WG".

„Gemeinsam im Team zu arbeiten und zu sein, ist ein bisschen wie in einer WG zu wohnen. Einiges macht man gemeinsam und doch hat jedes Mitglied eigene Bereiche. Manchmal hat man Lust auf Gesellschaft und dann zieht man sich wieder zurück in die eigenen vier Wände. Gestaltet nun bitte mit den Legosteinen euer persönliches WG-Zimmer ganz nach euren Fantasien, wie ihr euch darin wohlfühlen würdet. Überlegt dabei, was im Team passieren müsste, dass ihr euch in euren Raum zurückziehen wollt. Welcher Wert müsste verletzt werden, damit ihr eine Teamauszeit benötigt. Schreibt diesen Wert bitte auf einen Zettel und legt ihn dann in euer Zimmer."

Geben Sie dem eingeleiteten Kreativprozess gerne ausreichend Raum und Zeit. Es kann teilweise etwas dauern, bis die Teilnehmenden in ihrer kreativen Energie ankommen.

Im Anschluss darf jeder Teilnehmende das eigene Zimmer in die Kamera halten, es in seinen Details vorstellen und natürlich den wichtigen Wert nennen, der nicht verletzt werden sollte.

Ermutigen Sie nun die anderen Teilnehmenden, wirklich nachzufragen, was genau passieren müsste, um diesen Wert zu verletzen und wie das vermieden werden kann. Sollte dies den Teilnehmenden am Anfang noch schwerfallen, können Sie als Seminarleitung unterstützend, mit zielführenden Fragen, vorbildhaft wirken.

Achten Sie darauf, dass die Erfüllungsbedingungen für die Werte klar werden und nicht nur Schlagworte wie „Respekt" oder „Fairness" für sich stehen bleiben. Fragen Sie so lange nach, bis klar ist, was die Person mit „Ich will respektiert werden" meint. Zum Beispiel: *„Wann hättest du das Gefühl, nicht respektiert zu werden?"* Hier könnte eine mögliche Antwort sein: „Wenn man mir ständig ins Wort fällt." Erst dann ist die Erfüllungsbedingung dahinter für alle klar, dass es etwa Peter wichtig ist, ausreden zu dürfen, um sich respektiert zu fühlen. So hat das restliche Team einen Handlungskompass im Umgang mit Peter erhalten.

Visualisieren Sie die Werte und deren Erfüllungsbedingungen mit. Dies sorgt für Verständnis, da die Teammitglieder erkennen, dass jedes Mitglied unterschiedliche Wünsche und Bedürfnisse hat. So kann im Umgang miteinander darauf Rücksicht genommen werden.

Gerne können Sie nun mit diesen Werten weiterarbeiten und Spielregeln für den weiteren gemeinsamen Umgang miteinander aufstellen – und hier auch die Brücke zu den allgemeinen Teamwerten schlagen.

Reflexionsfragen

- Wie war es für dich, dem Team deine Bedürfnisse mitzuteilen?
- Was würdest du vom Team brauchen, um das auch in Zukunft leichter tun zu können?
- Wie sehr waren euch die Erfüllungsbedingungen für eure Werte vorher bewusst?
- Was macht das nun für einen Unterschied?
- Wie sehr sind diese persönlichen Werte auch wichtig für euer gesamtes Team?
- Welche Rahmenbedingungen braucht es, um auch im Teamalltag auf eure persönlichen Bedürfnisse Rücksicht nehmen zu können?

Tools und Technik

Um die gebauten Räume gut sehen zu können, weisen Sie die Teilnehmenden kurz vor dem Präsentieren an, im Videokonferenz-Tool die Sprecheransicht auszuwählen. So wird die sprechende Person groß angezeigt und die Kunstwerke sind besser zu sehen.

Variationen

- Lego-Teamwerte: Hier stehen nicht die persönlichen Werte, sondern die Teamwerte im Zentrum. Dabei kann entweder mit den bereits existierenden vorgegebenen Firmen- oder Teamwerten gearbeitet werden oder mit den tatsächlichen gelebten oder angestrebten Teamwerten.
- Mögliche Aufgabenstellungen: *„Denkt an die Werte, die in eurem Team zurzeit besonders stark gelebt werden und stellt diese mit Lego so kreativ wie möglich dar!“*
- Wenn Sie im Anschluss etwa ein Ranking der am meisten gelebten Teamwerte haben möchten, lassen Sie die Teammitglieder mit Legosteinen abstimmen: Jedes Teammitglied darf fünf Legosteine für die Kunstwerke vergeben und diese natürlich auch unterschiedlich gewichten und verteilen. So erhalten Sie einen guten Überblick, welche Werte für das Team besonders relevant sind und auch umgesetzt werden. Mit diesem Ergebnis können Sie nun weiterarbeiten. *„Welcher Wert würde unserem Team wirklich gut tun? Stellt diesen mit Lego dar!“*

- *„Wenn ihr an unsere festgeschriebenen Firmenwerte denkt, z.B. an ‚Zusammenhalt' – gestaltet mit Lego, wie ihr diesen Wert interpretiert und wie er in unserem Team gelebt werden sollte!"*
- Bei dieser Variation können Sie auch Gruppen einteilen, die sich zu je einem Wert Gedanken machen und diesen gemeinsam gestalten.
- Im Anschluss bitten Sie die Künstlerinnen, ihre Werke zu präsentieren. Achten Sie darauf, nach dem kreativen Prozess ein Gespräch über Werte und deren Auslegungen anzuregen und mit den gewonnenen Erkenntnissen weiterzuarbeiten, beispielsweise: eine Diskussion darüber, warum die vorgegebenen Werte nicht gelebt werden können und welche Rahmenbedingungen es benötigen würde, um diese doch in den Alltag integrieren zu können.

Hinweise

- Die Lego-WG-Übung haben wir für unsere Outdoor-Trainerinnen-Ausbildung bei NEVEREST Lifelong Learning kreiert, um den Teilnehmenden den Unterschied zwischen Werten und Erfüllungsbedingungen für Werte aufzuzeigen. Selbst in dieser Ausbildung, bei der die Teilnehmenden häufig aus dem Sozialbereich oder einem pädagogischen Umfeld kommen, sorgt die Übung immer wieder für Aha-Momente.
- Als Teamtrainerinnen sehen wir es als unerlässlich an, diesen Unterschied zu kennen. Bei Teams führt er zu raschem gegenseitigen Verständnis und dies ist ein guter Nährboden für gemeinsame Fortschritte.
- Die Auseinandersetzung mit den persönlichen Werten und der Fähigkeit, diese im Team zu kommunizieren, ist für uns gerade in Teambuildings ein essenzieller Eckpfeiler. Denn nur, wenn ich mich in einem Team wertgeschätzt fühle, bringe ich auf Dauer gerne Leistung für den gemeinsamen Erfolg.

Quellen und Ressourcen

Für diese Übung müssen nicht alle dieselben Legosteine haben. Sie können auch vorab die Information versenden, dass sich die Teilnehmenden selbst Legosteine besorgen oder borgen sollen. Ob große oder kleine Steine, ist hierfür nicht von Bedeutung. Hat jemand keine Legosteine, kann die Person ihr WG-Zimmer auch zeichnen oder mit Playmobil darstellen.

What the Duck?

47

Bei dieser Übung bekommen die Teilnehmenden Legosteine zugeschickt und sollen in kurzer Zeit so viele baugleiche „Enten" wie möglich bauen. Prozessoptimierung und Umsetzungsgenauigkeit unter Zeitdruck stehen im Fokus.

Organisation

Hashtags: #whattheduck #seriousplay #prozessoptimierung #zeitdruck #leistungsdruck #peergrouppressure

Anzahl: unbegrenzt

Zeitbedarf: 30-45 Minuten inklusive Reflexion

Vorbereitung: Zuschicken von Legosteinen

Medien: Breakout-Sessions bei Großgruppen

Zielsetzung und Effekte

- Prozessreflexion und Prozessoptimierung
- Erarbeiten und Durchführen eines Auftrages unter Zeitdruck
- Auftragsklärung
- Kooperation unter Zeit- und Leistungsdruck
- Zusammenarbeit verbessern
- Genauigkeit unter Zeitdruck
- Kundenorientierte Erfüllung der Aufträge
- Balance zwischen Leistungsdruck, Zeitdruck und Kundenwünschen
- Qualität und Quantität in Balance bringen
- Kriterien für effizientes Arbeiten entwickeln
- Bedeutung von Ergebnisevaluation erkennen und begreifen

Beschreibung

Die Teilnehmenden bekommen Legosteine zugeschickt. Diese können in unterschiedlichen Mengen, Größen und Farben auch online bestellt werden. Wichtig ist, dass die Teilnehmenden für diese Übung pro Person zumindest 30-40 identische Steine zugeschickt bekommen, alle darüber hinaus können variieren.

Erklären Sie ihnen nun, dass Sie als Auftraggeberin völlig baugleiche „Enten" benötigen – und davon so viele wie möglich. Für welchen Prototyp sich das Team entscheidet, ist Ihnen egal. Die Enten müssen nur eindeutig als Enten erkennbar sein. Sollte man also ein Kind befragen, worum es sich bei dem Konstrukt handelt, muss die Antwort ganz klar sein: „Eine Ente!"

Nun hat das Team 10 Minuten Zeit, so viele baugleiche Enten wie möglich zu produzieren. Sie entscheiden dann, wie viele Enten Sie dem Team dann auch abkaufen – oder wenn Sie Teams gegeneinander antreten lassen, welchem Team Sie den Zuschlag geben.

Wenn Sie das Zeitmanagement dem Team überlassen, haben Sie zusätzliche Reflexionsmöglichkeiten.

Reflexionsfragen

Fragen zu Kundenorientierung und Auftragsklärung

- Wie zufrieden seid ihr mit dem Prototyp der Ente? Warum oder warum nicht?
- Wie sehr hattet ihr die Kundenwünsche im Blick?
- Was habt ihr unter „baugleich" verstanden? Haben die Farben für euch auch eine Rolle gespielt?
- Wie genau habt ihr es mit den gleichen Steinen genommen? Oder habt ihr etwa zwei Vierer für einen Achter eingesetzt?
- Habt ihr bei Unsicherheiten bei der Kundin/dem Kunden nachgefragt? Warum oder warum nicht?

- Wie genau seid ihr generell damit, Auftragsklärungsgespräche mit euren Kundinnen zu führen?
- Wo könntet ihr für euren beruflichen Alltag nachschärfen?

Fragen zur Prozessoptimierung

- Wie habt ihr den Gruppenprozess erlebt (z.B. auf einer Skala von 1-10)?
- Wie lösungsorientiert und konstruktiv habt ihr eure Arbeitsweise erlebt?
- Wie kooperativ habt ihr die Arbeitsweise erlebt?
- Was hätte verbessert werden können?
- Wie aktiv waren alle Teammitglieder am Prozess beteiligt?
- Was hättest du dir in Bezug auf den Gruppenprozess und die Kommunikation im Team gewünscht?

Fragen zu Umgang mit Zeitdruck

- Wie ist es euch mit dem Zeitdruck gegangen? Habt ihr ihn als positiv oder negativ erlebt?
- Hatte er Einfluss auf euer Ergebnis? Wenn ja, in welcher Form?
- Wie hat sich die Kommunikation unter Zeitdruck verändert? Was ist auf der Strecke geblieben?
- Wie ändert sich deine Arbeitsweise unter Zeitdruck?
- Wie genau habt ihr unter Zeitdruck gearbeitet? Haben sich Ungenauigkeiten eingeschlichen?
- War dies absichtlich oder ist euch das passiert?
- Wie geht ihr in der Firma mit Zeitdruck um? Was bewirkt er bei euch im Arbeitsalltag?
- Wie hätte das Arbeiten unter Zeitdruck noch besser funktioniert? Was hättest du, was hättet ihr gebraucht?
- Was aus dieser Übung wollt ihr euch im Bezug auf das Arbeiten unter Zeitdruck mitnehmen?

Tools und Technik

- Wenn man Teams im Wettkampf gegeneinander antreten lässt, benötigt es die Möglichkeit der Breakout-Sessions.
- Weisen Sie die Teammitglieder unbedingt darauf hin, dass sie die Kamera so einstellen, dass alle die Legosteine sehen können.
- Und wichtig: Machen Sie am Schluss einen Screenshot mit allen „Enten" und Teammitgliedern!

Variationen

- Wenn Sie die Übung in Großgruppen durchführen und viele Breakout-Sessions parallel laufen, empfiehlt es sich, mit Assistenten zu arbeiten und optimalerweise einen Schiedsrichter oder eine Schiedsrichterin pro Gruppe einzusetzen, die/der Ihnen bei der Beurteilung der „Enten" hilft. Sprechen Sie sich vorher gut ab, welche Enten Sie aus welchen Gründen gelten lassen!
- Haben Sie niemanden zur Hilfe, müssen Sie mit der Gruppe gemeinsam auflösen. Dafür empfiehlt es sich, der Gruppe der Reihe nach anzusagen: Entfernen Sie nun alle Enten, die nicht exakt die gleichen Farben haben wie der Prototyp! Entfernen Sie alle Enten, die nicht mit den gleichen Steinen gebaut sind wie der Prototyp, also z.B. Achter-Steine, wo zwei Vierer im Prototyp verbaut waren usw. Wie viele Enten bleiben nun noch übrig? Dann wird noch der Prototyp beurteilt und schließlich treffen Sie Ihre Entscheidung. Sie sind ja die Kundin/der Kunde.
- Als weitere Variation können Sie natürlich den Auftrag an das Team nach Ihren Vorstellungen und Wünschen variieren. Wenn Sie Autos oder Flugzeuge lieber mögen, können Sie natürlich auch diese statt Enten bauen lassen. Wenn Sie wollen, dass die Enten einen Hut oder eine Kappe tragen, fordern Sie dies ein.

Hinweise

Dies ist eine Übung, die ihren Weg in ähnlicher Form aus der „Lego® Serious Play®"- Schiene in die Seminarräume dieser Welt gefunden hat und sich hervorragend für Online-Teambuildings eignet.

Quellen und Ressourcen

Noch mehr „Lego® Serious Play®"-Übungen finden Sie in den Büchern „So funktioniert die Lego® Serious Play® Methode", „Strategic Play – What the Duck", „Serious Work".

Download-Ressource

- Bauanleitung (Vorschlag)

Die Kreisel-Challenge

48

Die Teammitglieder bekommen pro Person einen Holzkreisel zugeschickt und müssen es gemeinsam schaffen die Kreisel gleichzeitig so lange wie möglich am Drehen zu halten. Sobald ein Kreisel umfliegt oder von der Tischplatte fällt, ist die Runde vorbei. Wie optimieren die Teammitglieder gemeinsam den Prozess und wie lange schaffen sie es?

Organisation

Hashtags:#prozessoptimierung #kooperation #zielorientiertarbeiten #lösungsorientiertarbeiten

Anzahl: je mehr, desto schwieriger, geht aber auch in der Großgruppe

Zeitbedarf: 30-60 Minuten

Vorbereitung: Verschicken der Kreisel

Medien: Videokonferenz-Tool

Zielsetzung und Effekte

- Zielgerichtet und lösungsorientiert einen Prozess optimieren
- Kooperation im Team fördern
- Einbringen und wertschätzen unterschiedlicher Stärken im Arbeitsprozess
- Zusammenarbeit optimieren
- Bestmögliche Balance zwischen Zeitdruck, Ergebnis und Leistungsversprechen finden
- Rangdynamische und teamdynamische Positionen beobacht- und sichtbar machen
- Umgang mit unterschiedlichen Voraussetzungen

Beschreibung

Für diese Übung schicken Sie jedem Teammitglied vorab einen baugleichen Holzkreisel zu.

In der Anmoderation stellen Sie dem Team die Aufgabe, dass sich alle Kreisel gleichzeitig vor ihnen auf den Tischen so lange wie möglich drehen sollen. Das Team hat (je nach vorhandenem Zeitbudget) 10-20 Minuten Zeit, um die optimalen Bedingungen zu schaffen, dass alle Kreisel gleichzeitig so lange wie möglich auf den Tischen tanzen. Sobald ein Kreisel umfällt oder von der Tischplatte fällt, muss eine neue Runde begonnen werden und die Zeit wird neu gestoppt. Nach der von Ihnen vorgegebenen Zeit bitten Sie das Team, Ihnen die erarbeitete Lösung zu demonstrieren und stoppen Sie die Zeit.

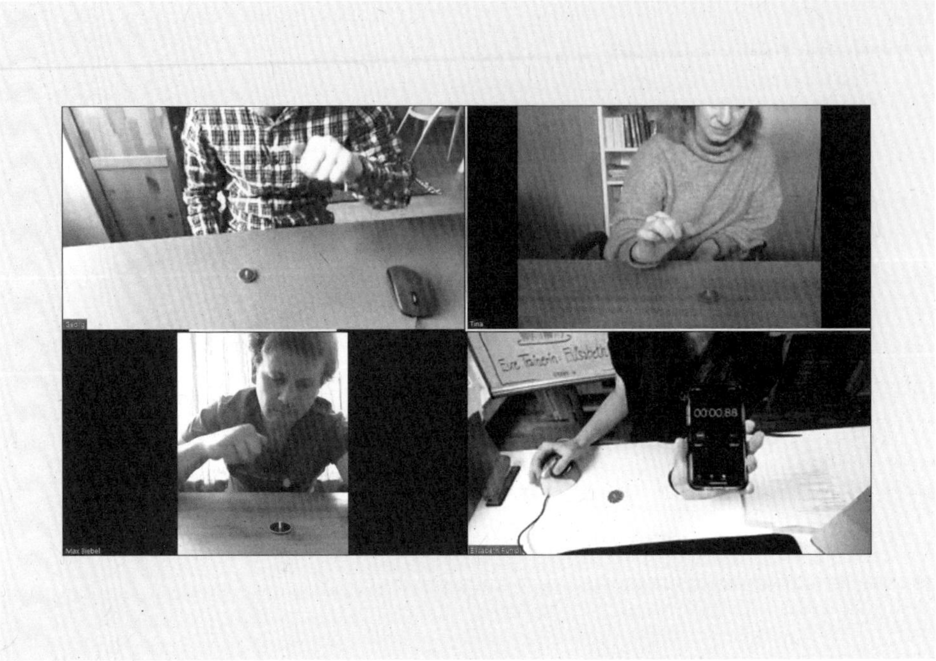

Reflexionsfragen

Fragen zur Prozessoptimierung

- Wie zufrieden seid ihr mit der Lösung?
- An welchen Schrauben habt ihr gemeinsam gedreht?
- Um wie viele Sekunden konntet ihr die Drehdauer vom ersten Versuch bis zum letzten verlängern?
- Was war ausschlaggebend dafür?
- Wie lösungsorientiert habt ihr eure Arbeitsweise erlebt?
- Wie kooperativ habt ihr die Arbeitsweise erlebt?
- Was hätte verbessert werden können?
- Was hättest du dir in Bezug auf den Gruppenprozess und die Kommunikation im Team gewünscht?
- Wie aktiv waren alle Teammitglieder am Prozess beteiligt?

Fragen zum Umgang mit unterschiedlichen Voraussetzungen

- Wie seid ihr mit den unterschiedlichen Voraussetzungen (größere Tischplatte, mehr Platz am Tisch etc.) umgegangen?
- Wie haben sich die von euch gefühlt, die den wenigsten Platz zur Verfügung hatten?
- Wie geht ihr im Teamalltag mit unterschiedlichen Voraussetzungen um?

Fragen zu Umgang mit Zeitdruck, Kundenwünschen und eigenem Leistungsanspruch

- Was hat der Zeitdruck bei euch individuell und gemeinsam als Gruppe bewirkt?
- Wie empfindet ihr die Balance zwischen Ergebnis, Zeitdruck, Kundenwünschen und Leistungsanspruch bei eurer Lösung?
- Wie geht es euch im Arbeitsalltag damit, bei euren Ergebnissen eine gute Balance zwischen diesen Faktoren zu finden? Womit habt ihr da zu kämpfen und was funktioniert sehr gut eurer Meinung nach?
- Was könntet ihr da optimieren? Und was wollt ihre euch vornehmen?

Tools und Technik

- Weisen Sie darauf hin, dass die Teilnehmenden ihren Laptop und ihre Kamera so positionieren sollen, dass alle die tanzenden Kreisel auf der Tischplatte sehen können.
- Sollte jemand ausschließlich einen unverstellbaren Stand-PC haben, bitten Sie die Person, für diese Übung mit dem Smartphone in den Videocall einzusteigen.

Variationen

- Um den Wettkampfcharakter zu erhöhen und um etwa zwei konkurrierende Firmen in der Angebotslegung darzustellen, können Sie die Teams in zwei Gruppen teilen und in Breakout-Sessions schicken. Wer dann die längere Zeit schafft, bekommt von Ihnen den Zuschlag für den „Auftrag". Auch das kann in der Reflexion zusätzlich von Bedeutung sein.
- Als weitere Variation können Sie es in der Anmoderation etwas im Ungewissen halten, was Sie unter „So lange wie möglich am Tanzen halten" verstehen. So könnten die Teilnehmenden etwa auf die Idee kommen, die Kreisel einzeln hintereinander einzusetzen, sodass immer zumindest ein Kreisel tanzt, wenn Sie nicht extra betonen, die Kreisel „gleichzeitig" zu drehen sind.

Hinweise

- Um die Übung noch besser zu inszenieren, können Sie sich in der Anmoderation als potenzieller Kunde der Firma XY präsentieren und dem Team in dieser Rolle die Aufgabe stellen. So ist die Anschlussfähigkeit zu beruflichen Settings, Angebotslegung, Auftragserfüllung noch mehr gegeben und Sie können in der Reflexion gleich auf diese Punkte zu sprechen kommen.
- Im Anschluss eignet sich ein Reflexionsstart mit der Kreisel-Reflexion (Seite 303).

Quellen und Ressourcen Holzkreisel gibt es von etwa 50 Cent aufwärts in jeder Preisklasse. Einfach googeln.

Blindes Origami

49

In Kleingruppen falten die Teammitglieder blind, ohne Rückfragen und unter Anleitung einer Führungsperson verschiedene Figuren und Formen aus Papier (Origami).

Organisation

Hashtags: #führenundgeführtwerden #blindesvertrauen #fingerfertigkeitundkunsthandwerk #detailgenauigkeit

Anzahl: unbegrenzt

Zeitbedarf: 10 Minuten p. Person

Vorbereitung: mittel

Medien: Videokonferenz-Tool

Zielsetzung und Effekte

- Fragen guter Führung beleuchten und Kriterien dafür entwickeln
- Aspekte gelungener Kommunikation erkennen – Kommunikationskompetenz trainieren
- Vertrauen und Sicherheit in der Gruppe/im Team stärken
- Fokussierung und Konzentration im Tätigsein trainieren
- Wahrnehmung innerer Prozesse schulen – Selbstreflexionsfähigkeit ausbauen
- Rückmeldung zu Führungskompetenz erhalten
- Detailgenauigkeit und Sorgfalt als wichtige Kriterien qualitätvoller Arbeit erkennen
- Fokus auf das Produkt gemeinsamer Tätigkeit stärken
- Gemeinsam kreativ-schöpferisch tätig sein
- Strukturierte Arbeitsweise trainieren: Pläne lesen, in Arbeitsschritte zerlegen und die Informationen weitergeben
- Flow erleben

Beschreibung

Auch wenn für das Falten kein Original-Origami-Papier benötigen wird, empfehlen wir für diese Übung, den Teilnehmenden ein paar Blätter davon zuzuschicken. Die Produkte werden dann wesentlich schöner, Sie müssen sich nicht damit aufhalten, dass alle Papier im gleichen Format vor sich liegen haben – und außerdem gibt es hier sehr schöne Bögen, die mit Mustern und Bildelementen gestaltet sind und damit auch etwas fürs Auge sind. Zudem können Sie überlegen, den Teilnehmenden Augenbinden mitzuschicken, damit wird der Schwierigkeitsgrad der Übung noch erhöht. Die Übung wird in Tandems, Trios oder Vierergruppen durchgeführt. Teilen Sie die Gruppe auf Basis der beruflichen

Konstellation oder Ihrer eigenen Beobachtungen aus dem Seminar in Kleingruppen ein und erklären Sie zunächst Ablauf und Ziel der Methode.

Es geht um eine klassische Kommunikationsübung: Eine Person hat den Faltplan bzw. die Beschreibung (eventuell können Sie hier auch mit YouTube-Tutorials arbeiten) einer Origami-Figur vor sich liegen. Sie können diese per privatem Chat an die jeweiligen Personen schicken. Aufgabe dieser Führungsperson ist es nun, ein bis drei anderen Personen mithilfe dieser Anleitung detailliert zu beschreiben, wie die Figur gefaltet werden soll, Schritt für Schritt. Es gibt hier eine große Zahl an Variationsmöglichkeiten (siehe unten).

Nach der Erklärung schicken Sie die jeweiligen Gruppen in Breakout-Sessions, schicken die Anleitungen (oder Links) per Chat oder Mail und geben den Gruppen dann pro Anleitung 10 Minuten Zeit. Bevor ein Wechsel zur nächsten anleitenden Person erfolgt, können Sie optional eine erste Zwischenreflexion durchführen (im Plenum oder die Kleingruppen machen das intern) oder erst zum Schluss reflektieren. Zum Schluss werden im Plenum die Ergebnisse und Erkenntnisse präsentiert. Sie können mit den fertigen Origami-Tieren auch in der Reflexion weiterarbeiten.

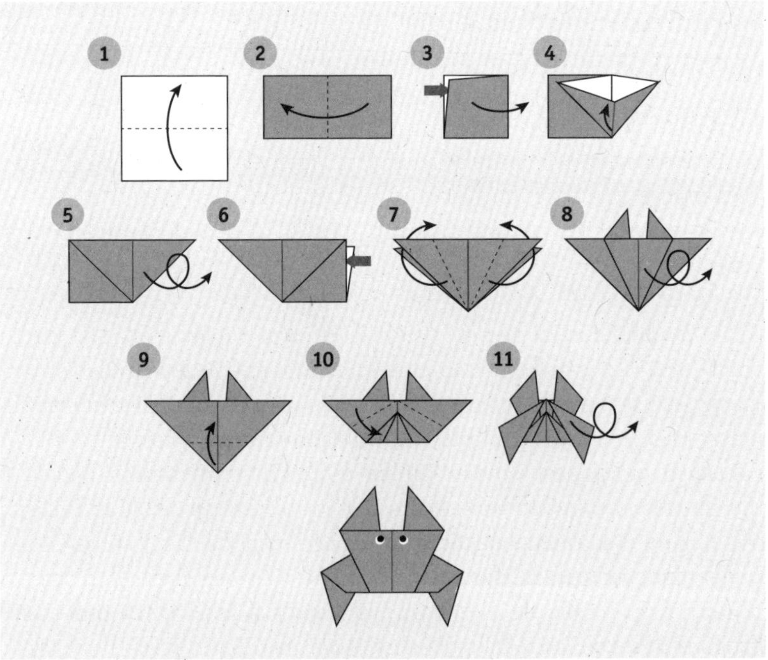

Reflexionsfragen

- Wie schwer oder leicht ist es Ihnen gefallen die Anleitung/den Bauplan zu lesen und die Inhalte weiterzugeben?
- Wie zufrieden sind Sie mit dem Endprodukt Ihrer Tätigkeit? Wie zufrieden sind Sie derzeit in Ihrer beruflichen Tätigkeit mit den gemeinsamen Produkten? Wo besteht Verbesserungsbedarf?
- Wie gut konnten Sie sich auf die (blinde) Führung einlassen? Was macht für Sie Vertrauen aus? Wem vertrauen Sie und warum? Wie steht es um das Vertrauen in Ihrem Team?
- Welche Evaluations- und Kontrollschleifen könnten das Ergebnis noch verbessern?
- Was war beim zweiten/dritten Durchgang anders als beim ersten? Was hat sich verändert/verbessert?
- Wie ist es Ihnen in der Rolle der Führungsperson gegangen? Welche Stärken werden dabei sichtbar?
- Wie beurteilen Sie die Führung in Ihrem Unternehmen?
- Was war hilfreich, um eine gemeinsame Vorstellung von Ablauf und Produkt zu erhalten?
- Wo erleben Sie derzeit im beruflichen Kontext Einschränkungen und beschränkte Ressourcen? Welche Aspekte sind hier in Ihrem Einflussbereich und welche nicht? Wie gehen Sie als Einzelperson/als Team damit um?
- Wie zufrieden sind Sie mit Ihrer eigenen Performance?
- Wie gut ist es Ihnen gelungen, eine gemeinsame Vorstellung vom Produkt zu entwickeln?
- Wie würden Sie den Kommunikationsstil in Ihrem Team (während der Übung) beschreiben? Wie im beruflichen Alltag?
- Wie würden Sie Ihren eigenen Kommunikationsstil beschreiben? Was ist Ihnen dabei besonders wichtig zu tun/nicht zu tun?
- Wie wichtig sind Spaß und Kreativität für Ihre berufliche Zufriedenheit? In welchen Bereichen können Sie kreativ-schöpferisch tätig sein?
- Was ist gut gelaufen? Welche Verbesserungsvorschläge haben Sie für die Kommunikation im Team?
- Was hätten Sie von der Führungsperson noch gebraucht?
- Wie hat sich das Führen und Erklären ohne Rückmeldung und Feedback angefühlt? Was hat es mit Ihnen gemacht?
- Kennen Sie ähnliche Situationen aus Ihrem beruflichen Alltag?
- Was macht gute Führung Ihrer Ansicht nach aus? Welche Bedürfnisse werden dabei abgedeckt?
- Wie sicher haben Sie sich in der Führung gefühlt? Welche inneren Prozesse konnten Sie im Verlauf der Übung bei sich selbst beobachten (Gedanken, Gefühle, Handlungsimpulse)?

- Welche Gefühle haben Sie im Prozess gespürt? Worauf könnten Sie diese hinweisen wollen?

Tools und Technik

Für diese Methode benötigen Sie keine zusätzlichen Tools oder spezielle technische Hilfsmittel.

Variationen

- Sie können die Übung in vielfältiger Weise variieren: Zunächst können Sie zwischen schwierigen, mittelschweren und einfachen Origami-Formen wählen. Zudem können Sie überlegen, einen Teil der Gruppe mit Augenbinden zu versehen (oder auch alle – außer natürlich die Führungsperson). Sie können außerdem Rückfragen erlauben (auch nur eine bestimmte Anzahl pro Person oder Gruppe) oder es darf nur die aktuelle Führungsperson sprechen. Zudem können Sie diese Einschränkungen bereits im Vorfeld, bei der Erklärung bzw. dem Frontloading, bekannt machen oder erst ganz kurz vor dem Start.
- Weitere Varianten gehen weg vom Origami, funktionieren ansonsten aber nach den gleichen Prinzipien: Sie können die klassische Taxi-Übung durchführen, bei der die eine Seite der anderen einen Weg durch einen Stadtplan erklären muss. Oder Sie nutzen Bausteine oder Legosteine, die die Teilnehmenden daheim (oder auch für die Lego-Übungen zugeschickt bekommen) haben. Eine andere Variationsmöglichkeit ist die Arbeit mit Bildern (ähnlich der Übung „Gerüchtebild", Seite 215). Wählen Sie hierzu Bilder aus, die ungewöhnlich sind und schwer zu beschreiben. Aufgabe der einen Person ist es in dieser Variante, das Bild zu beschreiben, die zweite Person muss es nachzeichnen, dann wird verglichen.

Hinweise

- Neben klassischen Kommunikationsthemen stehen im Rahmen dieser Übung vor allem Fragen der guten Führung und auch des Vertrauens im Vordergrund.
- Wie wichtig das Arbeiten mit unseren Händen, die Entwicklung von Fingerfertigkeit, handwerkliches Tätigsein im Flow und das Gefühl, etwas produziert zu haben für uns Menschen sind, wissen wir schon lange. Wir spüren es auch immer wieder, wenn wir uns die Zeit nehmen, mit verschiedenen Materialien zu arbeiten und uns voll auf eine Tätigkeit zu fokussieren. Diese Origami-Übung ist daher nicht nur hervorragend geeignet, um Themen wie Kommunikationsdefizite, Führen und Geführtwerden, Vertrauen und Sicherheit im Team

sichtbar zu machen. Sie wirkt auch auf einer zweiten Ebene und erlaubt den Teilnehmenden, im Tun aufzugehen und dabei hoch konzentriert zu sein. Ein bekannter brasilianischer Origami-Künstler sagt zu diesem Thema: „Zu sehen, was die anderen Menschen falten, wofür sie sich entscheiden (fasziniert mich ungemein). Jeder faltet etwas anderes. Manche mögen dekorative Dinge, andere falten lieber sehr komplexe Dinge. Damit sagen sie: Ich falte was, was du nicht kannst. Also: Ich bin größer als du. Man erkennt dann ganz schnell: Wer redet hier mit mir, wer ist mein Gegenüber. So wie beim Spielen. Im Spiel entfaltet man eine ganz andere Zuneigung, weil man die Person besser erkennt. Plötzlich sieht man: Oh, der ist ja sehr ehrgeizig, das habe ich noch gar nicht gewusst. Oder sieht, wie gemütlich der Mensch ist, wie großzügig und so weiter. Bevor man nicht miteinander gespielt hat, hat man die Person nicht ganz erfasst.“ (Paulo Mulatinho)

- Die Japaner haben dem Papier selbst einen göttlichen Namen gegeben: „Kami“ bedeutet als allererstes „Seele“ und dann erst „Papier“. „Oru“ heißt „falten“. Zusammengezogen wird daraus dann „Origami“.

Quellen und Ressourcen

- Als Einstimmung oder Ausklang können Sie der Gruppe eine Reihe gelungener Origami-Kunstwerke zeigen – entweder selbst gefaltete oder Bilder aus dem Internet.
- Origami-Links (Achtung, Nutzungsrechte im Blick behalten):
  https://www.talu.de/basteln/basteln-papier/origami-anleitungen/
  https://www.geo.de/geolino/basteln/15049-thma-origami
  https://www.besserbasteln.de/Origami/origami_tiere.html
- https://beruehrungspunkte.de/artikel-falten-unterstuetzt-das-gleichgewicht (Stand: Juli 2022).

Download-Ressource

- Abb. Origami-Anleitung

Die Luftballon-Bewegungs-Challenge

50

Jedes Teammitglied hat einen aufgeblasenen Luftballon. Aufgabe ist, die Luftballone in der Luft zu halten und dabei so viele gemeinsam ausgemachte Bewegungen wie möglich auszuführen. Wie viele Bewegungen sind möglich?

Organisation

Hashtags:#aktivierung #selbsteinschätzung #teameinschätzung #kooperation #gemeinsameleistung vs. #einzelleistungsbereitschaft

Anzahl: 2 TN bis Großgruppe

Zeitbedarf: 30 Minuten inkl. Reflexion

Vorbereitung: Zusenden der Luftballons

Medien: Videokonferenz-Tool, ggf. mit Chatfunktion

Zielsetzung und Effekte

- Selbsteinschätzung und Fremdeinschätzung erfahren und angemessen kommunizieren
- Kooperation und Zusammenarbeit
- Mitteilung eigener Stärken und Einschränkungen
- Balance zwischen eigenem Leistungsgedanken und der Leistungsfähigkeit des gesamten Teams finden
- Zutrauen und Zumutung unterscheiden und wahrnehmen können
- Teilnehmende aktivieren, etwa nach einer längeren gedanklich fordernden Übung oder nach Pausen

Beschreibung

Die Teilnehmenden haben je einen nicht aufgeblasenen Luftballon vor sich liegen. Bevor die Luftballons aufgeblasen werden, erklären Sie die Übung:

„Eure Aufgabe besteht darin, die Luftballons für mindestens eine Minute in der Luft zu halten, indem ihr den Ballon immer wieder in die Höhe werft. Er darf nicht gefangen oder gehalten werden und kein Luftballon darf auf den Boden fallen, sonst hat das gesamte Team die Aufgabe nicht bestanden. Da es viel zu einfach wäre, den Luftballon nur eine Minute in die Höhe zu werfen, kommt jetzt noch eine Zusatzaufgabe auf euch zu: Ihr sollt gemeinsam als Team so viele Bewegungen wie möglich gleichzeitig machen, während ihr den Ball immer weiter werft. Also etwa zusätzlich mit dem rechten Fuß kreisen, zusätzlich den linken Daumen abwinkeln und

wieder ausstrecken, zusätzlich noch die Schultern hochziehen und fallen lassen, zusätzlich den linken Ellbogen beugen und strecken. Da sind eurer Fantasie keine Grenzen gesetzt. Ihr habt jetzt 10 Minuten Beratungszeit, wie viele Bewegungen ihr glaubt, gleichzeitig zu schaffen. Nicht hintereinander, sondern gleichzeitig! Wichtig: Die gesamte Gruppe muss die gleichen Bewegungen machen! Während der 10-minütigen Beratungszeit bleiben die Luftballons noch unaufgeblasen vor euch liegen. Nach den 10 Minuten teilt ihr mir bitte mit, wie viele Bewegungen ihr gleichzeitig eine Minute lang schaffen wollt, ohne den Ball dabei fallen zu lassen. Danach werden erst die Luftballons aufgeblasen und dann der Beweis angetreten. Eure 10 Minuten starten ab jetzt!"

Im Anschluss an die Beratungszeit werden die Luftballons aufgeblasen und es geht los mit der einminütigen Luftballon-Bewegungs-Challenge!

Weisen Sie bitte drauf hin, dass die Teilnehmenden auch im Stehen gut zu sehen sein sollen und die Bildausschnitte ausreichend viel vom Körper zeigen. Als Erinnerung an diese Übung empfiehlt es sich, die Aufnahme zu starten und die Minute mitzufilmen. Das Startsignal können Sie mit einem Buzzer geben und halten Sie eine Stoppuhr bereit.

Nach der Minute starten Sie den Reflexionsprozess. Selbstverständlich kann man bei dieser Übung wieder den klassischen Kommunikationsprozess reflektieren. Hier kann man aber auch tiefer gehen und in Richtung Zutrauen/Zumuten/Leistungsanspruch/Teamerfolg etc. reflektieren.

Reflexionsfragen

- Wie zufrieden seid ihr mit eurer Teamleistung?
- Wonach habt ihr entschieden, wie viele Bewegungen ihr euch gleichzeitig vornehmt?
- Wäre mehr gegangen oder habt ihr euch übernommen?
- Habt ihr euch zu viel oder zu wenig zugetraut und was waren die Gründe dafür?
- Wurde auf alle in der Gruppe Rücksicht genommen?
- Was ist für euch der Unterschied zwischen Zutrauen und Zumutung?
- Wie habt ihr es in dieser Übung empfunden?
- Wie sehr habt ihr eure eigenen Fähigkeiten und Einschränkungen hinsichtlich der Bewegungsabfolgen mitgeteilt? Wie sehr habt ihr euch damit der Gruppe „zugemutet"?
- Wie sieht das bei euch im Alltag aus? Artikuliert ihr es, wenn euch etwas zu viel ist?
- Nehmt ihr Teammisserfolge in Kauf, um Schwächen nicht zugeben zu müssen?
- Nehmt ihr Teammisserfolge in Kauf, um das Maximum aus einer Situation herauszuholen?
- Was nehmt ihr euch aus dieser Übung in den Teamalltag oder euer persönliches Leben mit?
- Wenn ausreichend Zeit ist, können Sie der Gruppe nun nochmals 10 Minuten Beratungszeit geben und das Team die Challenge nochmals versuchen lassen.
- Was hat sich nun geändert?
- Wer hat was am Verhalten oder der Kommunikation verändert und was hat es bewirkt?

Tools und Technik

- Für Gruppen bis etwa 15 Personen benötigt es keine zusätzlichen Tools.
- Sollten es mehr Teilnehmende sein, empfiehlt es sich, die Gruppen gegeneinander antreten zu lassen. So kommt noch mehr Dynamik ins Spiel. Teilen Sie dafür alle in kleinere Teams ein und schicken Sie diese für die Beratungssequenz in Breakout-Sessions. Und lassen Sie sie dann im Plenum gegeneinander antreten.
- Sollten Sie die Übung für alle gemeinsam in der Großgruppe machen wollen, bieten Sie den Teilnehmenden die Chatfunktion an, um sich

in den 10 Beratungsminuten auf Bewegungen zu einigen. Dies hat dann mehr Energizer-Charakter und wird mehr zur Auflockerung genutzt.

Variationen

- Diese Übung eignet sich als Energizer, wenn weniger reflektiert werden soll.
- Sie können auch Wettkampfcharakter erzeugen, indem die Teams gegeneinander antreten oder Sie es einsetzen, um eine Großgruppe gemeinsam in Interaktion treten zu lassen.

Hinweise

- Unser wichtigster Tipp zu dieser Übung: Schicken Sie jeder Person zumindest zwei Luftballone zu. Einer kann bereits beschädigt sein oder beim Aufblasen platzen. Damit die Person weiter an der Übung teilnehmen kann, sollte es zumindest einen Ersatzluftballon geben.
- Hinweis: Im Anschluss eignet sich die Luftballon-Reflexion auch für einen gelungenen Start in die Reflexion der Übung.

Quellen und Ressourcen

Übungen, bei denen Luftballons nicht den Boden berühren dürfen, gibt es in unterschiedlichsten Variationen im Präsenztraining. Mit dieser von uns kreierten Übung hoffen wir, Ihnen die Freude an diesen Bewegungsübungen auch in den Online-Raum zu bringen. Zusätzlich bietet die Übung sehr viel Reflexionspotenzial.

Reflexionsmethoden und Gruppeneinteilung

„Ohne Reflexion ist eine Übung nur eine Übung.“ – Diesen Satz predigen wir gerne in unserer Ausbildung für angehende Teamtrainerinnen. Nur durch gezielte Reflexionen und gekonnte Fragestellungen regen wir die Teilnehmenden an, über die vorangegangene Erfahrung, das Erlebte nachzudenken und einen Transfer in den Alltag zu begünstigen. Vorschläge zu Reflexionsfragen finden Sie bereits sehr ausführlich bei den Übungsbeschreibungen.

In diesem Kapitel stellen wir Ihnen gute „Steigbügel“ für Reflexionen im Online-Raum vor. Mit diesen Methoden können Sie den Start der Reflexion kreativ einläuten und steigern damit die Mitmachbereitschaft. Die so durchgeführten Online-Reflexionen wirken dadurch spannender, freudvoller und ermöglichen einen ebenso großen Erkenntnisgewinn wie in Präsenz.

Als besonders elegant empfinden wir es, mit den vorher verwendeten Übungsmaterialien auch die Reflexion einzuläuten.

So können Sie etwa Luftballons nach einem entsprechenden Übungseinsatz auch noch für den Start der anschließenden Reflexion einsetzen. In unseren Augen wirkt die gesamte Übung inklusive Reflexion dadurch in sich schlüssig, gut durchdacht aufbereitet und aus einem Guss.

Zusätzlich macht es uns Trainerinnen Freude, das teilweise als leidig betrachtete *„Jetzt müssen wir darüber reden"* zu umgehen und die Gruppe mit diesen materialbasierten Reflexionseinstiegen etwas auszutricksen. So startet der Reflexionsvorgang viel unbemerkter, ganz ohne viel Aufhebens darum zu machen und mit einer konkreten freudvollen Handlungsanweisung.

Nach diesem bunten Start können Sie gerne mit den Reflexionsfragen weitermachen, die Sie bei den Übungsbeschreibung in den vorigen Kapiteln finden und für passend erachten.

Zum guten Schluss wollen wir Ihnen auch noch eine für den Online-Raum gut geeignete Methode zur Gruppenbildung mit auf den virtuellen Trainingsweg geben, so müssen Sie auf kreative Teameinteilungen auch online nicht verzichten.

Wir wünschen Ihnen viel Freude beim Ausprobieren!

#hashtag-Reflexion

1

Da wir uns im Online-Training befinden, nutzen wir bei dieser Reflexionsmethode die aus der digitalen Welt bekannten Hashtags, um einzelne Übungen oder den gesamten Teamtag zu reflektieren.

Organisation

Hashtags: #hashtagssindtoll #hashtagssindvielfältigeinsetzbar #wirliebenreflexionen

Anzahl: unbegrenzt

Zeitbedarf: 5-15 Minuten

Vorbereitung: keine

Medien: Videokonferenz-Tool mit Chatfunktion

Beschreibung

Bitten Sie die Teilnehmenden, zu Beginn der Reflexion #hashtags als Antwort auf Ihre Fragen zu vergeben. Die Hashtags sollen in den Chat gepostet werden. Auch als Abschlussreflexion eines Teamevents eignet sich diese Methode hervorragend. Mögliche Aufgabenstellungen können sein:

Welche drei #hashtags würden den heutigen Teamtag für dich am besten zusammenfassen?
z.B: #seltensogelacht, #wirliebenchallenges, #gemeinsamstatteinsam

Welche drei #hashtags möchtest du deinem Team als Abschlussgeschenk mitteilen?
z.B: #einfachdankbar, #bestesteamever, #einhochaufuns

Mit welchem #hashtag würdest du deine größte Lernerfahrung des heutigen Tages beschreiben?
z.B: #mitredengehtvielesleichter

Was war dein größtes Aha-Erlebnis in dieser Übung? Überlege dir einen #hashtag der dafür steht und poste diesen in den Chat.
z.B: #gebrauchtwerdenstattbemuttertwerden

Welche drei Dinge wünscht ihr euch von eurem Team für die gemeinsame Zukunft? Vergebt hier bitte drei #hashtags und postet diese in den Chat.
z.B: #wertschätzungkommunizieren, #zeitfürkreativitätsprozessenehmen, #bisschenruntervomgas

Tools und Technik

Der Chat ist sicher die schnellste Variante, bei der die Teilnehmenden weiterhin groß zu sehen sind. Sie können die Hashtags aber auch visualisieren und etwa Wortwolken mit einem Online-Abstimmungstool wie Mentimeter entwickeln oder die Kommentierfunktion verwenden, um so gemeinsam auf einer PowerPoint zu schreiben. Alternativ können auch Zettel geschrieben werden, die die Teilnehmenden auf Kommando gleichzeitig in die Kamera halten.

Variationen

Vergeben Sie alternativ Hashtags tatsächlich auf Social-Media (Twitter, Linkedin oder Instagram, ...), mit einem Foto des Teamtages. Allerdings: Unserer Erfahrung nach sind häufig Teilnehmende dabei, die Social-Media kritisch gegenüberstehen. Hier sollten Sie besonders auf das Freiwilligkeitsprinzip verweisen.

Hinweise

- Hashtags sind auf zahlreichen Social-Media-Plattformen eine Markierung von Schlagworten, um bestimmte Themen oder Inhalte in sozialen Netzwerken auffindbar zu machen. So soll grundsätzlich das Suchen nach Inhalten zum gleichen Thema mithilfe von Schlagworten erleichtert werden (vgl. Wikipedia).
- Hashtags sind für uns auch Sprachexperimente, die die Alltagssprache in den vergangenen Jahren nachhaltig beeinflusst haben und auf spielerische Art Dinge auf den Punkt bringen. Sie erlauben einen kreativen Ausdruck, der unserem Gehirn rückwirkend neue Inputs liefert.

2

Legostein-Reflexion

Drei Legosteine mit unterschiedlichen Farben dienen hier zur Einleitung des Reflexionsprozesses. Jeder Stein hat eine unterschiedliche Bedeutung und wird als Antwort auf die Reflexionsfragen in die Kamera gehalten.

Beschreibung

Drei verschiedenfarbige Legosteine werden zur Standortbestimmung nach einer Übung verwendet. Sorgen Sie dafür, dass jeder etwa einen blauen, einen grünen und einen gelben Legostein hat. Dann erklären Sie den Teilnehmenden, wofür jeder Stein steht. Etwa Blau für „Ja", Grün für „Nein" und Gelb für „Weiß nicht". Danach stellen Sie Ihre Fragen und bitten jede Person, den passenden Stein dazu in die Höhe zu halten. Fragen für Ja/Nein/Weiß nicht könnten etwa sein:

- Hast du dich im Gruppenprozess voll eingebracht?
- Hast du das Gefühl, dass sich manche zurückgehalten haben?
- Hast du dich gehört gefühlt?

Organisation

Hashtags: #legosteine #fragdiesteine #steinehochhalten

Anzahl: 12 Personen, auch mit Großgruppe möglich

Zeitbedarf: bis zu 30 Minuten

Vorbereitung: Zusenden der Legosteine

Medien: bei Großgruppen die Chatfunktion

So sieht die Gruppe selbst, welche Farbe überwiegt. Sie können nun gezielt nachfragen und die Reflexion vertiefen.

Tools und Technik

Bei größeren Gruppen empfehlen wir Ihnen, die Teilnehmenden zu bitten, im Anschluss an die Standortbestimmung mit den Legosteinen ihre Nachfragen im Chat zu beantworten. So haben Sie gleich viele Meldungen gleichzeitig und können auszugsweise darauf eingehen oder ein paar hintereinander vorlesen.

Variationen

Nehmen Sie statt der Legosteine jegliche anderen Gegenstände mit unterschiedlichen Farben. Viele kennen diese Methode etwa mit Moderationskärtchen.

Hinweise

Die Legostein-Reflexion empfiehlt sich besonders nach der Legoübung „What the Duck“?

Quellen und Ressourcen

Legosteine entweder aus dem Handel oder secondhand erwerben und gut reinigen.

Luftballon-Reflexion

3

Bitten Sie die Teilnehmenden, auf aufgeblasene Luftballons Gesichter zu malen, die ihren jeweiligen Stimmungen nach einer Übung oder am Ende des Teamtages entsprechen. Auf der Rückseite können zudem Lernerfahrungen oder Wünsche notiert werden.

Organisation

Hashtags: #vielseitigerluftballon #luftballonsmileys

Anzahl: bis 15 Personen

Zeitbedarf: 5-15 Minuten

Vorbereitung: Zuschicken der Luftballons

Medien: Videokonferenz-Tool

Beschreibung

Bitten Sie die Teilnehmenden, einen Stift zu finden, der auf einem Luftballon schreibt und hält. Nun stellen Sie den Teammitgliedern nach einer Übung etwa die Frage: *„Wie ist es dir in der Übung gegangen?“* Oder: *„Wie fühlst du dich nun nach der Übung?“*

Zu diesen Empfindungen werden nun Smileys auf die Luftballons gemalt. Diese bieten zu Beginn von Reflexionen eine gute Standortbestimmung, wie es den Teilnehmenden nach der Übung geht. Nachdem alle ihren Luftballon in die Kamera gehalten haben, können Sie sich die Smileys erklären lassen und anschließend weitere Fragen stellen.

Als Abschluss des Reflexionsprozesses empfehlen wir, nun die persönlichen Keylearnings aus der Übung oder einen Wunsch ans Team auf die Rückseite des Luftballongesichtes zu schreiben. So können Sie die Luftballons wiederum in die Kamera halten lassen und einen erneuten Fragedurchgang starten.

Tools und Technik

Unser Tipp: Machen Sie jeweils Screenshots von den gemeinsam in die Kamera gehaltenen Luftballongesichtern und den anschließenden Wünschen oder Keylearnings. Stellen Sie diese dem Team als Erinnerung zur Verfügung.

Variationen Zur Not können Sie auch ein digitales Bild von einem Luftballon bemalen lassen. Diese Variante ist aber weniger charmant.

Hinweise Besonders eignet sich die Luftballon-Reflexion nach der „Luftballon-Bewegungs-Challenge".

Kreisel-Reflexion

4

Einzeln oder gemeinsam als Team sollen die Teilnehmenden Reflexionsfragen beantworten. Antworten dürfen abgegeben werden, so lange sich der Kreisel dreht. So kann etwas Geschwindigkeit in den Reflexionsprozess gebracht werden.

Organisation

Hashtags: #redenbisderkreiselumfällt #schnellschnelldamitalledrankommen

Anzahl: bis 15 Personen

Zeitbedarf: 5-15 Minuten

Vorbereitung: Zuschicken der Holzkreisel

Medien: Videokonferenz-Tool

Beschreibung

Für die Kreisel-Reflexion nutzen Sie das Drehen des Kreisels. Sie haben den Teilnehmenden vorab je einen Kreisel zugeschickt. Nun können Sie unterschiedliche Anweisungen geben, z.B: Jede Person darf/muss die gestellte Reflexionsfrage so lange beantworten, bis der Kreisel umfällt oder darf nur so lange reden, bis der Kreisel zum Stillstand kommt. Alle müssen der Reihe nach etwas sagen, bis der Kreisel umfällt und es sollen alle etwas sagen können. Hier ist also besonders rasches Antworten gefragt.

Tools und Technik

Achten Sie darauf, dass die tanzenden Kreisel gut zu sehen sind. Geben Sie vorab den Hinweis, die Kamera so einzustellen, dass die Tischfläche, auf der sich der Kreisel drehen soll, sichtbar ist.

Variationen

Sie als Seminarleitung haben einen Kreisel vor sich, den Sie drehen. Die Teilnehmenden sehen über die Kamerafunktion, wann der Kreisel umfällt.

Hinweise

Unser Tipp: Setzen Sie die Kreisel-Reflexion nach der Übung „Die Kreisel-Challenge“ (Seite 279) ein. Es ist charmant, mit den Gegenständen aus der Übung auch im Anschluss in der Reflexion weiterzuarbeiten.

Quellen und Ressourcen

Aus Outdoor-Trainings ist manchen Trainerinnen die Streichholz-Reflexion bekannt. Hierbei darf pro Person nur so lange gesprochen werden, wie das Streichholz brennt. Unsere Kreisel-Reflexionsmethode schlägt in dieselbe Kerbe.

Bücher-Reflexion

5

Bitten Sie die Teilnehmenden, nach einer Übung eine Erkenntnis oder eine Botschaft für das Team in einem Buch oder mithilfe eines Buchs zu finden.

Organisation

Hashtags: #onlinebuchclub #buechermachenschlau #buchtippseinmalanders

Anzahl: max. 15 Personen

Zeitbedarf: bis zu 30 Minuten

Vorbereitung: keine

Medien: keine

Beschreibung

„Dass Bücher schlau machen, weiß jedes Kind. Darum bedienen wir uns jetzt der Bücher, um auch uns nach dieser Übung voranzubringen und etwas aus der Übung zu lernen. Nimm dir bitte 10 Minuten Zeit, um für dich zu überlegen, was du dir aus der Übung mitnehmen kannst und vor allem, was du dem Team gerne mitgeben möchtest oder was das Team voranbringen könnte. Suche nun nach einem Buch, das dazu passt. Vielleicht findest du sogar ein Zitat aus dem Buch oder vielleicht spricht die Buchsymbolik schon alleine Bände. Vielleicht das Coverbild oder der Buchtitel. Lass dich inspirieren und bringen wir uns gemeinsam mit unseren etwas anderen ‚Buchtipps' voran. Wir treffen uns in 10 Minuten mit eurem ausgesuchten Buch wieder."

Bitten Sie nun die Teilnehmenden, der Reihe nach ihre Bücher zu zeigen und zu erläutern, warum es gerade das Buch ist und was sie dem Team damit mitgeben möchten.

Diese Aussagen können Sie auch mitnotieren. Sollten Teilnehmende keine Bücher in ihrem Umkreis haben, die für diese Reflexionsmethode geeignet erscheinen, können Sie auch Bücher im Internet suchen oder auf Broschüren sowie Zeitungen zurückgreifen.

Tools und Technik

Wir empfehlen Ihnen, mit den gebrachten Büchern einen gemeinsamen Screenshot zu machen und diesem dem Team als Erinnerung zur Verfügung zu stellen.

Variationen

Sie entscheiden, wann Sie diese Bücher-Reflexion einsetzen. Sie eignet sich sowohl als Reflexionseinstieg nach einer Übung als auch als Abschlussreflexion, um den Teamtag positiv zu beenden.

Kommentierfunktion-Reflexion

6

Mithilfe der Kommentierfunktion können Teilnehmende ihre Gedanken zur vorangegangenen Übung kreativ gestalten oder in Worte fassen. Es ist zusätzlich ein gemeinsames Arbeiten auf einer Folie. Jeder Teilnehmende sieht die Kommentare der anderen und kann diese wiederum weitergestalten, mit Herzen versehen oder etwas dazuschreiben.

Organisation

Hashtags: #tollekommentierfunktion #sichtbarreflektieren #gemeinsamgestalten

Anzahl: unbegrenzt

Zeitbedarf: 5-20 Minuten

Vorbereitung: Erstellen einer PowerPoint oder einer Whiteboardpage

Medien: Videokonferenz-Tool mit Kommentierfunktion

Beschreibung

Erklären Sie den Teilnehmenden zuerst die vielseitigen Kommentierfunktionen und dass sich alle beim Gestalten austoben dürfen. Sie dürfen Texte verwenden, stempeln oder zeichnen.

Stellen Sie nun eine Frage Ihrer Wahl, etwa:

- *„Was sind für dich die wichtigsten Erkenntnisse des heutigen Tages?*
- *Was nimmst du dir aus dieser Übung mit?*
- *Was möchtest du uns zum Abschluss mitteilen?“*

Geben Sie den Teilnehmenden nun eine Zeitvorgabe und bitten Sie darum, die vorbereitete Seite zu befüllen.

Nach Ablauf der Zeit lassen Sie der Reihe nach die Texte und Kunstwerke erklären.

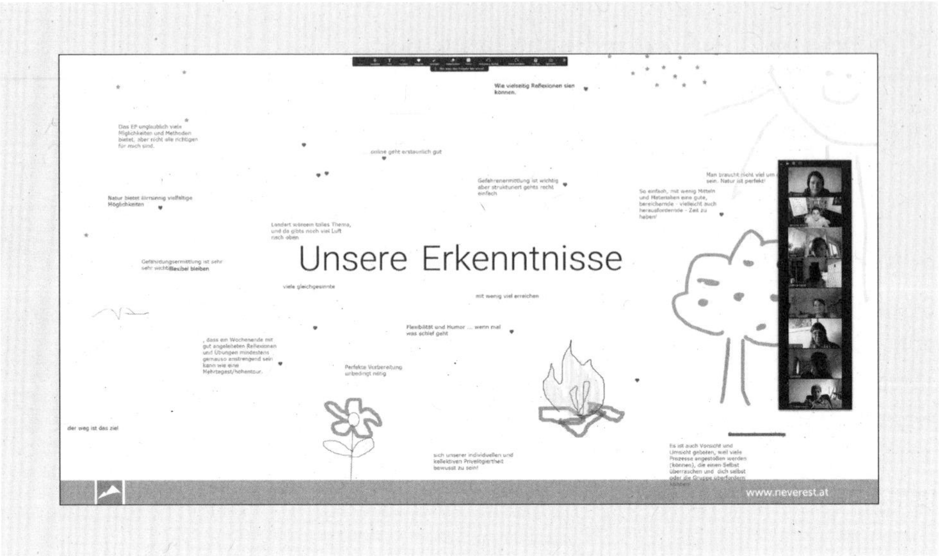

Tools und Technik Unser Tipp: Eine einfache PowerPoint reicht hier vollkommen aus. Gerne können Sie diese schon vorab mit der Fragestellung versehen oder schon ein passendes Bild einfügen, das zum Mitmachen anregt. Je mehr Platz zum Gestalten verfügbar bleibt, desto besser.

Variationen Die Arbeit mit der Kommentierfunktion eignet sich auch gut für Brainstormings oder für Einstiegsrunden in Themen, um schon vorhandenes Wissen gemeinsam zu sammeln.

Hinweise Die Übung ist auch gleichzeitig eine kleine praktische Anwendung in einem der gebräuchlichen Kooperations-Tools.

7

Digitale Geheimnisbörse

Mithilfe der Funktion „Private Nachricht“ nutzen Sie den Chat, um den Teilnehmenden im Rahmen der Reflexion die Möglichkeit zu geben, sich anonym zu verschiedenen Fragestellungen zu äußern.

Organisation

Hashtags: #blickhinterdiekulissen #konfliktbearbeitung #anonymität

Anzahl: ab 6 Personen

Zeitbedarf: 5-15 Minuten

Vorbereitung: keine

Medien: Videokonferenz-Tool mit Chatfunktion

Beschreibung

Diese Methode gibt den Teilnehmenden die Möglichkeit, alles, was zu einer zurückliegenden Aktion, Aufgabe oder Übung wichtig ist, anonym loszuwerden und auch kontroverse Ansichten zu artikulieren, ohne sich selbst dabei in die „Schusslinie“ zu bringen. Meinungen und Bewertungen können hier der Gruppe rückgemeldet werden, ohne dass sich einzelne Personen dazu bekennen und vor den anderen Gruppenmitgliedern exponieren müssen. In welcher Art die Rückmeldung genau erfolgt, bestimmen Sie als Seminarleitung: ein ganzer Satz, fünf Wörter, eine Auflistung, ein Gefühlsausdruck etc. Laden Sie die Teilnehmenden ein, kurz innezuhalten und nachzuspüren, welcher Impuls, welcher Gedanke, welcher Ausdruck gerade herausmöchte. Erklären Sie den Teilnehmenden dann, wie sie mithilfe der Chatfunktion „Senden an“ bzw. „Private Nachricht“ ganz gezielt nur Ihnen als Seminarleitung eine Nachricht schicken können.

Nachdem alle Teilnehmenden etwas geschickt haben, lesen Sie die Botschaften der Reihe nach vor, ohne die Namen der Personen zu nennen, die diese Nachricht, das Statement verfasst haben. Wer möchte, kann dann einen kurzen Kommentar dazu abgeben. Auch die Urheberinnen und Urheber der jeweiligen Beiträge können etwas dazu sagen, allerdings ohne sich dabei zu erkennen zu geben.

Eine weitere Option besteht darin, die Botschaften einfach stehen zu lassen, ohne sie weiter zu kommentieren. In diesem Fall ist es jedoch wichtig, dass Sie als Seminarleitung gut im Auge haben, welche Dynamiken die Beiträge in der Gruppe auslösen, ob einzelne Personen be- bzw. getroffen sind, ob bestimmten Gefühlen Luft gemacht werden muss etc. Eine zentrale Aussage der Übung ist die Botschaft, dass meist viele Sichtweisen nebeneinander stehen können, ohne dass es immer ein gemeinsames Fazit geben muss. Die Übung ist somit auf ein offenes Ende ausgelegt, wobei natürlich auch die Möglichkeit besteht, zentrale Themen, die bei dieser Übung angeklungen sind, im Anschluss gezielt zu klären und mögliche Probleme und Streitpunkte zu lösen.

Tools und Technik

Wichtig ist hier, dass Sie einen Probedurchgang machen, damit sich die Teilnehmenden auch zu hundert Prozent sicher sein können, dass die Nachricht nicht an alle gesendet wird.

Hinweise

Manchmal lohnt es sich, auch anonyme Rückmeldungen zu ermöglichen, da es die Situation oft (noch) nicht zulässt, dass Dinge direkt angesprochen oder Personen direkt adressiert werden. Oft erhalten Sie hier ehrlichere, teilweise auch „dramatischere" Antworten auf Ihre Fragen. Wichtig ist der Blick darauf, wie Sie im Anschluss mit den Erkenntnissen, Stimmungen und Rückmeldungen weiterarbeiten. Manchmal ist es gut, sich einfach einmal Luft zu machen, dennoch zielt jedes Training auf eine Verbesserung – auch im Bereich Kommunikation und Rückmeldekompetenz.

Quellen und Ressourcen

Die Originalbeschreibung dieser Reflexionsmethode für den analogen Raum finden Sie unter dem Titel „Geheimnisbörse" in: Gilsdorf & Kistner (2001): Kooperative Abenteuerspiele 2. Eine Praxishilfe für Schule, Jugendarbeit und Erwachsenenbildung. Klett/Kallmeyer.

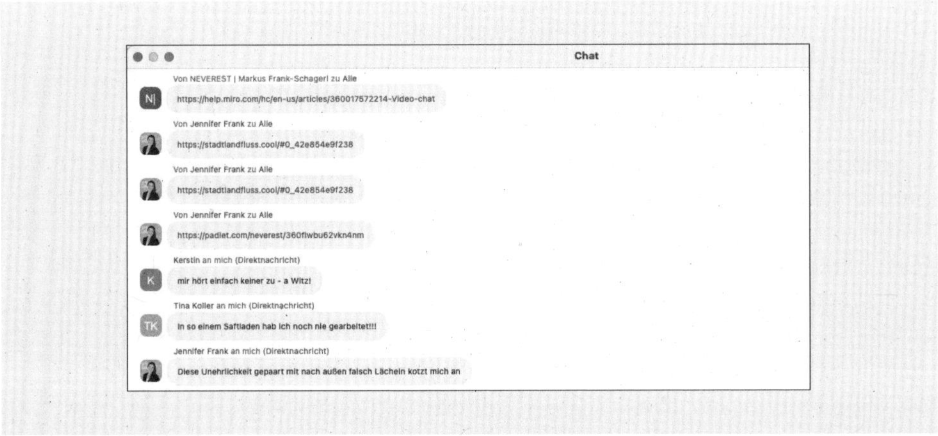

Namensfeld-Reflexion

8

Über das Feld, in dem die Namen der Teilnehmenden angezeigt werden, schreiben alle Anwesenden gemeinsam eine kurze Schlagzeile, eine Kurzgeschichte, einen (Beschwerde-)Brief, ein Ansuchen oder Ähnliches, das sich auf die vorausgegangene Übung bezieht.

Organisation

Hashtags: #abschlussreflexion #kreativesgeschichtenerzählen #metaphorischesdenken

Anzahl: bis zu 35 Personen

Zeitbedarf: 15 Minuten

Vorbereitung: keine

Medien: Videokonferenz-Tool mit Möglichkeit zur Bearbeitung der Namensfelder im Bildausschnitt

Beschreibung

Für die Übung benötigen Sie lediglich ein Videokonferenz-Tool, bei dem die Teilnehmenden in die Namensfelder ihres Bildschirmausschnitts einen Eintrag schreiben können. Ziel der Übung ist es, reihum einen gemeinsamen und sinnvollen Text zu schreiben. Dies kann im Anschluss an eine Übung als Reflexion oder als eigene kleine Kreativübung durchgeführt werden.

Zunächst teilt die Seminarleitung ihren Bildschirm, damit alle Gruppenmitglieder die gleiche Abfolge der Personen sehen und wissen, wann sie an der Reihe sind. Dann startet die erste Person mit einem Satz. Die zweite Person schließt inhaltlich sinnvoll an ... – bis alle Gruppenmitglieder an der Reihe waren. Dann wird ein Bildschirmfoto von der fertigen Geschichte gemacht. Bei Bedarf kann auch wieder von vorne begonnen werden.

Besonders schön ist die Übung am Abschluss eines Seminartages oder auch zur Verabschiedung einzelner Teammitglieder. Sie können dabei ein bestimmtes Thema vorgeben, eine Frage formulieren, das Genre der Geschichte vorgeben (z.B. Märchen, Zeitungsbericht, Werbeanzeige etc.) Auch hier können Sie alternativ die Chatfunktion für die Reihum-Geschichte nutzen. In dieser Variante hat die Gruppe die Möglichkeit, immer weiterzuschreiben und so eine längere, umfangreichere Story zu produzieren.

Die Reflexion kann auf ein spezielles Thema oder eine Frage fokussiert sein oder in einem ersten Schritt – ohne genaue Analyse – auf einem kreativen Weg sichtbar machen, was die Teilnehmenden in der vorangegangen Übung erlebt haben. So entsteht durch jeden einzelnen Beitrag eine kurze Schlagzeile oder sogar eine Geschichte. So findet sich schließlich auch jedes Mitglied der Gruppe in der fertigen Geschichte wieder und kann seine bzw. ihre individuelle Sicht- oder Denkweise, ihr Erleben, ihre Gefühle und/oder Bedürfnisse offenlegen.

Tools und Technik

- Ein zentraler technischer Hinweis für diese Übung ist der, dass die Reihenfolge der Bildausschnitte nicht für alle Teilnehmenden gleich ist. Das heißt, Sie als Seminarleitung sehen Ihre Teilnehmenden in einer anderen Reihenfolge als einer Ihrer Teilnehmenden. Wenn die Teilnehmenden also eine sinnvolle Reihum-Geschichte schreiben sollen, müssen Sie als Seminarleitung Ihr Videokonferenz-Fenster teilen, damit alle die gleiche Reihenfolge sehen. Dies erfordert ein Mehr an Konzentration und erhöht auch für die Teilnehmenden die Spannung während der Übung.
- Eine weitere technische Option, die Sie als Variante einbauen können, ist die Handheben-Funktion, die sich in vielen Tools findet. Wenn einzelne Teilnehmende diese Funktion nutzen und die „Hand heben", werden sie automatisch nach oben, an den Anfang der Reihe gerückt. Sie können die Gruppe also auch dazu auffordern, dass sie diese Funktion bewusst in die Übung mit einbaut.
- Bei dieser Übung kann es notwendig sein, dass Sie den Teilnehmenden zunächst eine kurze Einführung in die Technik geben. Zeigen Sie der Seminargruppe über die „Bildschirm teilen"-Funktion, wie die Einträge in den Namensfelder geändert werden können und geben Sie der Gruppe dann kurz Zeit, sich mit der Funktion vertraut zu machen bzw. es einmal selbst auszuprobieren.

Variationen

- Auch bei dieser Übung gibt es eine Fülle an Variationen. So können Sie die Namensfelder so nutzen, dass die Teilnehmenden für eine erste Blitzlicht-Reflexion drei bis fünf Begriffe, die für die Erfahrung während der Übung passen, in das Feld schreiben (z.B. drei Adjektive, drei Gefühle etc.). Sie können die Felder auch dazu nutzen, eine Bewertung im Sinn einer Skalierung abzugeben. So können Sie etwa konkrete Fragen stellen und die Teilnehmenden geben dann im Feld ihre individuelle Bewertung ab, z.B.: „Wie zufrieden bist du mit dem Ergebnis (Skala 1 bis 10)?", „Wie stark konntest du dich einbringen?" Die Namensfelder können natürlich auch für Smileys, für kurze Statements und für Feedback genutzt werden.
- Alternativ zu den Namensfeldern können Sie immer auch die Chatfunktion nutzen!

Wimmelbild-Reflexion

9

Anhand der Figuren auf einem Wimmelbild reflektieren die Teilnehmenden ihre aktuelle Befindlichkeit, ihre Erwartungshaltung an das Seminar, ihre selbst wahrgenommene Position innerhalb des Teams, die eigene Rolle im Unternehmen etc. – und teilen diese im Team bzw. der Gruppe mit.

Organisation

Hashtags: #einbildsagtmehralstausendworte #teamkonstellationen #wiebinichgeradeda #meineteamrollen

Anzahl: bis zu 30 Personen

Zeitbedarf: bis zu 12 Personen (abhängig von der Redezeit)

Vorbereitung: gering

Medien: Videokonferenz-Tool mit Präsentationsfunktion – Präsentationstool (z.B. PowerPoint)

Beschreibung

Mithilfe eines Whiteboard-Tools oder von PowerPoint projizieren Sie ein großes Wimmelbild auf die Bildschirme der Teilnehmenden. Aufgabe der Gruppenmitglieder ist es dann, das Bild zunächst genau und detailliert zu betrachten. Im Anschluss wählen alle Personen eine Figur für sich selbst aus, mit der sie sich in diesem Moment oder aber auch im Teamalltag besonders gut identifizieren können. Wichtig ist, dass Sie als Seminarleitung klar den Rahmen setzen: Geht es um die aktuelle Befindlichkeit oder geht es um eine allgemeine Aussage, ist es eine Momentaufnahme oder hat sie globale Aussagekraft? Zudem können Sie den Teilnehmenden auch freistellen, nicht nur Figuren oder Personen auszuwählen, sondern auch Tiere, Naturgegenstände, Dinge etc. Dadurch bringen Sie noch eine zusätzliche Ebene für die Interpretation ins Spiel. Nach der Auswahl erfolgt ein von Ihnen als Seminarleitung moderierter und geleiteter Austausch, in dem alle Teilnehmenden Raum bekommen, ihre ausgewählte Figur kurz zu charakterisieren und die Auswahl zu begründen. Im Anschluss können Sie mithilfe der Reflexionsfragen noch tiefer gehen und Gruppenprozesse, Teamkonstellationen, offene Rollenfragen etc. bearbeiten.

Die Übung kann als reine Befindlichkeitsrunde, etwa am Beginn des Seminars oder auch als Morgenreflexion, eingesetzt werden. Je nach Fragestellung kann die Methode zu einer intensiven Bearbeitung von Teamfragen eingesetzt werden, zur Selbstreflexion anregen oder Beziehungskonflikte aufdecken.

Reflexionsfragen

- Warum haben Sie sich genau diese Figur, dieses Tier, diesen Gegenstand ausgesucht?
- Was gefällt Ihnen daran? Was nicht?
- In welchem Verhältnis steht die ausgewählte Figur zu den anderen Figuren im Bild?
- In welcher Stimmung ist diese Person/Figur, das Tier gerade?
- Was sind seine/dessen Stärken? Was könnten auch Schwächen sein?
- Was beobachtet diese Person/Figur in dem Bild? Was macht sie? In welchem Kontext steht sie?
- Was würde die Person/dieses Element sagen, wenn wir sie sprechen oder denken hören könnten?
- Inwieweit können Sie sich mit dieser Figur/diesem Bildelement identifizieren?
- Was wird die Figur/das Bildelement wohl als Nächstes machen? Was möchte sie machen?
- Wie nehmen die anderen Figuren das Element wahr?
- Welche Rolle nehmen Sie im Teamalltag gerne und oft ein? Welche andere Rolle möchten Sie ausprobieren?
- Wenn Sie zwischen einem Detailblick und einer Gesamtschau auf das Bild wechseln – was fällt Ihnen besonders auf? Wie leicht/schwer fällt dieser Wechsel? Wo und wie kennen Sie diese beiden Betrachtungsebene aus dem beruflichen Alltag? Wo sind sie wichtig?

Tools und Technik

Nachdem Sie das Wimmelbild ausgewählt haben, können Sie eine leere PowerPoint oder auch ein digitales Whiteboard nutzen, um es mit den Teilnehmenden zu teilen. Sie können es auch in den Chat stellen, damit die Teilnehmenden es selbst aufmachen können und dann auch die Möglichkeit haben, in Details des Bildes hineinzuzoomen – wir empfehlen die zweite Vorgehensweise. Sie können die Teilnehmenden auch bitten, sich selbst ein Bildschirmfoto zu machen und das Bild dann extra zu öffnen.

Varianten

- Als Variation kann das Team auch als Gesamtheit dazu aufgefordert werden, sich einen Charakter, eine Figur, ein Bildelement auszuwählen, das aus ihrer Sicht am besten „das Wesen" des Teams erfasst. In dieser Variante zeigt sich, dass es oft – trotz unterschiedlicher Sichtweisen und Perspektiven – doch einen gemeinsam wahrgenommenen Wesenskern gibt, auf den sich die Gruppe einigen kann. Gerade in der Entwicklung und Begleitung von Teams in Veränderungsprozessen kann diese Methode zu einem guten Ausgangspunkt für eine intensive Reflexion darüber werden, was das Team für sich überhaupt will, welche Entwicklungsbereiche angegangen werden müssen, welche Stärken und Besonderheiten im Team zu finden sind und was am Team wertgeschätzt wird und erhaltenswert ist.
- Als äußerst interessante Variante hat sich die folgende Vorgehensweise herausgestellt: Lassen Sie die Teilnehmenden nicht nur für sich selbst eine Figur/ein Bildelement auswählen, sondern auch für die anderen Mitglieder des Teams. Diese „Zuschreibungen" (können schriftlich im Chat oder mündlich erfolgen, im Plenum oder in kleineren Gruppen/im Tandem) können Ausgangspunkt für Gespräche über Selbst- und Fremdwahrnehmung werden und damit blinde Flecken verkleinern und die Teamdynamik und Beziehungsstrukturen sichtbar machen. Planen Sie für diese Variante genügend Zeit ein.
- Dort, wo das Team oder die Gruppe an Zuständigkeiten und Verantwortung, an Abhängigkeiten und Positionsverteilung arbeitet, bietet sich ein Bild an, auf dem sich entsprechende Bezüge zwischen den abgebildeten Figuren/Bildelementen wiederfinden.

Hinweise

- Diese Übung ist eine unserer Lieblingsmethoden zur Reflexion im digitalen Raum, da sie nach dem Prinzip „Weniger ist mehr" einen großen Spielraum für Interpretationen und verschiedene Betrachtungsweisen eröffnet – vor allem dort, wo es um Postionen innerhalb des Teams, um die Integration neuer Mitarbeitenden sowie um die Beziehungskonstellationen in der Gruppe geht.

- Wimmelbilder sind großflächige Bilder, die sehr viele verschiedene Elemente, Figuren und Handlungen auf einem Bild abbilden. Aufgrund der Gleichzeitigkeit und Detailfülle muss unser Auge zwischen der Wahrnehmung des Kleinen und der Gesamtheit der Bildkomposition hin- und herspringen. Der Abwechslungsreichtum fesselt dabei unsere Aufmerksamkeit. Besonders spannend ist dabei das zeit- und bezugslose Nebeneinander und die Gleichzeitigkeit in der Darstellung sowie die erkennbaren, aber eingefrorenen Handlungen. Als Genre haben sich die Wimmelbilder seit dem berühmten Gemälde von Hieronymus Bosch „Der Garten der Lüste" seit dem 15. Jahrhundert etabliert.

Quellen und Ressourcen

- Neben Wimmelbildern, die Sie in den berühmten Kinderbildern finden, können Sie natürlich immer auch mit anderem Bildmaterial, historischen und kunsthistorisch wertvollen Werken arbeiten (Nutzungsrechte beachten).
- Einen strapazierfähigen Kartensatz an unterschiedlichen Team-Wimmelbildern bietet unter anderem Christian Ridder (2021): Business as Visual: Das KartenSet. managerSeminare.

Wer gehört zusammen?

10

Mithilfe von Puzzleteilen werden die Seminarteilnehmenden in Gruppen eingeteilt.

Organisation

Hashtags: #gruppeneinteilung #puzzlespaß #wermitwem #wiederkindsein

Anzahl: bis zu 30 Personen

Zeitbedarf: 5 Minuten

Vorbereitung: mittel

Medien: Videokonferenz-Tool mit Präsentationsfunktion – Präsentations-Tool (z.B. PowerPoint)

Beschreibung

Ein Tool zur Gruppeneinteilung: Als Seminarleitung benötigen Sie – abhängig von der Anzahl der Teilnehmenden und der angestrebten Gruppengröße – zusammengehörige Puzzleteile. Besonders gut eignen sich hier etwa klassische Zwei- oder Vier-Teile-Puzzle für Kleinkinder oder – für die Bildung von etwas größeren Untergruppen – Puzzles mit etwas mehr Teilen (z.B. sechsteilige). Sie legen diese zunächst einmal verdeckt auf und machen davon ein Foto. Dann drehen Sie die Teile einfach um, lassen sie aber an der genau gleichen Stelle liegen und machen ein zweites Foto. Beide Fotos importieren Sie in Ihre Präsentation oder laden sie auf eine digitale Pinnwand. Wichtig ist dabei, dass die Teilnehmenden zunächst – z.B. über die Funktion „Bildschirminhalte teilen" – nur das Foto mit den verdeckten Puzzleteilen sehen. Nun sollen die Teilnehmenden ein Puzzleteil auswählen und es mithilfe der Kommentar-, der Stempel- oder Beschriftungsfunktion markieren.

Da sowohl auf Zoom als auch auf MS Teams die Kommentare oder Stempel einfach „stehen bleiben", können Sie nun in Ihrer PowerPoint-Präsentation einfach auf die nächste Seite springen, auf der Sie das Foto mit den aufgedeckten Puzzleteilen gespeichert haben. Nun sehen die Teilnehmenden, wer mit wem zusammengehört.

Tools und Technik

Diese Methode zur Gruppeneinteilung erfordert etwas mehr Vorbereitungsaufwand, der sich aber durchaus lohnt, da die Methode Abwechslung und einen Überraschungsmoment erzeugt und nicht nur das Zufallsgeneratorprinzip der Breakout-Raum-Funktion genutzt wird.

Variationen

Neben Puzzleteilen können Sie auch andere Elemente zur Paarbildung nutzen – und dabei auch ein anderes Medium. So können Sie etwa den Klassiker „Tierlaute" zur Einteilung in Kleingruppen nutzen: Im privaten Chat schicken Sie den Teilnehmenden Tiere zu, die diese dann mit Lauten darstellen müssen. Passende Tiergruppen gehören zusammen.

Bei der Auswahl der Puzzleteile können Sie Ihrer eigenen Kreativität freien Lauf lassen. Es bietet sich zudem an, dass Sie die Motive der Puzzle realitätsnah zum Arbeitsalltag der Teams, mit denen Sie arbeiten, aussuchen. Bei dieser Übung darf auch gelacht werden!

Hinweise

▶ Abb. Puzzle-Beispiel

Download-Ressource